"十三五"职业教育国家规划教材

高职高专计算机任务驱动模式教材

VB.NET程序设计与软件项目实训

（第3版）

主　编／郑　伟　杨　云

副主编／王东兴　李传波　王洪洋　武　倩

清华大学出版社

北　京

内 容 简 介

本书严格采用任务驱动、项目教学的方式进行编写。本书分为两部分，第一部分(项目 1～项目 5)介绍了新的.NET 编程环境 Visual Studio 2019 下编写 VB.NET Windows 应用程序的基础知识，通过简单项目的制作引出 VB.NET 的基础知识，进一步通过系统化项目的制作巩固基础知识在真实编程环境中的应用。第二部分(项目 6～项目 8)采用 3 个完整的项目，按照软件工程的设计思想，从项目的需求分析、系统功能设计到数据库设计、各个具体功能的详细设计与代码编写，系统地介绍了完整项目的开发流程，同时，也通过项目的设计制作强化了第一部分基础知识的学习。

本书适合作为高职高专和应用型本科院校计算机相关专业的教材，也可以作为编程爱好者的自学教材，以及成人教育和在职人员的培训教材。

图书在版编目(CIP)数据

VB.NET 程序设计与软件项目实训/郑伟，杨云主编. —3 版. —北京：清华大学出版社，2020.5(2022.6重印)
高职高专计算机任务驱动模式教材
ISBN 978-7-302-54292-6

Ⅰ.①V… Ⅱ.①郑… ②杨… Ⅲ.①BASIC 语言－程序设计－高等职业教育－教材 Ⅳ.①TP312.8

中国版本图书馆 CIP 数据核字(2019)第 258172 号

责任编辑：张龙卿
封面设计：范春燕
责任校对：袁 芳
责任印制：朱雨萌

出版发行：清华大学出版社
网 址：http://www.tup.com.cn，http://www.wqbook.com
地 址：北京清华大学学研大厦 A 座 **邮 编**：100084
社 总 机：010-83470000 **邮 购**：010-62786544
投稿与读者服务：010-62776969，c-service@tup.tsinghua.edu.cn
质量反馈：010-62772015，zhiliang@tup.tsinghua.edu.cn
课件下载：http://www.tup.com.cn，010-83470410

印 装 者：北京富博印刷有限公司
经 销：全国新华书店
开 本：185mm×260mm **印 张**：19.25 **字 数**：463 千字
版 次：2009 年 4 月第 1 版 2020 年 5 月第 3 版 **印 次**：2022 年 6 月第 3次印刷
定 价：56.00 元

产品编号：086595-01

出版说明

我国高职高专教育经过几十年的发展，已经转向深度教学改革阶段。教育部于2012年3月发布了教高〔2012〕第4号文件《关于全面提高高等教育质量的若干意见》，重点建设一批特色高职学校，大力推行工学结合，突出实践能力培养，全面提高高职高专教学质量。

清华大学出版社作为国内大学出版社的领跑者，为了进一步推动高职高专计算机专业教材的建设工作，适应高职高专院校计算机类人才培养的发展趋势，根据教高〔2012〕第4号文件的精神，2012年秋季开始了切合新一轮教学改革的教材建设工作。该系列教材一经推出，就得到了很多高职院校的认可和选用，其中部分书籍的销售量都超过了3万册。现重新组织优秀作者对部分图书进行改版，并增加了一些新的图书品种。

目前国内高职高专院校计算机网络与软件专业的教材品种繁多，但符合国家计算机网络与软件技术专业领域技能型紧缺人才培养培训方案，并符合企业的实际需要，能够自成体系的教材还不多。

我们组织国内对计算机网络和软件人才培养模式有研究并且有过一段实践经验的高职高专院校，进行了较长时间的研讨和调研，遴选出一批富有工程实践经验和教学经验的双师型教师，合力编写了这套适用于高职高专计算机网络、软件专业的教材。

本套教材的编写方法是以任务驱动、案例教学为核心，以项目开发为主线。我们研究分析了国内外先进职业教育的培训模式、教学方法和教材特色，消化吸收优秀的经验和成果。以培养技术应用型人才为目标，以企业对人才的需要为依据，把软件工程和项目管理的思想完全融入教材体系，将基本技能培养和主流技术相结合，课程设置中重点突出、主辅分明、结构合理、衔接紧凑。教材侧重培养学生的实战操作能力，学、思、练相结合，旨在通过项目实践，增强学生的职业能力，使知识从书本中释放并转化为专业技能。

一、教材编写思想

本套教材以案例为中心，以技能培养为目标，围绕开发项目所用到的知识点进行讲解，对某些知识点附上相关的例题，以帮助读者理解，进而将知识转变为技能。

考虑到是以"项目设计"为核心组织教学，所以在每一学期配有相应的实训课程及项目开发手册，要求学生在教师的指导下，能整合本学期所学的知识内容，相互协作，综合应用该学期的知识进行项目开发。同时，在教材中采用了大量的案例，这些案例紧密地结合教材中的各个知识点，循序渐进，由浅入深，在整体上体现了内容主导、实例解析、以点带面的模式，配合课程后期以项目设计贯穿教学内容的教学模式。

软件开发技术具有种类繁多、更新速度快的特点。本套教材在介绍软件开发主流技术的同时，帮助学生建立软件相关技术的横向及纵向的关系，培养学生综合应用所学知识的能力。

二、丛书特色

本系列教材体现目前工学结合的教改思想，充分结合教改现状，突出项目面向教学和任务驱动模式教学改革成果，打造立体化精品教材。

(1) 参照和吸纳国内外优秀计算机网络、软件专业教材的编写思想，采用本土化的实际项目或者任务，以保证其有更强的实用性，并与理论内容有很强的关联性。

(2) 准确把握高职高专软件专业人才的培养目标和特点。

(3) 充分调查研究国内软件企业，确定了基于Java和.NET的两个主流技术路线，再将其组合成相应的课程链。

(4) 教材通过一个个的教学任务或者教学项目，在做中学，在学中做，以及边学边做，重点突出技能培养。在突出技能培养的同时，还介绍解决思路和方法，培养学生未来在就业岗位上的终身学习能力。

(5) 借鉴或采用项目驱动的教学方法和考核制度，突出计算机网络、软件人才培训的先进性、工具性、实践性和应用性。

(6) 以案例为中心，以能力培养为目标，并以实际工作的例子引入概念，符合学生的认知规律。语言简洁明了、清晰易懂，更具人性化。

(7) 符合国家计算机网络、软件人才的培养目标；采用引入知识点、讲述知识点、强化知识点、应用知识点、综合知识点的模式，由浅入深地展开对技术内容的讲述。

(8) 为了便于教师授课和学生学习，清华大学出版社正在建设本套教材的教学服务资源。在清华大学出版社网站(www.tup.com.cn)免费提供教材的电子课件、案例库等资源。

高职高专教育正处于新一轮教学深度改革时期，从专业设置、课程体系建设到教材建设，依然是新课题。希望各高职高专院校在教学实践中积极提出意见和建议，并及时反馈给我们。清华大学出版社将对已出版的教材不断地修订、完善，提高教材质量，完善教材服务体系，为我国的高职高专教育继续出版优秀的高质量的教材。

清华大学出版社

高职高专计算机任务驱动模式教材编审委员会

2017年3月

第3版前言

Visual Studio .NET是微软公司推出的新一代可视化开发工具，而Visual Basic .NET是其中一个重要的分支。Visual Basic有着广泛的市场基础和应用前景。Visual Basic语言内容比较基础，又具有面向对象的特点。同时对于一些计算机编程的初学者，该编程语言也是不错的选择：其入门的门槛不高；采用可视化编程，降低了代码编写难度。

本书注重理论与实践相结合，对各部分内容均采用详细、通俗易懂的实例，使读者加深对相关知识的理解。教材在内容取舍、篇幅控制和难点安排上均适合教学，同时注重软件开发能力的培养。

第3版在原来使用的Visual Studio和SQL Server数据库的基础上，在内容上进行了优化，软件开发版本由原来的Visual Studio 2012升级为Visual Studio 2019，数据库版本由原来的SQL Server 2008升级为SQL Server 2017，并介绍了新的开发环境的新特性。通过新版本的安装和应用，介绍在最新的Visual Studio 2019编程环境下创建VB. NET应用程序的步骤和思路。

本书具有以下特色。

(1) 案例丰富，由浅入深。本书采用的项目包括计算器、考试系统、文件管理器、个人信息管理系统、销售信息管理系统、图书管理系统和学生信息管理系统。本书所选项目由浅入深，从最基础的VB. NET控件编程到VB. NET基本语句编写，再到数据库编程，即从简单项目到复杂项目。读者学习时可以没有任何编程基础，从最基础的知识开始学习，可以不断地提高其应用水平。

(2) 案例完整，结构清晰。本书采用的项目以及代码都是真实案例，项目的设计以及代码都是完整的系统，这对于读者以后自己使用VB. NET编写完整的应用系统有很大的好处，可以实现无障碍跨越。

(3) 讲解通俗易懂，步骤详细。本书每个案例的开发步骤都以通俗易懂的语言进行描述，从最基础的控件和语句进行讲解，详细介绍了每个VB. NET程序设计与软件项目实训的开发步骤。每个项目都有完整的开发流程。

本书适用于希望在.NET框架下开发Windows应用程序的程序设计人员，对于希望从基本概念开始学习的Windows应用程序爱好者来说也有详细的例子，可以边学习边实践。

本书由潍坊职业学院郑伟、浙江东方职业技术学院杨云担任主编,潍坊市科技合作中心王东兴、潍坊职业学院李传波、潍坊职业学院王洪洋、潍坊市北海学校武倩担任副主编。来自企业的工程师曹晶、蔡世颖、曲树波、魏罗燕也参与了该书部分章节的编写。

由于编者水平有限,疏漏不当之处在所难免,敬请读者批评、指正。

编　者

2020 年 2 月

目录

项目 1　创建 VB.NET 程序开发环境

Visual Basic 是微软公司于 20 世纪 90 年代推出的在 Windows 环境下的软件开发工具。Visual Basic 一经推出，就由于它的可视化编程以及可以迅速地构建 Windows 应用程序而受到广大程序开发人员的欢迎。经过不断的发展和更新，Visual Basic 在功能上有了很大的扩充，开发速度也进一步提高。

目前 Visual Basic 开发环境的最新版本是 Visual Studio 2019。Visual Studio 2019 是一个集程序设计、程序调试、程序查错以及程序编译等功能于一体的功能强大的程序开发环境，能够编写常见的 Windows 应用程序、控制台应用程序、Web 应用程序和其他智能设备应用程序。在 Visual Studio 2019 编程环境下，可以在 Windows 操作系统下轻松地创建 Visual Basic 应用程序。

任务 1.1　安装并熟悉 Visual Studio 2019 编程环境

1.1.1　安装 Visual Studio 2019 编程环境

Visual Studio 2019 能够开发的程序包括常见的 Visual Basic、Visual C＃、Visual C++ 和 Python 等。Visual Basic 开发是 Visual Studio 2019 的一个重要组成部分。

2018 年 6 月，微软宣布开发新一代 IDE(Integrated Development Environment，集成开发环境)Visual Studio 2019。2019 年 4 月 2 日，微软 Visual Studio 2019 正式版发布。

1. Visual Studio 2019 的新特性

(1) 开发方面

通过改进性能、即时清理代码和更好的搜索结果来保持专注和高效。新搜索体验更快、更有效。现在搜索结果会在输入内容时动态显示。新版本更新了测试资源管理器，改进了大型测试集的处理，简化了筛选功能，增加了可发现的命令和选项卡式播放列表视图，并增加了允许微调所显示测试信息的可自定义列。

(2) 协作方面

在 Visual Studio 中，通过 Git 优先工作流、实时编辑和调试以及代码评审，不同开发者之间可以实现协作。Visual Studio Live Share 是一项开发者服务，可让用户与团队成员共享代码库及上下文，并直接从 Visual Studio 内获得即时双向协作。

(3) 调试方面

突出显示并导航到特定值，优化内存使用，并对应用程序的执行自动创建快照。采用了 C++ 曾经独有的数据断点，并将其用于 .NET 核心应用程序。另外，在监视、局部变量和自动窗口中添加了搜索功能，以帮助用户查找需要的对象和值。

2. 安装 Visual Studio 编程环境

Visual Studio 2019 最低系统要求如表 1-1 所示。

表 1-1　Visual Studio 2019 安装所需系统

类　　型	要　　求
支持的操作系统	Windows 10 版本或更高版本； Windows Server 2019 的 Standard 和 Datacenter 版本； Windows Server 2016 的 Standard 和 Datacenter 版本； Windows 8.1 的核心版、专业版和企业版； Windows Server 2012 R2 的 Essentials、Standard、Datacenter 版本； Windows 7 SP1 的家庭高级版、专业版、企业版、旗舰版
硬件	处理器：1.8GHz 或更快的处理器； 内存：2GB 以上； 硬盘空间：800MB 以上； 显示分辨率：至少为 1280 像素×720 像素

以下是 Visual Studio 2019 社区版的安装步骤。

(1) 启动安装程序，如图 1-1 所示。

图 1-1　启动安装程序界面

(2) 单击“继续”按钮，会显示下载及安装进度，如图 1-2 所示。

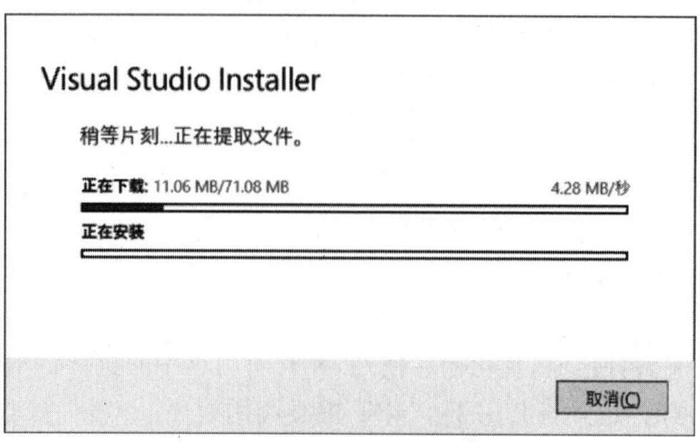

图 1-2　显示下载及安装进度

(3) 下载及安装完成以后,进入如图 1-3 所示的界面。

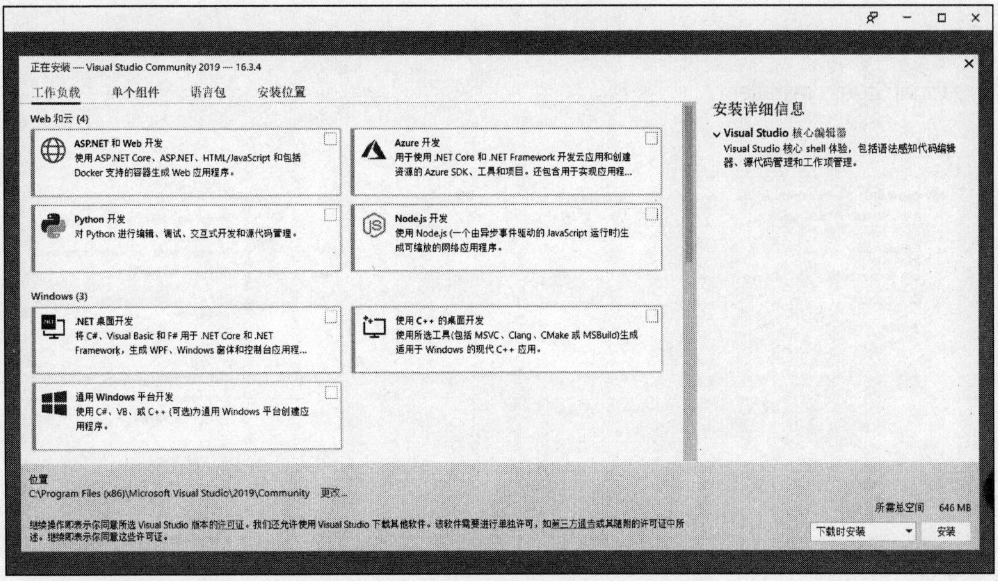

图 1-3　安装选项选择界面

(4) 选择要安装的选项,如图 1-4 所示。

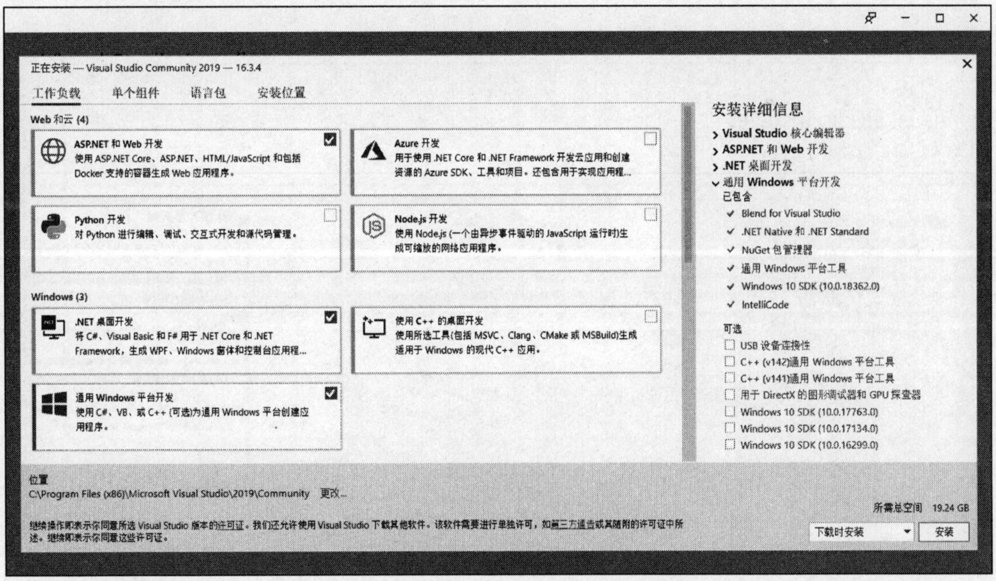

图 1-4　选择需要安装的选项

(5) 单击“安装”按钮,进入如图 1-5 所示的界面。

(6) 接下来显示安装进度,这个过程需要一段时间,如图 1-6 所示。

(7) 软件安装完成后,进入如图 1-7 所示的界面。

(8) 在界面中创建账号,或者单击“以后再说”选项,进入图 1-8 所示的界面。

图 1-5　下载和安装界面

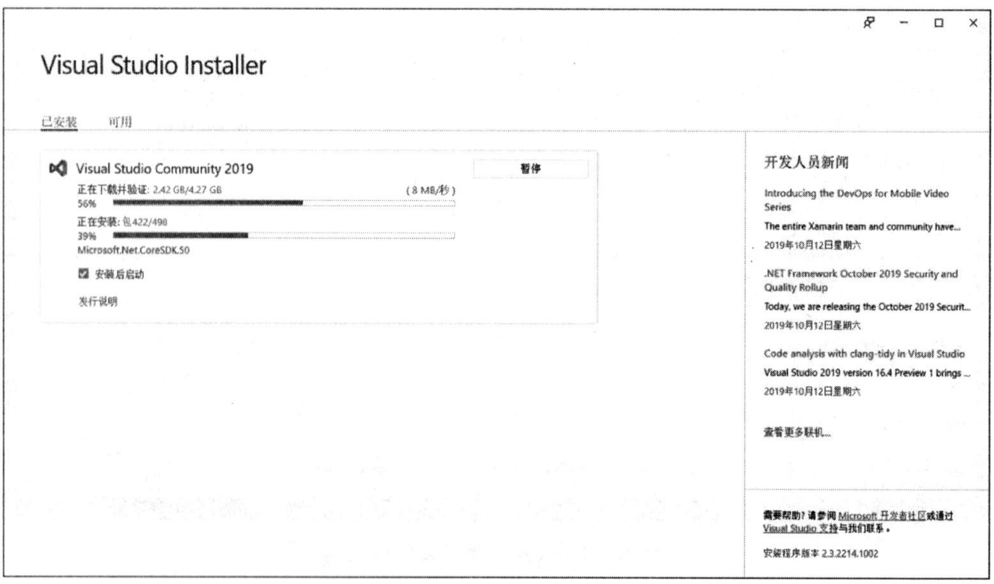

图 1-6　显示安装进度

图 1-7　登录界面

图 1-8　选择 Visual Studio 的颜色主题

(9) 选择 Visual Studio 的颜色主题，单击“启动 Visual Studio”按钮，进入如图 1-9 所示的界面。

图 1-9　启动之后的 Visual Studio 2019 界面

1.1.2　熟悉 Visual Studio 2019 编程环境

Visual Studio 2019 将程序开发中用到的各种功能集成在一个公共的工作环境中，称之为 IDE。在该编程开发环境中提供了各种控件、窗口和方法，用户可以方便地进行各种应用程序的开发，以及在各种开发界面中切换，可以在很大程度上节约开发时间。

Visual Studio 2019 的开发环境主要由以下几部分组成：菜单、工具栏、窗体、工具箱、属性窗口、解决方案资源管理器和服务器资源管理器等。下面介绍部分内容。

1. 菜单

菜单包括“文件”“编辑”“视图”“项目”“生成”“调试”“格式”“测试”“分析”“工具”“扩展”“窗口”和“帮助”等，其中包含开发 Visual Basic 程序常见的命令。

(1) “文件”菜单如图 1-10 所示，包含的主要菜单项说明如下。

“新建”菜单项：支持新建项目、文件等；

“打开”菜单项：支持打开已有的项目、文件等；

“关闭”菜单项：关闭正在编写的项目；

“关闭解决方案”菜单项：关闭正在编写的解决方案；

“退出”菜单项：退出 Visual Studio 2019 编程环境。

(2) “编辑”菜单包含的主要菜单项有“撤销”“重做”“剪切”“复制”“粘贴”等，如图 1-11 所示。

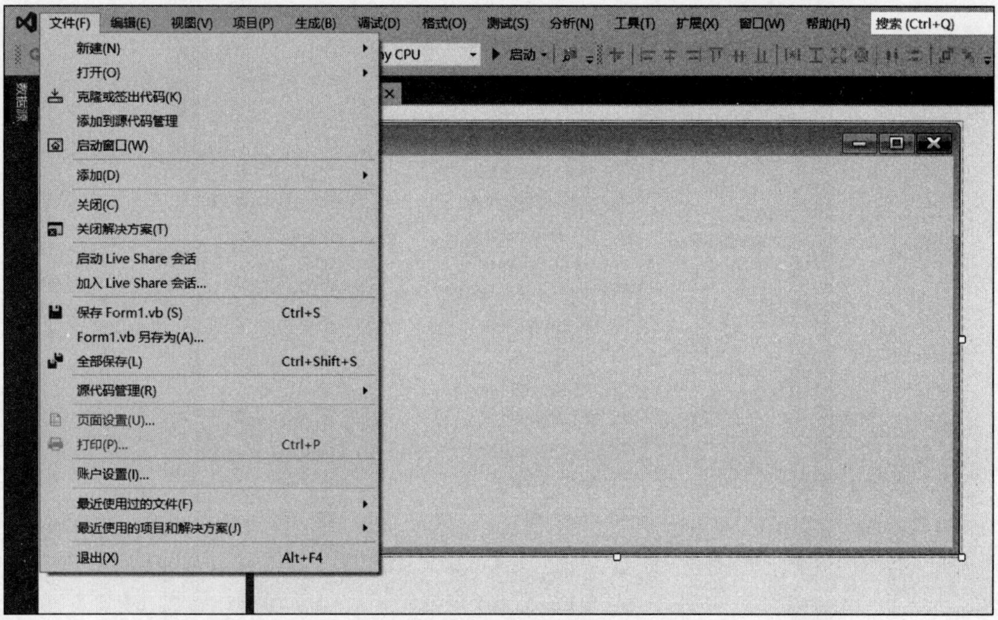

图 1-10　“文件”菜单的下拉菜单

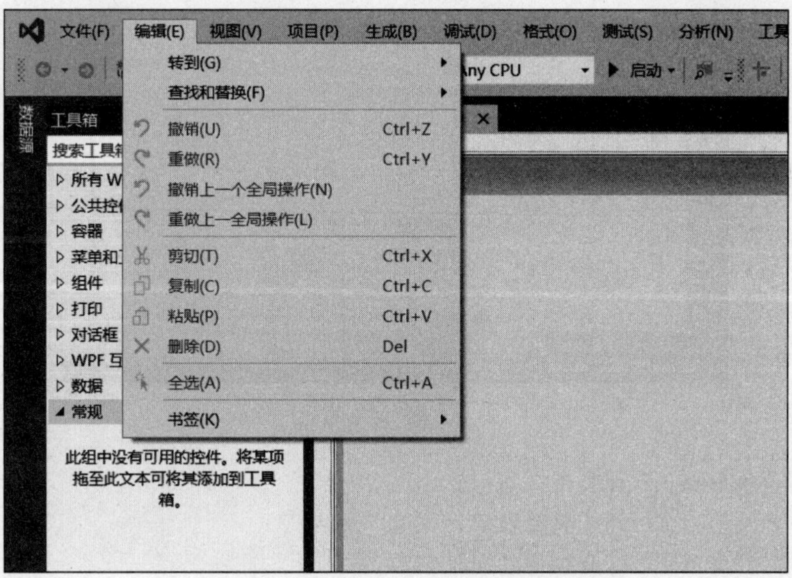

图 1-11　“编辑”菜单的下拉菜单

(3)“视图”菜单包含的主要菜单项有“代码”“设计器”“解决方案资源管理器”“服务器资源管理器”“类视图”“工具箱”“属性窗口”等，如图 1-12 所示。

“代码”菜单项：打开代码编辑界面；

“设计器”菜单项：打开设计器编辑界面；

“解决方案资源管理器”菜单项：打开解决方案资源管理器窗口；

“服务器资源管理器”菜单项：打开和服务器以及数据库相关内容的操作界面；

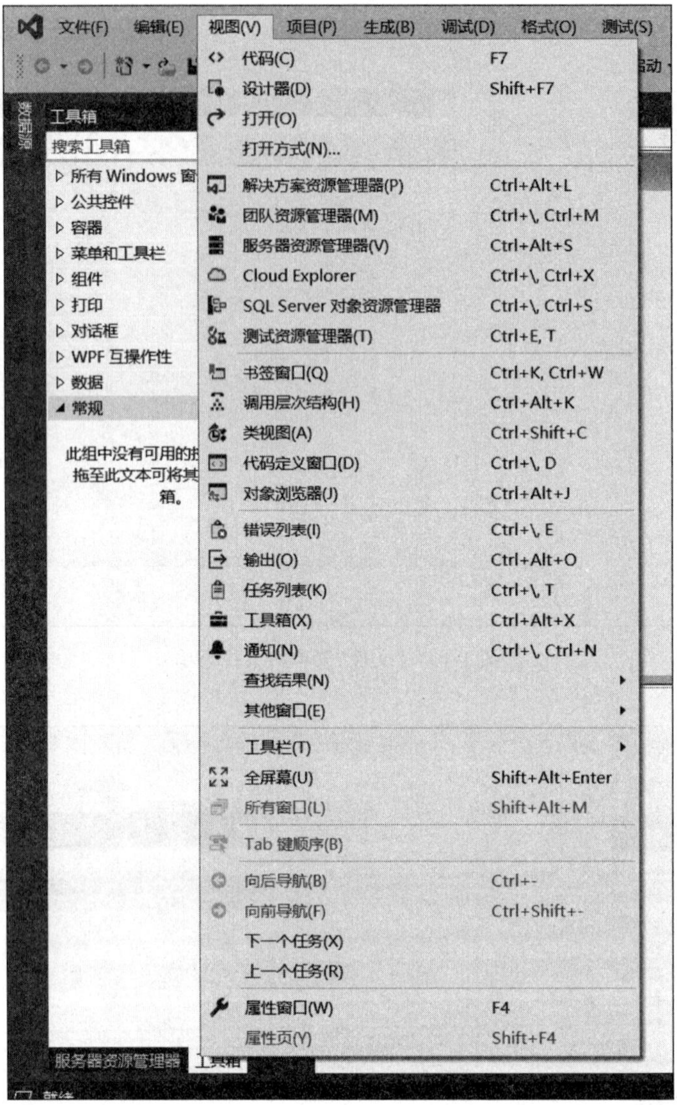

图 1-12 “视图”菜单的下拉菜单

“类视图”菜单项：打开类视图窗口；

“工具箱”菜单项：打开工具箱窗口；

“属性窗口”菜单项：打开控件的属性窗口。

(4)“项目”菜单包含的主要菜单项有“添加 Windows 窗体”“添加用户控件(Windows 窗体)”“添加类”“设为启动项目”等，如图 1-13 所示。

“添加 Windows 窗体”菜单项：向已有的应用程序中添加新的窗体；

“添加用户控件(Windows 窗体)”菜单项：添加用户自定义的控件；

“添加类”菜单项：添加 VB 的类；

“设为启动项目”菜单项：将正在编辑的项目设为启动项。

(5)“调试”菜单包含的主要菜单项有“开始调试”“开始执行(不调试)”等，如图 1-14 所示。

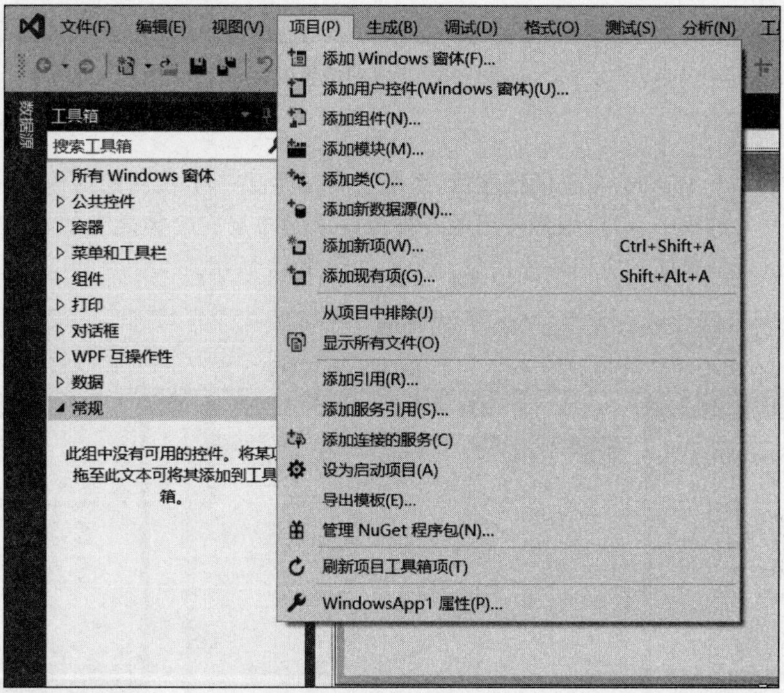

图 1-13　“项目”菜单的下拉菜单

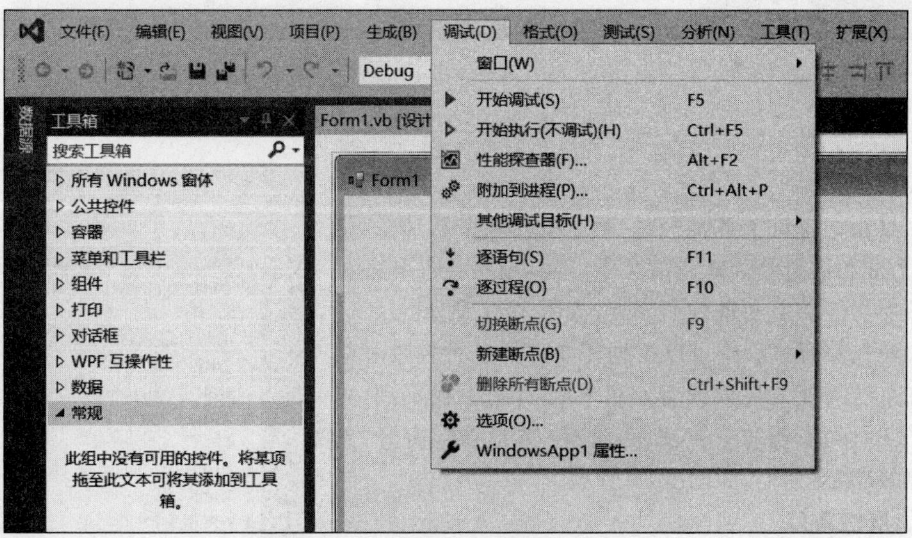

图 1-14　“调试”菜单的下拉菜单

“开始调试”菜单项：启动正在编辑的项目进行调试；

“开始执行(不调试)”菜单项：启动正在运行的项目。

2. 工具栏

工具栏在菜单栏的下面，如图 1-15 所示。工具栏提供了常用命令的快速访问按钮，单击某个按钮，可执行对应的操作，和使用菜单的效果一样。

图 1-15　工具栏的界面

3. 窗体

在创建了一个 Windows 应用程序后，系统会自动生成一个默认的窗体，也就是应用程序界面。在开发过程中，用户编程使用的各种控件就是布局在窗体之上的，当程序运行时，用户所看到的就是窗体。应用程序的设计界面如图 1-16 所示。

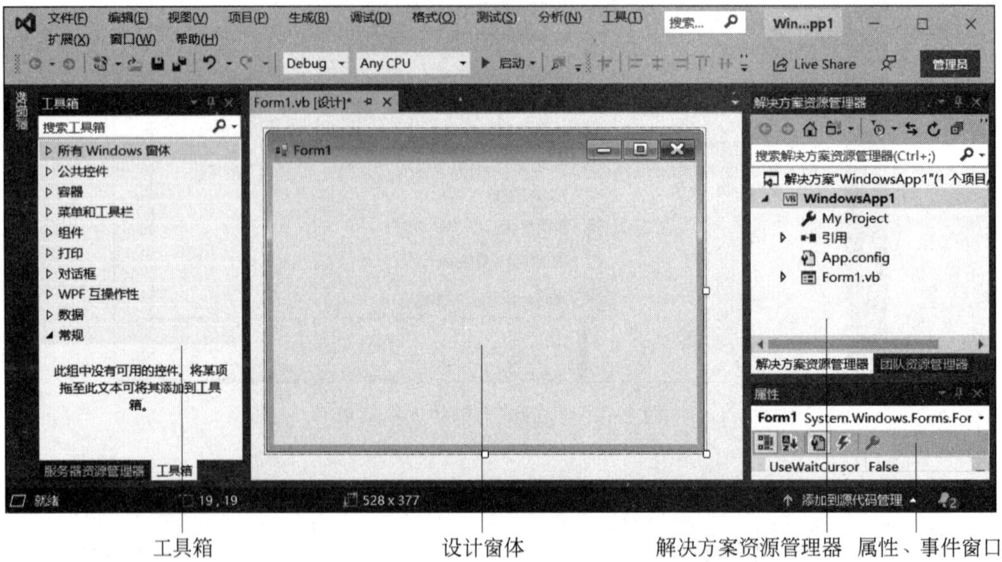

图 1-16　应用程序的设计界面

4. 工具箱

工具箱中提供了各种控件、容器、菜单和工具栏、组件、对话框和数据等。默认情况下，工具箱将控件和各种组件按照功能的不同进行了分类，如图 1-17 所示。

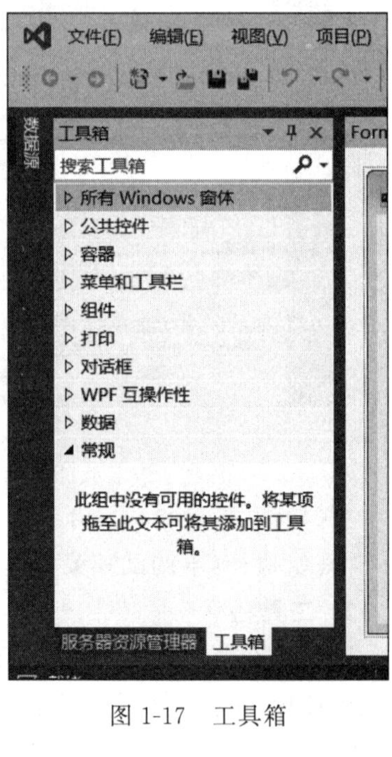

图 1-17　工具箱

用户在编程过程中可以根据需要选择各种控件和组件。如果所需要的控件或者组件在工具箱中找不到，可以单击工具箱右侧的下拉按钮，选择“选择项”，打开“选择工具箱项”对话框，如图 1-18 所示。

5. 属性窗口

属性窗口包含选定对象(Form 窗体或控件)的属性、事件列表。在设计程序时可以通过修改对象的属性来设计外观和相关值，这些属性值将是程序运行时各对象属性的初始值。属性窗口包括“按分类排序”、“字母顺序”、“属性”、“事件”等按钮，分别用于设置显示属性或者事件，以及显示时是按照分类还是按照字母顺序，如图 1-19 所示。

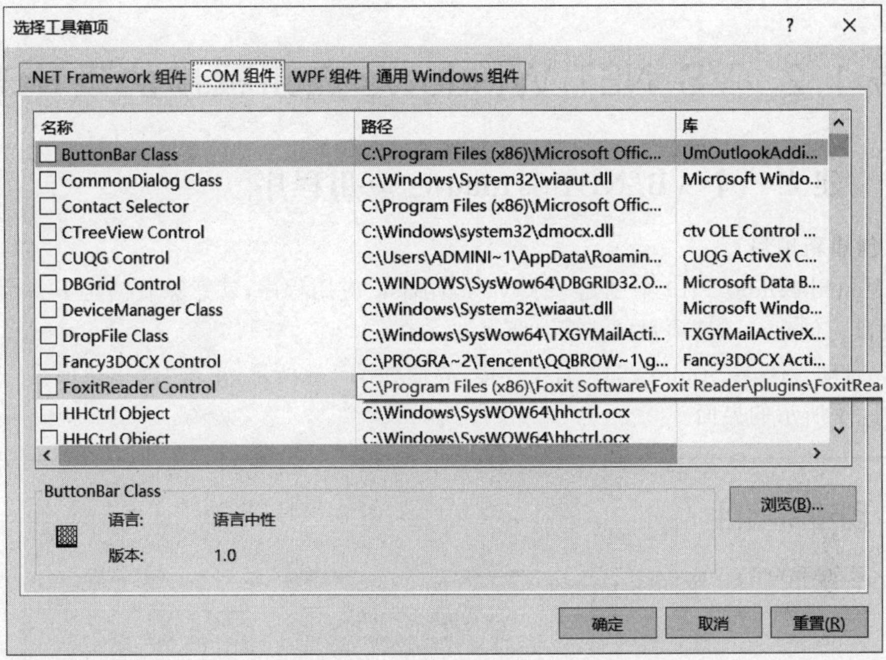

图 1-18　“选择工具箱项”对话框

6. 解决方案资源管理器

解决方案资源管理器采用 Windows 资源管理器的界面，按照文件层次列出当前解决方案中的所有文件。解决方案资源管理器包括了“主页”、“切换视图”、“挂起更改筛选器”、“与活动文档同步”、“刷新”、“全部折叠”等按钮，如图 1-20 所示。

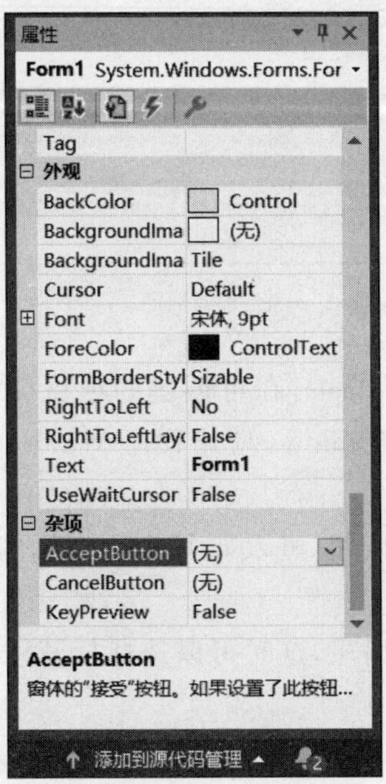

图 1-19　属性窗口的界面

图 1-20　解决方案资源管理器的界面

任务 1.2 VB.NET Windows 应用程序的设计流程

1.2.1 建立一个 VB. NET Windows 应用程序

1. 创建新项目

在 Visual Studio 2019 中创建一个 Visual Basic 应用程序，就意味着创建了一个 Visual Basic 项目。创建一个新项目的步骤如下。

(1) 启动 Visual Studio 2019 编程环境，界面如图 1-9 所示，单击“创建新项目”选项，进入如图 1-21 所示的界面。

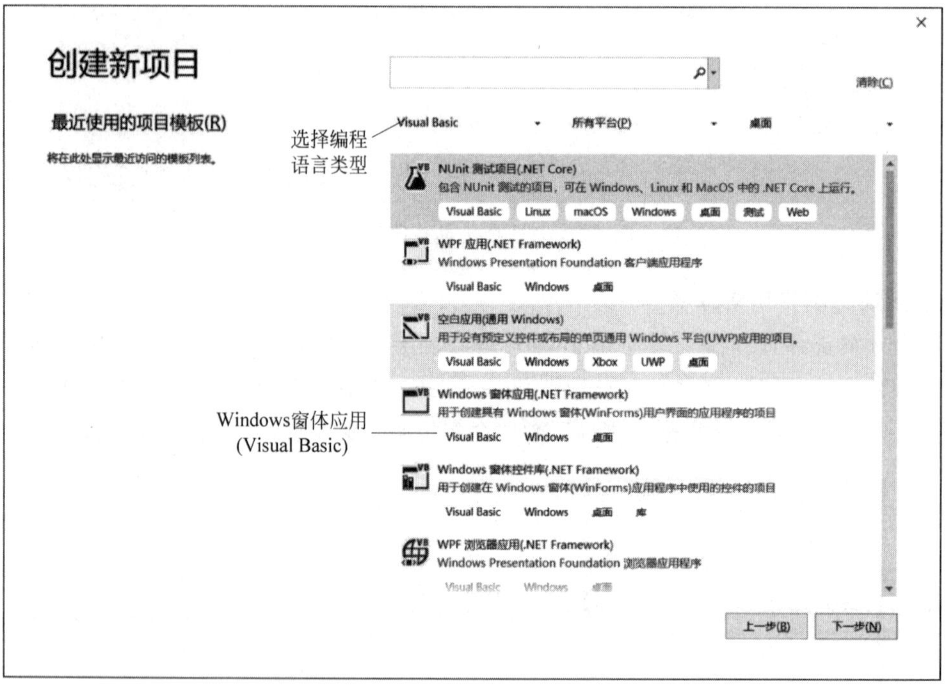

图 1-21 “创建新项目”选项

(2) 在选择编程语言类型下拉列表中选择 Visual Basic，在可创建的项目类型里选择 Visual Basic 按钮，即可创建一个 Visual Basic 类型的 Windows 应用程序 Windows 窗体应用，然后单击 “下一步”按钮，进入如图 1-22 所示的界面。

(3) 设置项目的名称和保存位置，然后单击“创建”按钮，进入如图 1-23 所示的界面。

2. 打开一个项目

如果一个 Visual Basic 项目已经创建好，需要继续编写，这时可以选择打开项目。步骤如下。

(1) 选择“文件”→“打开”→“项目/解决方案”命令，在弹出的“打开项目/解决方案”对话框中选择要打开的项目，一般应选择扩展名为. sln 的文件，效果如图 1-24 所示。

(2) 单击“打开”按钮，可以打开该项目。也可以直接找到. sln 文件并双击来打开它。

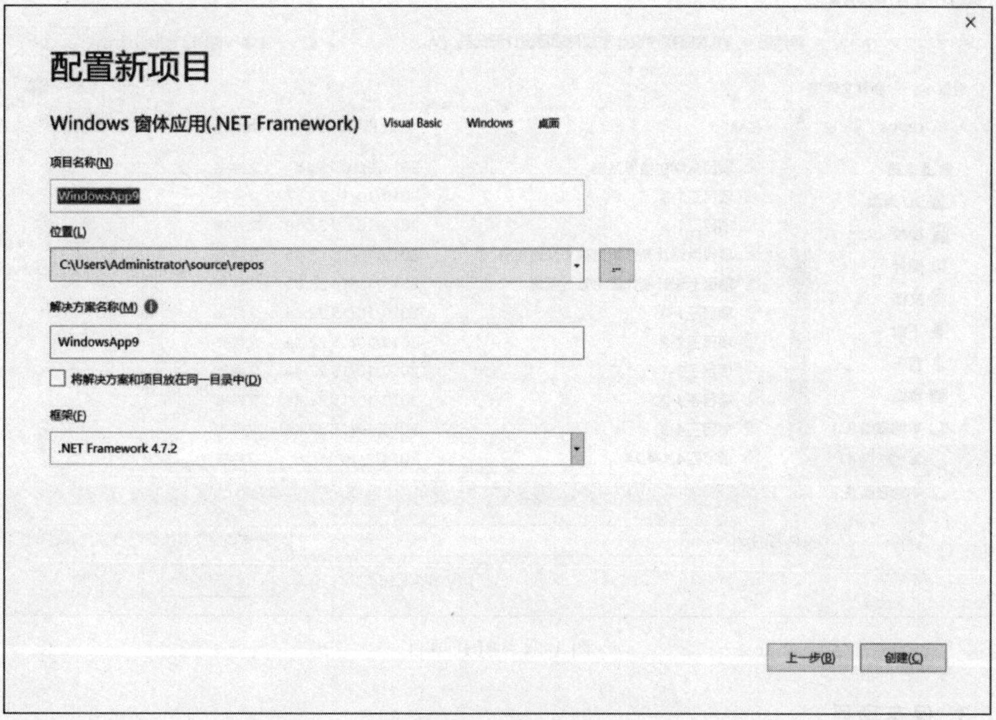

图 1-22 配置项目的界面

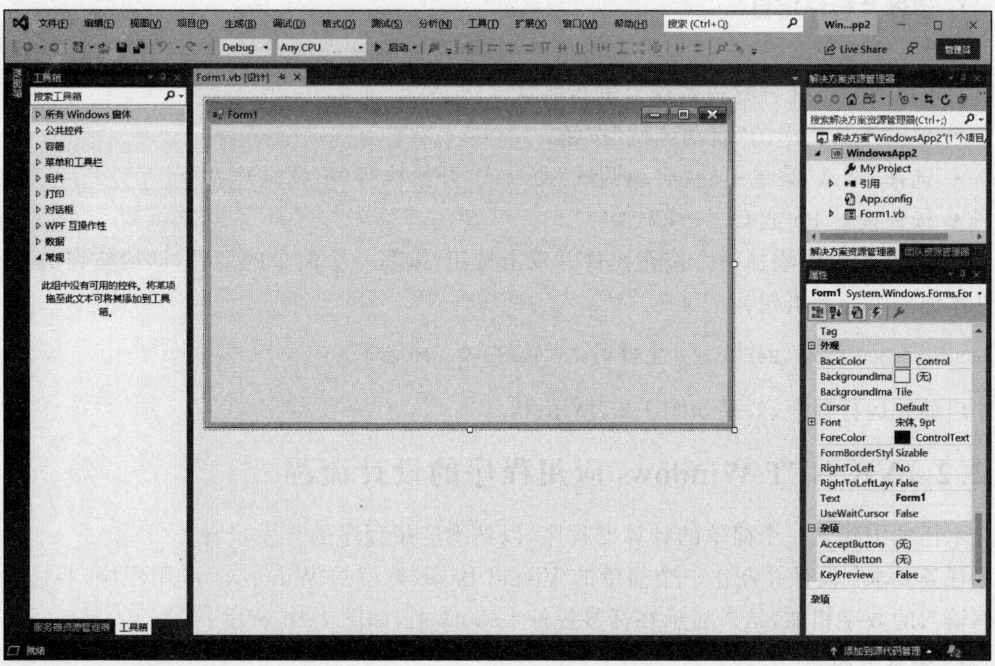

图 1-23 创建完成的项目界面

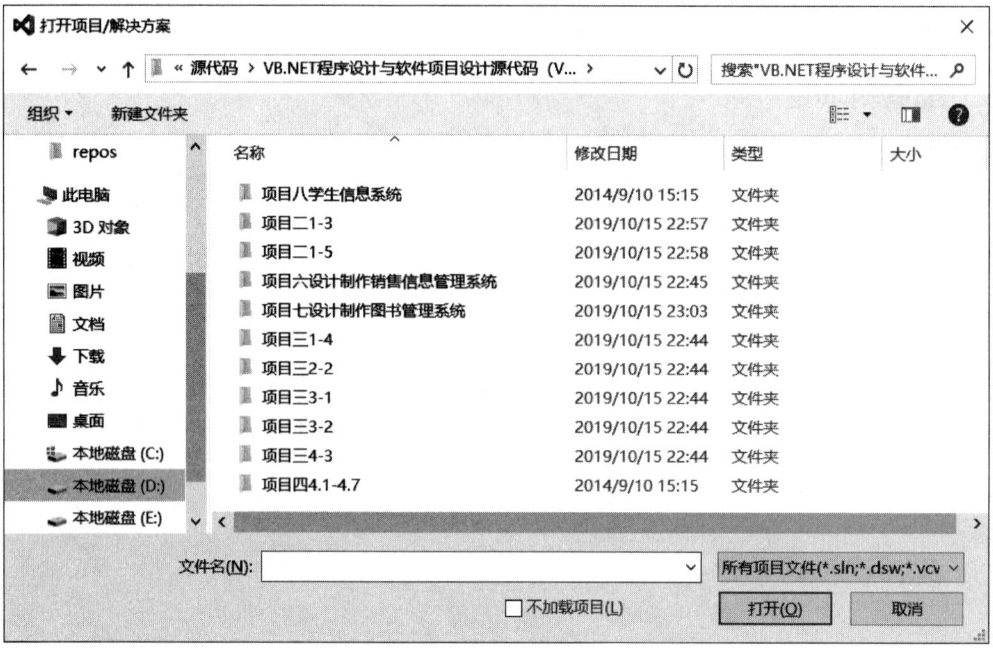

图 1-24 打开项目

3. 保存项目

当编辑完项目后,要及时保存项目,方法是:单击工具栏中的“保存”按钮,或者选择“文件”→“保存 Form1.vb”命令。

4. 编译并运行项目

设计一个项目时,该项目处于编辑状态,如果需要测试已编辑的内容,需要编译和运行项目。可以有以下几种方式对项目进行测试。

- 单击工具栏中的“启动调试”按钮;
- 选择“调试”菜单中的“启动调试”命令或“开始执行(不调试)”命令;
- 按快捷键 F5 或 Ctrl+F5。

例如,在项目中添加一个按钮控件并双击按钮,编写一个简单的事件,即给按钮的 Click 事件添加一个提示语句。

```
MessageBox.Show("Hello,欢迎来到 Visual Basic 编程环境");
```

启动并运行程序,效果如图 1-25 所示。

1.2.2 VB.NET Windows 应用程序的设计流程

本任务中建立一个简单的计算器程序,以熟悉应用程序的开发步骤。

任务要求:设计并制作一个简单的 Visual Basic 类型的 Windows 应用程序,将两个文本框输入的数字相加,结果显示在标签控件 Label4 上,如图 1-26 所示。

1. 需求分析

该应用程序的功能是:有两个文本框作为用户的输入。用户在输入之后,需要判断是否是数字。如果是数字,单击“两操作数相加”按钮时,可以将两个操作数的值相加并显示在

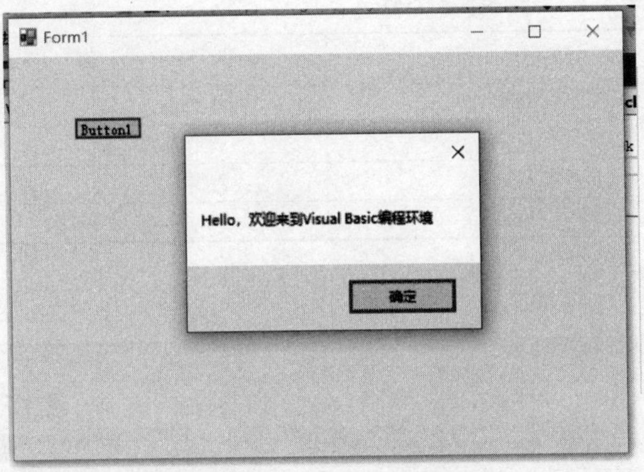

图 1-25　程序运行效果

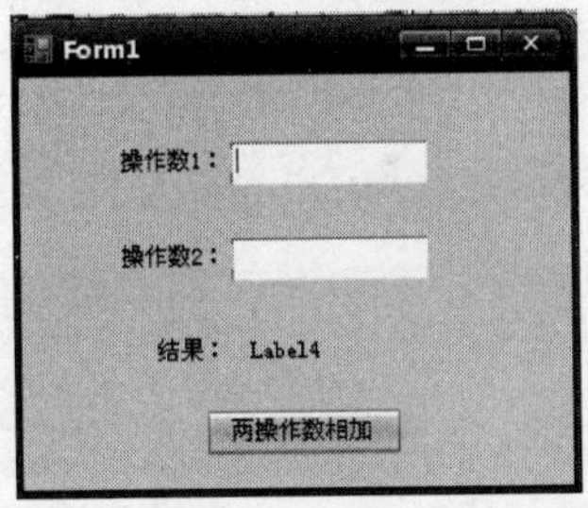

图 1-26　显示的界面

Label4 控件上；如果两个文本框中有一个输入的不是数字，将给出提示。

2. 新建项目

新建一个 Visual Basic 类型的 Windows 应用程序，界面如图 1-27 所示。

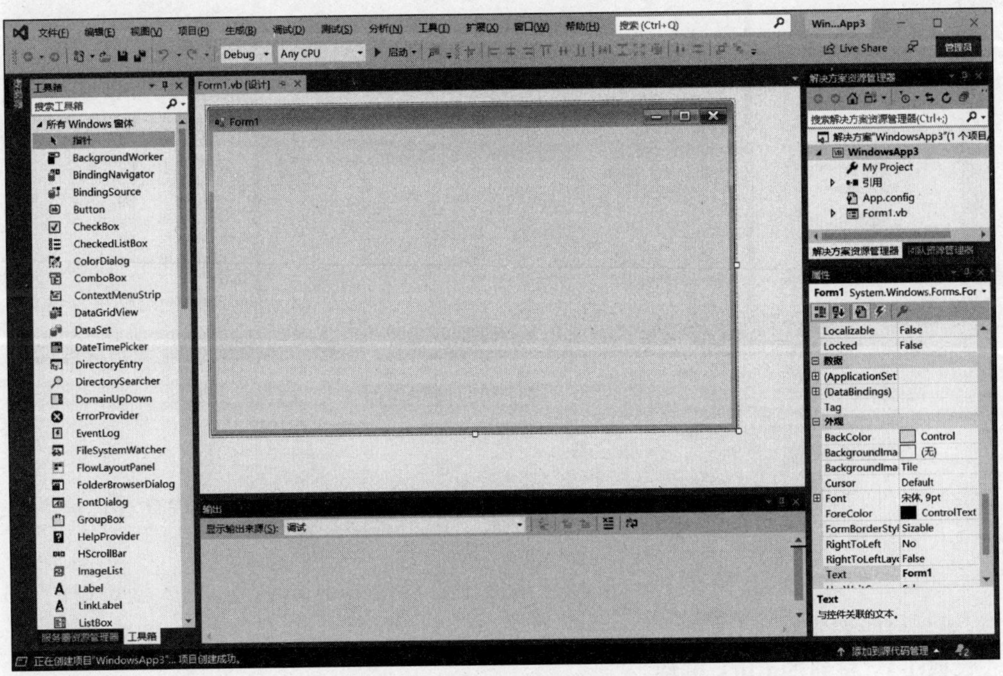

图 1-27　创建的 Form 窗体界面

3. 创建用户界面

接下来在 Form 窗体中添加控件，具体如下。

首先添加三个 Label 标签控件，再添加两个 TextBox 文本框控件并修改内容为“操作数 1:”“操作数 2:”，最后添加一个 Button 按钮控件。添加控件后，将控件的位置调整好，设置控件的属性如表 1-2 所示。

表 1-2　设置控件的属性

控件类型	属　性	属　性　值
Label	Text	操作数 1
Label	Text	操作数 2
Label	Text	结果
Button	Text	两个操作数相加

设计好的用户界面如图 1-28 所示。

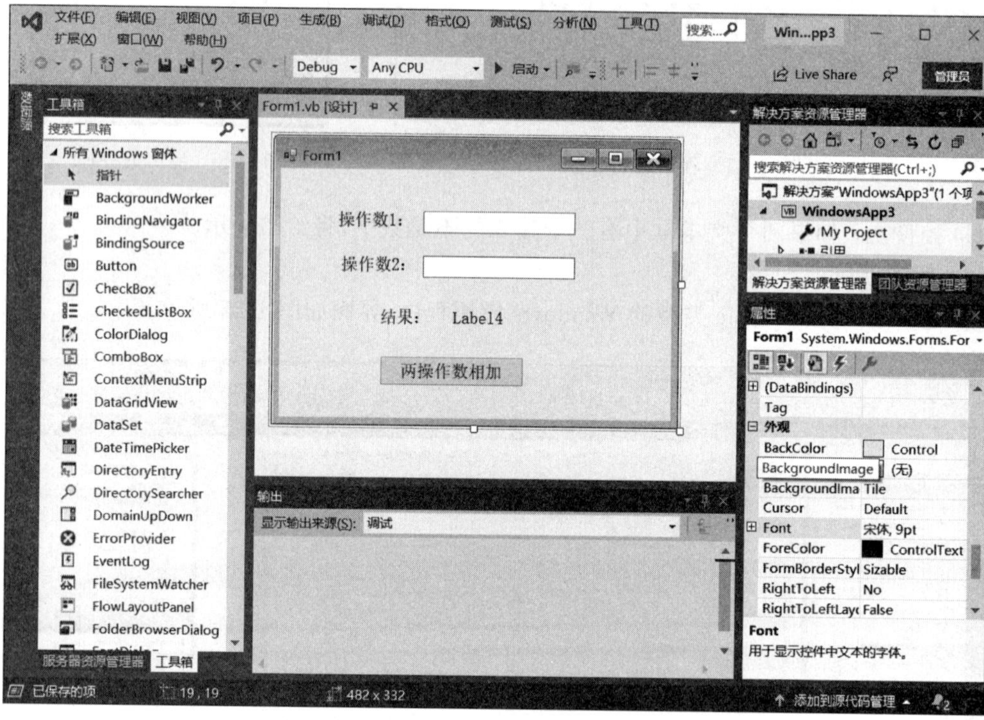

图 1-28　设计好的用户界面

4. 编写事件代码

编写事件代码要在代码编辑界面中。在 Form 窗体空白处右击,选择“查看代码”命令,将进入代码编辑界面,如图 1-29 所示。

本项目需要编写的代码在 Button 按钮事件中。双击 Button 按钮,进入该按钮的 Click 事件,编写程序如代码 1-1 所示。

代码 1-1:按钮的 Click 事件

```
Private Sub Button1_Click(ByVal sender As System.Object, ByVal e As System.EventArgs) Handles
Button1.Click
    Dim a1 As Integer
    Dim a2 As Integer
    Dim a3 As Integer
    Try
        a1 = Convert.ToInt32(TextBox1.Text)
        a2 = Convert.ToInt32(TextBox2.Text)
```

```
            a3 = a1 + a2
            Label4.Text = Convert.ToString(a3)
        Catch ex As Exception
            MessageBox.Show(ex.ToString())
        End Try
    End Sub
```

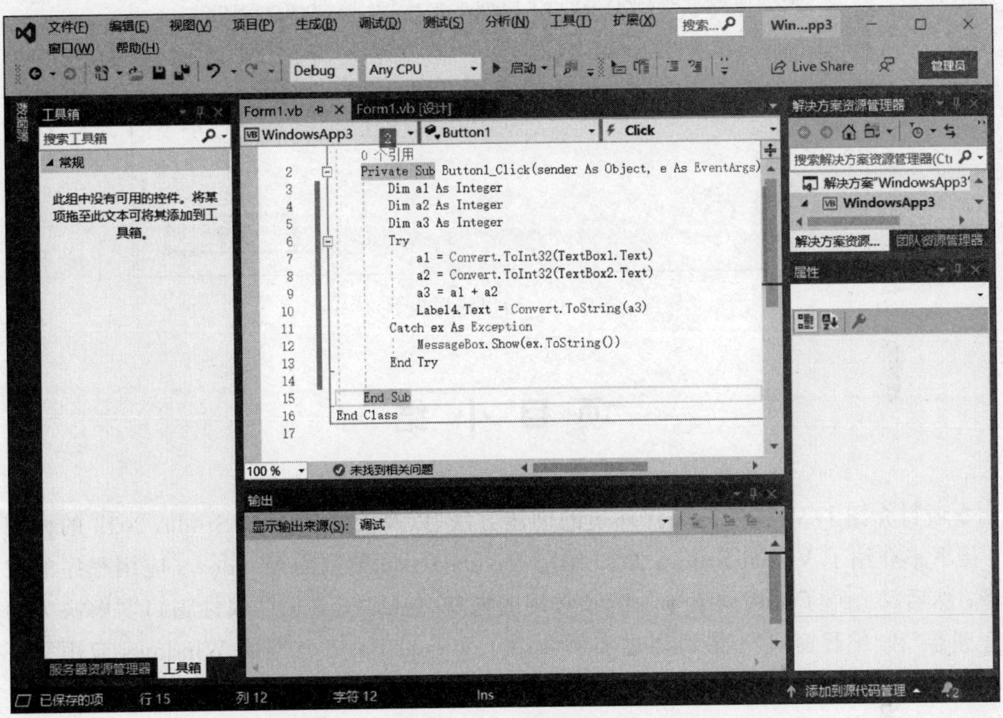

图 1-29　代码编辑界面

5. 运行、调试程序并测试

程序编写完成后，选择“调试”→“开始调试”命令，即可启动调试应用程序。程序运行结果如图 1-30 所示。当输入的内容为数字，单击“两操作数相加”按钮后，两数相加并显示在结果中。当输入的操作数不是数字，单击“两操作数相加”按钮后，会给出错误提示，效果如图 1-31 和图 1-32 所示。

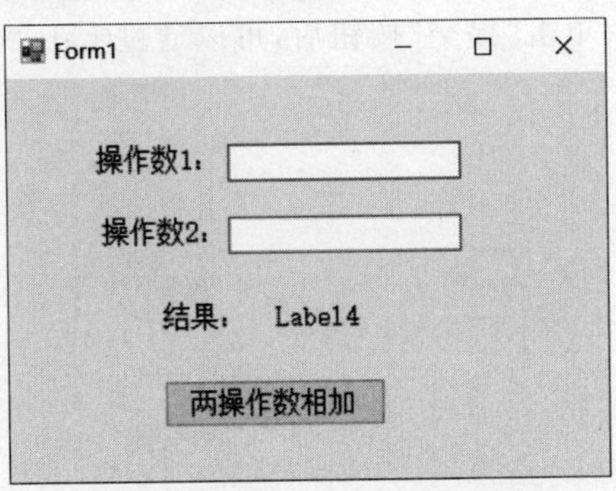

图 1-30　计算器程序运行的效果

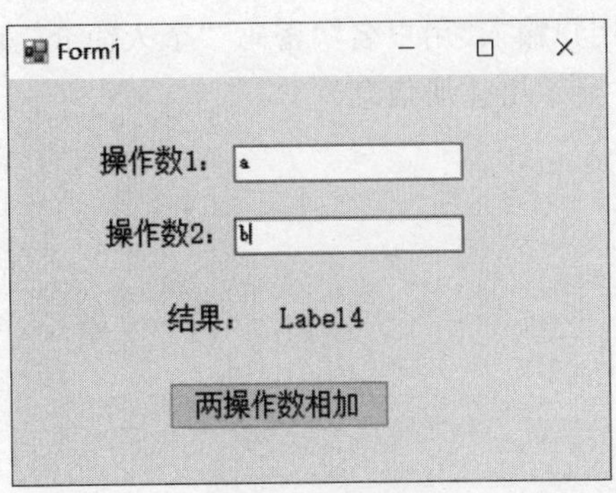

图 1-31　程序测试

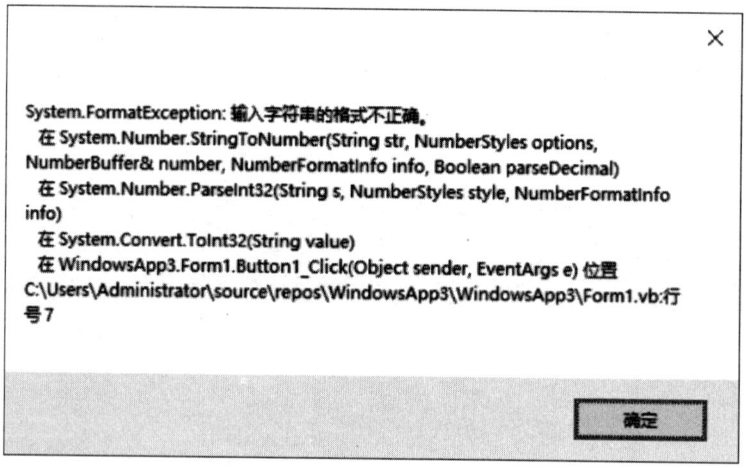

图 1-32　给出错误提示

项 目 小 结

本项目介绍了 VB. NET 编程环境的创建方法,以及安装 Visual Studio 2019 的详细步骤;接下来介绍了 Visual Studio 2019 编写 Visual Basic 类型的 Windows 应用程序的编程环境;然后又介绍了常用的菜单功能和常用的窗口,包括“工具箱”“属性窗口”“解决方案资源管理器”和“编程窗口”;最后通过实例介绍了 Visual Basic 类型的 Windows 应用程序的编写流程。

项 目 拓 展

(1) 编写一个简单的 Visual Basic 类型的 Windows 应用程序。要求:用户输入用户名后,程序能够给出相应的问候。

(2) 编写一个简单的 Visual Basic 类型的 Windows 应用程序。要求:实现用户的注册,用户输入“用户名”“密码”“个人简介”等信息,单击“提交”按钮后,可以通过 Label 标签控件显示出注册信息。

项目 2　设计制作计算器

任务 2.1　掌握 VB.NET 的基本输入/输出控件的用法

2.1.1　创建 Label 控件来显示文本

1. 要求和目的

要求：设计一个界面，包含一个 Label（标签）控件和一个 Button（按钮）控件，Label 控件能够显示按钮被单击了几次。程序运行后的效果如图 2-1 所示。

目的：

- 掌握 Button 控件的常用事件；
- 掌握 Label 控件常用的属性；
- 掌握基本数据类型的使用方法。

2. 设计步骤

第一步：界面设计

打开 Visual Studio 2019 编程环境，创建一个名称为 2-1-1 的 Visual Basic 类型的 Windows 应用程序，首先将窗体名称改为 Label。在窗体中添加一个 Label 控件，用于显示按钮的单击次数；再添加一个 Button 控件。单击该按钮，在 Label 控件中可以显示用户单击按钮的次数。

本程序的设计界面如图 2-2 所示。

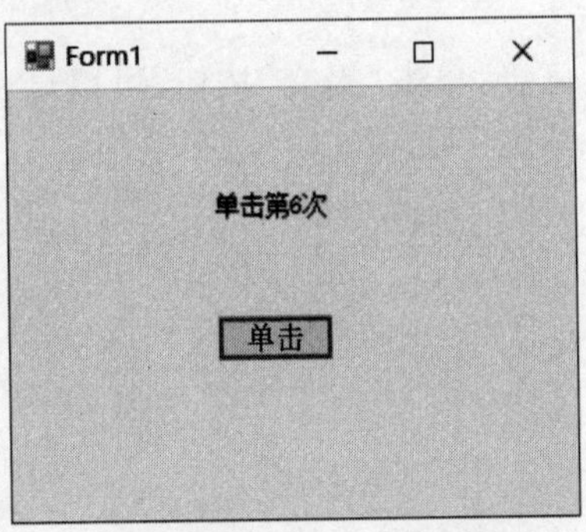

图 2-1　程序运行后的效果

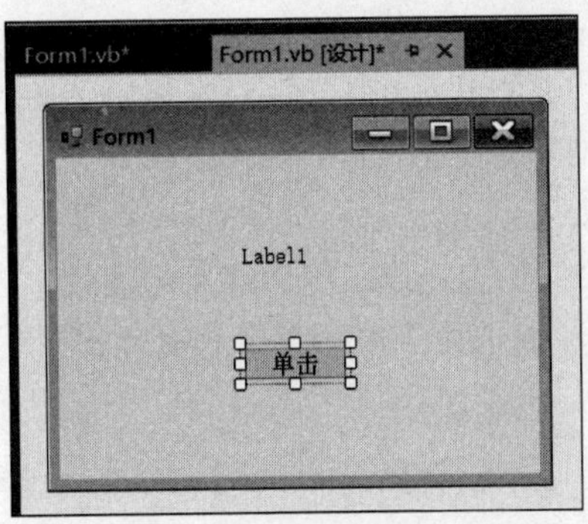

图 2-2　程序设计界面

第二步：编写代码

进入该程序的代码文件，首先定义一个全局变量。

```
Dim i As Integer = 1
```

双击 Button 按钮控件，进入该按钮的单击(Click)事件，编写代码如下。

```
Private Sub Button1_Click(ByVal sender As System.Object, ByVal e As System.EventArgs) Handles
Button1.Click
    Label1.Text = "单击第" & i & "次"
    i += 1
End Sub
```

第三步：编译、运行并测试程序

编写代码之后，单击“保存”按钮，保存编写好的代码。按 F5 键运行该程序，并进行测试。

3. 相关知识点

(1) Label 控件概述

Label 控件是纯粹的文本控件，用来显示文本，但是不能输入。

(2) Label 控件常用的属性

Enable 属性：该属性设置 Label 控件是否可用。

Visible 属性：该属性设置 Label 控件是否可见。

Font 属性：该属性设置 Label 控件所显示文本的字体。

BackColor 属性：该属性设置 Label 控件的背景色。

TextAlign 属性：该属性设置 Label 控件的文本对齐方式。

BackgroudImage 属性：该属性设置 Label 控件的背景图片。

Text 属性：该属性设置 Label 控件显示的文本内容。

(3) Label 控件常用的事件

Click 事件：运行程序后，该事件在 Label 控件中被单击时触发。

2.1.2 创建 TextBox 控件输入框

1. 要求和目的

要求：创建一个程序，要求能输入姓名和专业班级，单击“提交”按钮，可以显示出用户所提交的信息，如图 2-3 所示。

目的：

- 掌握 TextBox 控件常用的属性；
- 掌握 Label 控件常用的属性。

2. 设计步骤

第一步：界面设计

打开 Visual Studio 2019 编程环境，新建一个名称为 2-1-2 的 Visual Basic 类型的 Windows 应用程序。在窗体中添加三个 Label 控件，将其 Text 属性分别改为空值和“姓名：”“专业班级”。再在窗体中添加三个 TextBox 控件。最后添加一个 Button 按钮控件，将其 Text 属性改为“提交”。该程序的设计界面如图 2-4 所示。

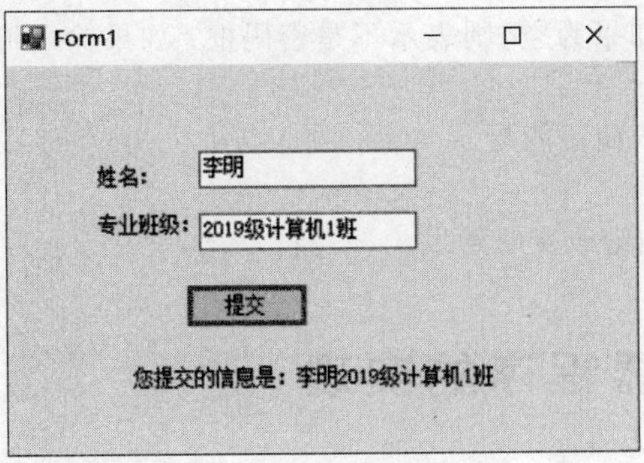

图 2-3　程序运行后的效果

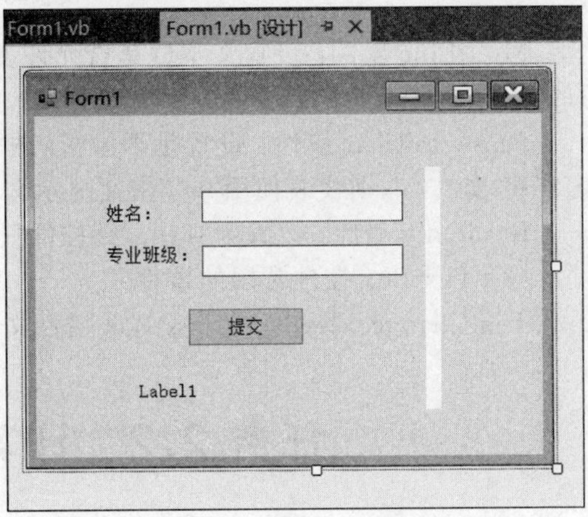

图 2-4　程序设计界面

第二步：编写代码

双击“提交”按钮，进入该按钮的单击事件，编写程序如代码 2-1 所示。

代码 2-1：“提交”按钮的单击事件

```
Private Sub Button1_Click(ByVal sender As System.Object, ByVal e As System.EventArgs) Handles
Button1.Click
    Dim a1 As String
    Dim a2 As String
    a1 = TextBox1.Text.ToString()
    a2 = TextBox2.Text.ToString()
    Label1.Text = "您提交的信息是: " + a1 + a2
End Sub
```

第三步：编译、运行并测试程序

编写好代码后，单击“保存”按钮来保存该程序。按 F5 键运行该程序，并测试。

3. 相关知识点

(1) TextBox 控件概述

TextBox(文本框)控件是最基本的输入控件，用来接收从键盘输入的文本。

(2) TextBox 控件常用的属性

Enable 属性：设置 TextBox 控件是否可用。

Visible 属性：设置 TextBox 控件是否可见。

Font 属性：设置 TextBox 控件所显示文本的字体。

BackColor 属性：设置 TextBox 控件的背景色。

TextAlign 属性：设置 TextBox 控件的文本对齐方式。

BackgroudImage 属性：设置 TextBox 控件的背景图片。

ForeColor 属性：设置 TextBox 控件字体的颜色。

Text 属性：用来显示和接收 TextBox 控件的文本，既可以显示也可以输入。格式如下。

```
TextBox1.Text = "欢迎您"              '在该文本框中将显示"欢迎您"三个字
Dim a as String = TextBox1.Text      '接收 TextBox 控件中的文本
```

MultiLine 属性：设置文本框是否允许多行显示。True 代表可以多行显示，False 代表只能单行显示。

PasswordChar 属性：设置是否为密码框。如果为空，则表示不是密码框；如果输入特定字符，如"＊"，则代表使用"＊"密文显示文本。

ReadOnly 属性：设置为 True，则控件只能读而不能写。

(3) TextBox 控件常用的事件

TextChanged 事件：在 TextBox 控件文本内容改变时触发。

任务 2.2 计算器程序的实现

1. 要求和目的

要求：建立一个如图 2-5 所示的计算器界面，具有数字键(0～9)、小数点键(.)、开始键(ON)、运算符按键(＋、－、＊、/)、计算按键(＝)，要求各个数字键及功能键能完成正常的数学计算。

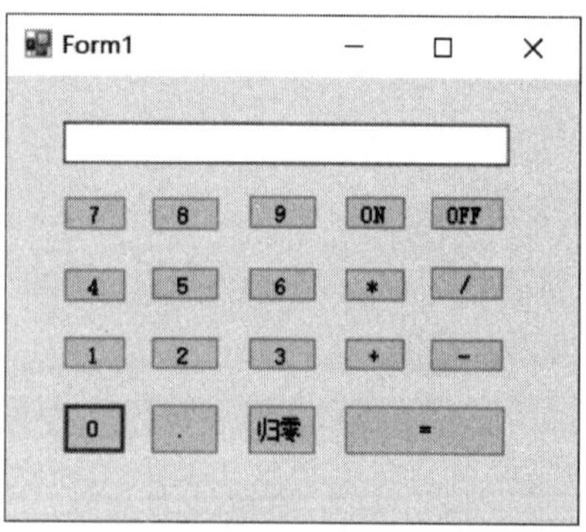

图 2-5 计算器运行后的效果

目的：

- 掌握按钮控件的使用方法；
- 掌握字符串处理的方法；
- 掌握常见算术运算的实现方法；
- 掌握文本框控件的使用方法。

2. 设计步骤

第一步：界面设计

打开 Visual Studio 2019 编程环境，新建一个名称为 2-2-1 的 Visual Basic Windows 应用程序。在窗体中添加一个 TextBox 文本框控件。Button 按钮控件共计 19 个，对应 0～9 数字键，＋、－、＊、/运算符键，以及其他按键。窗体及控件的主要属性设置如表 2-1 所示。

表 2-1 窗体及控件的主要属性

控　件	属　性	属　性　值	说　明
Form1	Name	Form1	窗体名称
TextBox1	Name	TextBox1	文本框控件名称
Button1	Name	Button1	按键"0"
Button2	Name	Button2	按键"."
Button3	Name	Button3	按键"归零"
Button5	Name	Button5	按键"＝"
Button6	Name	Button6	按键"1"
Button7	Name	Button7	按键"2"

续表

控　件	属　性	属 性 值	说　明
Button8	Name	Button8	按键“3”
Button9	Name	Button9	按键“+”
Button10	Name	Button10	按键“-”
Button11	Name	Button11	按键“4”
Button12	Name	Button12	按键“5”
Button13	Name	Button13	按键“6”
Button14	Name	Button14	按键“*”
Button15	Name	Button15	按键“/”
Button16	Name	Button16	按键“7”
Button17	Name	Button17	按键“8”
Button18	Name	Button18	按键“9”
Button19	Name	Button19	按键“ON”
Button20	Name	Button20	按键“OFF”

界面设计效果如图 2-6 所示。

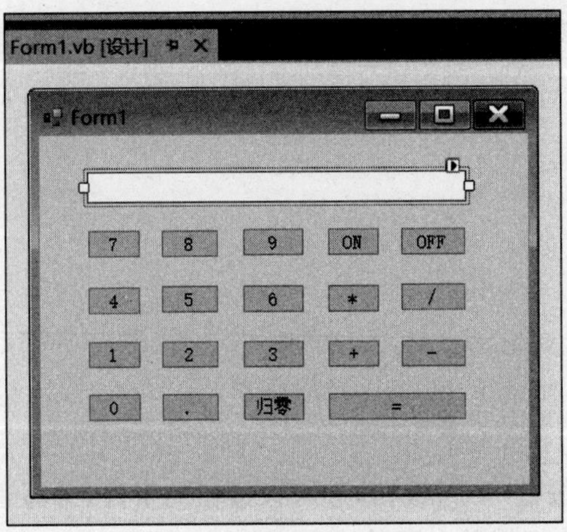

图 2-6　界面设计效果

第二步：编写代码

首先定义全局变量。

```
Dim strmiddle() As String = {"0", "0", "0"}
Dim calmethod1 As String = "0"
Dim calmethod2 As String = "0"
Dim strdot As Boolean = False
```

双击 Button1(数字键“0”)按钮，进入该按钮的事件，编写程序如代码 2-2 所示。

代码 2-2：Button1 按钮的单击事件

```
Private Sub Button1_Click(ByVal sender As System.Object, ByVal e As System.EventArgs) Handles
Button1.Click
    If strmiddle(0) = "0" Then
```

```
            TextBox1.Text = strmiddle(0) & "."
        ElseIf strdot = False Then
            strmiddle(0) = strmiddle(0) & "0"
            TextBox1.Text = strmiddle(0) & "."
        Else
            strmiddle(0) = strmiddle(0) & "0"
            TextBox1.Text = strmiddle(0)
        End If
End Sub
```

双击 Button2(小数点键".")按钮,进入该按钮的事件,编写程序如代码 2-3 所示。

代码 2-3: Button2 按钮的单击事件

```
Private Sub Button2_Click(ByVal sender As System.Object, ByVal e As System.EventArgs) Handles
Button2.Click
    strdot = True
    strmiddle(0) = strmiddle(0) & "."
    TextBox1.Text = strmiddle(0)
End Sub
```

双击 Button3("归零"按键)按钮,进入该按钮的事件,编写程序如代码 2-4 所示。

代码 2-4: Button3 按钮的单击事件

```
Private Sub Button3_Click(ByVal sender As System.Object, ByVal e As System.EventArgs) Handles
Button3.Click
    strmiddle(0) = "0"
    strmiddle(1) = "0"
    strmiddle(2) = "0"
    calmethod1 = "0"
    calmethod2 = "0"
    strdot = False
    TextBox1.Text = "0"
End Sub
```

双击 Button5(计算按键"=")按钮,进入该按钮的事件,编写程序如代码 2-5 所示。

代码 2-5: Button5 按钮的单击事件

```
Private Sub Button5_Click(ByVal sender As System.Object, ByVal e As System.EventArgs) Handles
Button5.Click
    If strmiddle(2) = "0" Then
        Select Case calmethod1
            Case " + "
                TextBox1.Text = Str(Val(strmiddle(1)) + Val(strmiddle(0)))
            Case " - "
                TextBox1.Text = Str(Val(strmiddle(1)) - Val(strmiddle(0)))
            Case " * "
                TextBox1.Text = Str(Val(strmiddle(1)) * Val(strmiddle(0)))
            Case "/"
                If strmiddle(0) = "0" Then
                    TextBox1.Text = "error!"
                Else
                    TextBox1.Text = Str(Val(strmiddle(1)) / Val(strmiddle(0)))
```

```
            End If
        End Select
    ElseIf calmethod2 = " * " Then
        strmiddle(0) = Str(Val(strmiddle(0)) * Val(strmiddle(2)))
        Select Case calmethod1
            Case " + "
                TextBox1.Text = Str(Val(strmiddle(1)) + Val(strmiddle(0)))
            Case " - "
                TextBox1.Text = Str(Val(strmiddle(1)) - Val(strmiddle(0)))
            Case " * "
                TextBox1.Text = Str(Val(strmiddle(1)) * Val(strmiddle(0)))
            Case "/"
                If strmiddle(0) = "0" Then
                    TextBox1.Text = "error!"
                Else
                    TextBox1.Text = Str(Val(strmiddle(1)) / Val(strmiddle(0)))
                End If
        End Select
    Else : calmethod2 = "/"
        strmiddle(0) = Str(Val(strmiddle(2)) / Val(strmiddle(0)))
        Select Case calmethod1
            Case " + "
                TextBox1.Text = Str(Val(strmiddle(1)) + Val(strmiddle(0)))
            Case " - "
                TextBox1.Text = Str(Val(strmiddle(1)) - Val(strmiddle(0)))
            Case " * "
                TextBox1.Text = Str(Val(strmiddle(1)) * Val(strmiddle(0)))
            Case "/"
                If strmiddle(0) = "0" Then
                    TextBox1.Text = "error!"
                Else
                    TextBox1.Text = Str(Val(strmiddle(1)) / Val(strmiddle(0)))
                End If
        End Select
    End If
End Sub
```

双击 Button6(数字键“1”)按钮,进入该按钮的事件,编写程序如代码 2-6 所示。

代码 2-6：Button6 按钮的单击事件

```
Private Sub Button6_Click(ByVal sender As System.Object, ByVal e As System.EventArgs) Handles
Button6.Click
    If strmiddle(0) = "0" Then
        strmiddle(0) = "1"
        TextBox1.Text = strmiddle(0) & "."
    ElseIf strdot = False Then
        strmiddle(0) = strmiddle(0) & "1"
        TextBox1.Text = strmiddle(0) & "."
    Else
        strmiddle(0) = strmiddle(0) & "1"
        TextBox1.Text = strmiddle(0)
```

```
    End If
End Sub
```

双击 Button7(数字键“2”)按钮,进入该按钮的事件,编写程序如代码 2-7 所示。

代码 2-7:Button7 按钮的单击事件

```
Private Sub Button7_Click(ByVal sender As System.Object, ByVal e As System.EventArgs) Handles
Button7.Click
    If strmiddle(0) = "0" Then
        strmiddle(0) = "2"
        TextBox1.Text = strmiddle(0) & "."
    ElseIf strdot = False Then
        strmiddle(0) = strmiddle(0) & "2"
        TextBox1.Text = strmiddle(0) & "."
    Else
        strmiddle(0) = strmiddle(0) & "2"
        TextBox1.Text = strmiddle(0)
    End If
End Sub
```

双击 Button8(数字键“3”)按钮,进入该按钮的事件,编写程序如代码 2-8 所示。

代码 2-8:Button8 按钮的单击事件

```
Private Sub Button8_Click(ByVal sender As System.Object, ByVal e As System.EventArgs) Handles
Button8.Click
    If strmiddle(0) = "0" Then
        strmiddle(0) = "3"
        TextBox1.Text = strmiddle(0) & "."
    ElseIf strdot = False Then
        strmiddle(0) = strmiddle(0) & "3"
        TextBox1.Text = strmiddle(0) & "."
    Else
        strmiddle(0) = strmiddle(0) & "3"
        TextBox1.Text = strmiddle(0)
    End If
End Sub
```

双击 Button9(计算键“+”)按钮,进入该按钮的事件,编写程序如代码 2-9 所示。

代码 2-9:Button9 按钮的单击事件

```
Private Sub Button9_Click(ByVal sender As System.Object, ByVal e As System.EventArgs) Handles
Button9.Click
    If calmethod1 = "0" Then
        calmethod1 = " + "
        strmiddle(1) = strmiddle(0)
        strmiddle(0) = "0"
    Else : Select Case calmethod1
            Case " + "
                strmiddle(1) = Str(Val(strmiddle(0)) + Val(strmiddle(1)))
                strmiddle(0) = "0"
                calmethod1 = " + "
            Case " - "
```

```
            strmiddle(1) = Str(Val(strmiddle(1)) - Val(strmiddle(0)))
            strmiddle(0) = "0"
            calmethod1 = "+"
        Case "*"
            strmiddle(1) = Str(Val(strmiddle(0)) * Val(strmiddle(1)))
            strmiddle(0) = "0"
            calmethod1 = "+"
        Case "/"
            strmiddle(1) = Str(Val(strmiddle(1)) / Val(strmiddle(0)))
            strmiddle(0) = "0"
            calmethod1 = "+"
        End Select
    End If
End Sub
```

双击 Button10(计算键"－")按钮,进入该按钮的事件,编写程序如代码 2-10 所示。

代码 2-10：Button10 按钮的单击事件

```
Private Sub Button10_Click(ByVal sender As System.Object, ByVal e As System.EventArgs) Handles
Button10.Click
    If calmethod1 = "0" Then
        calmethod1 = "-"
        strmiddle(1) = strmiddle(0)
        strmiddle(0) = "0"
    Else : Select Case calmethod1
        Case "+"
            strmiddle(1) = Str(Val(strmiddle(0)) + Val(strmiddle(1)))
            strmiddle(0) = "0"
            calmethod1 = "-"
        Case "-"
            strmiddle(1) = Str(Val(strmiddle(1)) - Val(strmiddle(0)))
            strmiddle(0) = "0"
            calmethod1 = "-"
        Case "*"
            strmiddle(1) = Str(Val(strmiddle(0)) * Val(strmiddle(1)))
            strmiddle(0) = "0"
            calmethod1 = "-"
        Case "/"
            strmiddle(1) = Str(Val(strmiddle(1)) / Val(strmiddle(0)))
            strmiddle(0) = "0"
            calmethod1 = "-"
        End Select
    End If
End Sub
```

双击 Button11(数字键"4")按钮,进入该按钮的事件,编写程序如代码 2-11 所示。

代码 2-11：Button11 按钮的单击事件

```
Private Sub Button11_Click(ByVal sender As System.Object, ByVal e As System.EventArgs) Handles
Button11.Click
    If strmiddle(0) = "0" Then
```

```
            strmiddle(0) = "4"
            TextBox1.Text = strmiddle(0) & "."
        ElseIf strdot = False Then
            strmiddle(0) = strmiddle(0) & "4"
            TextBox1.Text = strmiddle(0) & "."
        Else
            strmiddle(0) = strmiddle(0) & "4"
            TextBox1.Text = strmiddle(0)
        End If
    End Sub
```

双击 Button12(数字键“5”)按钮,进入该按钮的事件,编写程序如代码 2-12 所示。

代码 2-12: Button12 按钮的单击事件

```
Private Sub Button12_Click(ByVal sender As System.Object, ByVal e As System.EventArgs) Handles
Button12.Click
        If strmiddle(0) = "0" Then
            strmiddle(0) = "5"
            TextBox1.Text = strmiddle(0) & "."
        ElseIf strdot = False Then
            strmiddle(0) = strmiddle(0) & "5"
            TextBox1.Text = strmiddle(0) & "."
        Else
            strmiddle(0) = strmiddle(0) & "5"
            TextBox1.Text = strmiddle(0)
        End If
    End Sub
```

双击 Button13(数字键“6”)按钮,进入该按钮的事件,编写程序如代码 2-13 所示。

代码 2-13: Button13 按钮的单击事件

```
Private Sub Button13_Click(ByVal sender As System.Object, ByVal e As System.EventArgs) Handles
Button13.Click
        If strmiddle(0) = "0" Then
            strmiddle(0) = "6"
            TextBox1.Text = strmiddle(0) & "."
        ElseIf strdot = False Then
            strmiddle(0) = strmiddle(0) & "6"
            TextBox1.Text = strmiddle(0) & "."
        Else
            strmiddle(0) = strmiddle(0) & "6"
            TextBox1.Text = strmiddle(0)
        End If
    End Sub
```

双击 Button14(计算键“*”)按钮,进入该按钮的事件,编写程序如代码 2-14 所示。

代码 2-14: Button14 按钮的单击事件

```
Private Sub Button14_Click(ByVal sender As System.Object, ByVal e As System.EventArgs) Handles
Button14.Click
        If calmethod1 = "0" Then
            calmethod1 = "*"
```

```
            strmiddle(1) = strmiddle(0)
            strmiddle(0) = "0"
        Else : Select Case calmethod1
                Case "+"
                    calmethod2 = "*"
                    strmiddle(2) = strmiddle(0)
                    strmiddle(0) = "0"
                Case "-"
                    calmethod2 = "*"
                    strmiddle(2) = strmiddle(0)
                    strmiddle(0) = "0"
                Case "*"
                    strmiddle(1) = Str(Val(strmiddle(0)) * Val(strmiddle(1)))
                    strmiddle(0) = "0"
                    calmethod1 = "*"
                Case "/"
                    strmiddle(1) = Str(Val(strmiddle(1)) / Val(strmiddle(0)))
                    strmiddle(0) = "0"
                    calmethod1 = "*"
            End Select
        End If
    End Sub
```

双击 Button15(计算键"/")按钮,进入该按钮的事件,编写程序如代码 2-15 所示。

代码 2-15：Button15 按钮的单击事件

```
Private Sub Button15_Click(ByVal sender As System.Object, ByVal e As System.EventArgs) Handles
Button15.Click
    If calmethod1 = "0" Then
        calmethod1 = "/"
        strmiddle(1) = strmiddle(0)
        strmiddle(0) = "0"
    Else : Select Case calmethod1
            Case "+"
                calmethod2 = "/"
                strmiddle(2) = strmiddle(0)
                strmiddle(0) = "0"
            Case "-"
                calmethod2 = "/"
                strmiddle(2) = strmiddle(0)
                strmiddle(0) = "0"
            Case "*"
                strmiddle(1) = Str(Val(strmiddle(0)) * Val(strmiddle(1)))
                strmiddle(0) = "0"
                calmethod1 = "/"
            Case "/"
                strmiddle(1) = Str(Val(strmiddle(1)) / Val(strmiddle(0)))
                strmiddle(0) = "0"
                calmethod1 = "/"
        End Select
    End If
End Sub
```

双击 Button16(数字键“7”)按钮，进入该按钮的事件，编写程序如代码 2-16 所示。

代码 2-16：Button16 按钮的单击事件

```
Private Sub Button16_Click(ByVal sender As System.Object, ByVal e As System.EventArgs) Handles
Button16.Click
    If strmiddle(0) = "0" Then
        strmiddle(0) = "7"
        TextBox1.Text = strmiddle(0) & "."
    ElseIf strdot = False Then
        strmiddle(0) = strmiddle(0) & "7"
        TextBox1.Text = strmiddle(0) & "."
    Else
        strmiddle(0) = strmiddle(0) & "7"
        TextBox1.Text = strmiddle(0)
    End If
End Sub
```

双击 Button17(数字键“8”)按钮，进入该按钮的事件，编写程序如代码 2-17 所示。

代码 2-17：Button17 按钮的单击事件

```
Private Sub Button17_Click(ByVal sender As System.Object, ByVal e As System.EventArgs) Handles
Button17.Click
    If strmiddle(0) = "0" Then
        strmiddle(0) = "8"
        TextBox1.Text = strmiddle(0) & "."
    ElseIf strdot = False Then
        strmiddle(0) = strmiddle(0) & "8"
        TextBox1.Text = strmiddle(0) & "."
    Else
        strmiddle(0) = strmiddle(0) & "8"
        TextBox1.Text = strmiddle(0)
    End If
End Sub
```

双击 Button18(数字键“9”)按钮，进入该按钮的事件，编写程序如代码 2-18 所示。

代码 2-18：Button18 按钮的单击事件

```
Private Sub Button18_Click(ByVal sender As System.Object, ByVal e As System.EventArgs) Handles
Button18.Click
    If strmiddle(0) = "0" Then
        strmiddle(0) = "9"
        TextBox1.Text = strmiddle(0) & "."
    ElseIf strdot = False Then
        strmiddle(0) = strmiddle(0) & "9"
        TextBox1.Text = strmiddle(0) & "."
    Else
        strmiddle(0) = strmiddle(0) & "9"
        TextBox1.Text = strmiddle(0)
    End If
End Sub
```

双击 Button19(功能键“ON”)按钮，进入该按钮的事件，编写程序如代码 2-19 所示。

代码 2-19：Button19 按钮的单击事件

```
Private Sub Button19_Click(ByVal sender As System.Object, ByVal e As System.EventArgs) Handles
Button19.Click
    TextBox1.Text = "0"
End Sub
```

双击 Button20（功能键“OFF”）按钮，进入该按钮的事件，编写程序如代码 2-20 所示。

代码 2-20：Button20 按钮的单击事件

```
Private Sub Button20_Click(ByVal sender As System.Object, ByVal e As System.EventArgs) Handles
Button20.Click
    Me.Close()
End Sub
```

编写完上述代码之后，保存、编译、运行并测试程序，效果如图 2-7 和图 2-8 所示。

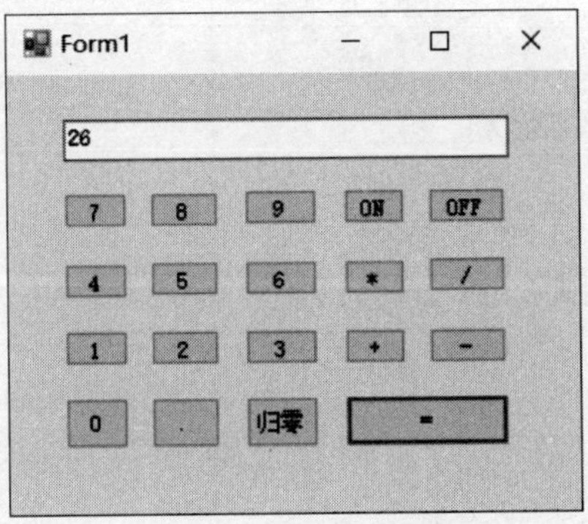

图 2-7　测试计算器(1)

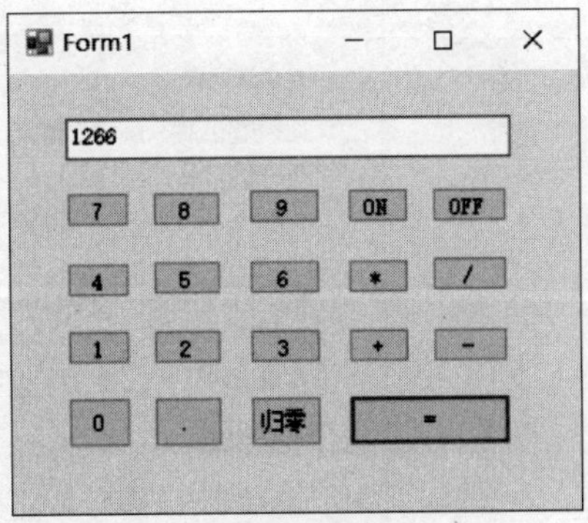

图 2-8　测试计算器(2)

项目小结

本项目介绍了常见输入/输出控件的属性和事件，通过实例介绍了常见输入/输出控件的使用方法。最后通过设计制作计算器实例，介绍了基本语句的编写方法、常见计算语句的编写方法以及控件编程的基本思路。

项目拓展

在本项目的基础上，设计制作一个文章管理系统，即在代码中存放着一些文本，要求用户通过输入框控件输入文章题目，单击“查询”按钮，如果能够搜索到文章题目，文章内容在 Label 控件中显示出来。

项目3　设计制作考试系统

考试系统是现代教育技术中常用的一种考试形式。考试系统通过计算机软件生成考试题目,考生对生成的考试题目进行答卷,答卷交卷后由考试系统自动判断答题的对错,并自动给出分数。

本项目通过 VB. NET 设计一个简单的考试系统,该考试系统的界面如图 3-1 所示。

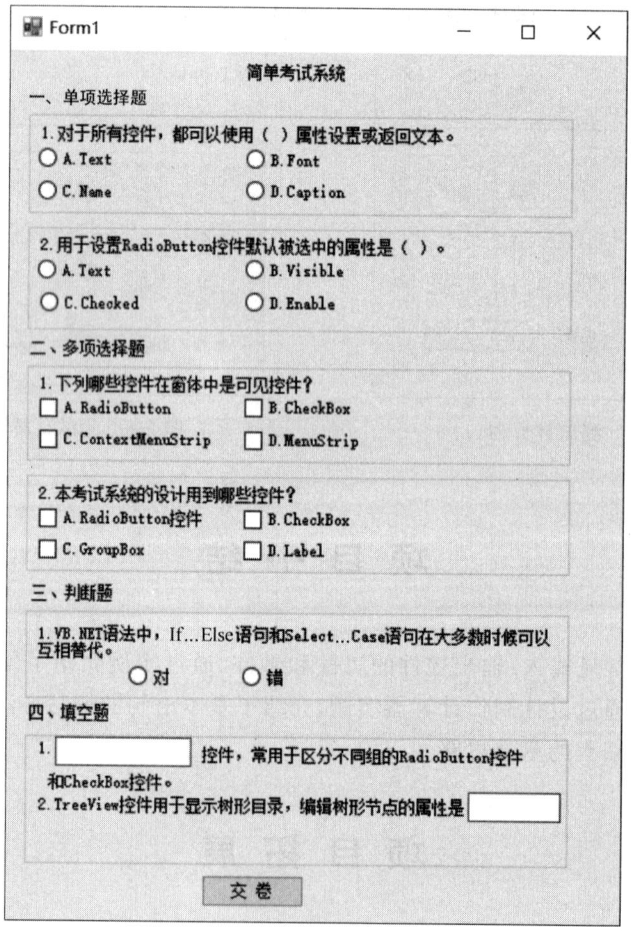

图 3-1　简单考试系统

简单考试系统的功能和使用流程如下：首先是生成考试试卷；考试界面包括“单项选择题”“多项选择题”“判断题”和“填空题”等题型,考生根据题目情况进行答题；答完题后,单击“交卷”按钮交卷；考试系统自动评出分数,并把分数显示出来。

本考试系统的设计重点为练习 VB. NET 控件的使用方法,并不涉及数据库知识,所以在考试题目设置上，采用固定的题目以及事先设定好的答案。读者可以在学习完本书后面数据库相关项目之后，自行设计数据库版本的考试系统。

任务 3.1　使用常用控件

简单考试系统的设计中使用了单选按钮、复选按钮以及日期、滚动条等控件。本任务中将介绍考试系统涉及的控件的创建和使用方法。

3.1.1　使用 RadioButton 控件和 GroupBox 控件

考试系统的单项选择题中用到单选按钮，单选按钮可以使用 RadioButton 控件和 GroupBox 控件来实现。单选按钮的最大特点就是同一组的按钮相互排斥，每次只能选中其中的一项，如图 3-2 所示。

单选按钮 RadioButton 常用的属性如下。

(1) Text 属性：设置或返回控件内显示的文本。

(2) Checked 属性：设置或返回控件按钮是否被选中。值为 True 时，表示控件被选中；值为 False 时，表示控件没有被选中。

(3) AutoCheck 属性：当该属性设置为 True 时，如果选择该单选按钮，将自动清除该组中的所有其他单选按钮。

单选按钮 RadioButton 常用的事件如下。

(1) Click 事件：当单击控件按钮时，将把控件按钮的 Checked 属性值设置为 True，同时触发该事件。

(2) CheckedChanged 事件：当 Checked 属性值更改时，将触发该事件。

GroupBox 控件用于为其他控件提供可识别的分组。通常，使用分组框按功能细分窗体。例如，在考试系统中，各个题目都有相应的选项，为了区分不同题目的选项，可以采用 GroupBox 控件进行分组区分，如图 3-3 所示。

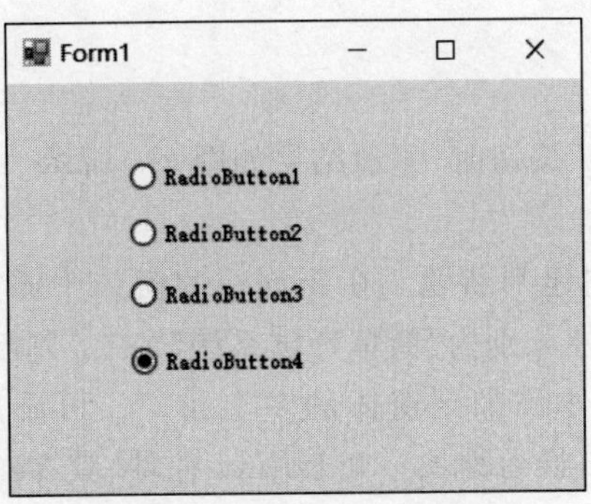

图 3-2　RadioButton 按钮

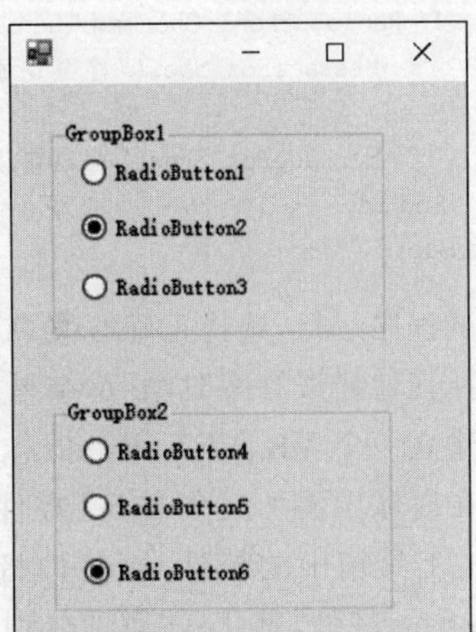

图 3-3　用 GroupBox 分组

GroupBox(分组)控件的常用属性如下。

Text 属性：设置或返回控件标题的文本。

接下来使用 RadioButton 单选按钮控件创建考试系统中的单项选择题和判断题。

新建一个 VB. NET Windows 应用程序，创建单项选择题。在新建的窗体中添加三个 Label 控件，如图 3-4 所示，其 Text 属性分别为："简单考试系统""一、单项选择题"和"1. 对于所有控件，都可以使用( )属性设置或者返回文本。"。再添加四个 RadioButton 控件，其 Text 属性分别为："A. Text""B. Font""C. Name"和"D. Caption"。

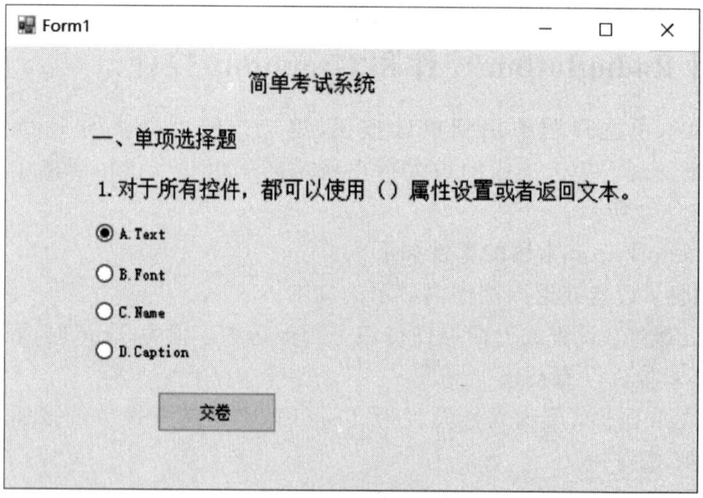

图 3-4　单项选择题

添加一个 Button 按钮，将其 Text 属性设置为"交卷"。双击"交卷"按钮，添加程序如代码 3-1 所示。

代码 3-1："交卷"按钮的单击事件(1)

```
Private Sub Button1_Click(ByVal sender As System.Object, ByVal e As System.EventArgs) Handles
Button1.Click
    If RadioButton1.Checked Then
        MessageBox.Show("答案正确!")
    Else
        MessageBox.Show("答案错误,正确答案是 A!")
    End If
End Sub
```

调试程序运行，选择正确答案 A 并单击"交卷"按钮时，显示结果如图 3-5 所示。

选择其他错误答案时，显示结果如图 3-6 所示。

再建立一个 VB. NET Windows 应用程序，创建判断题。在新创建的窗体中添加如下控件。在窗体中添加三个 Label 控件，其 Text 属性分别为"简单考试系统""二、判断题"和"1. 双击工具箱中的控件，该控件将按其默认大小添加到窗体的左上角。"。再添加两个 RadioButton 控件，其 Text 属性分别为"对""错"。最后添加一个 Button 控件，其 Text 属性设置为"交卷"。如图 3-7 所示。

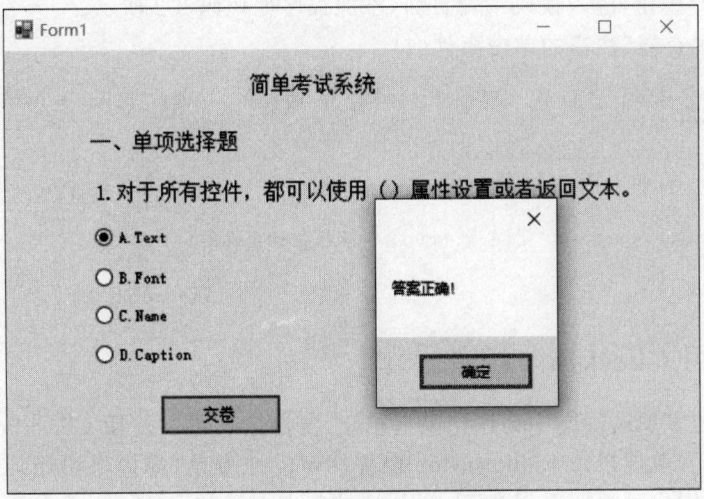

图 3-5　提示答案正确

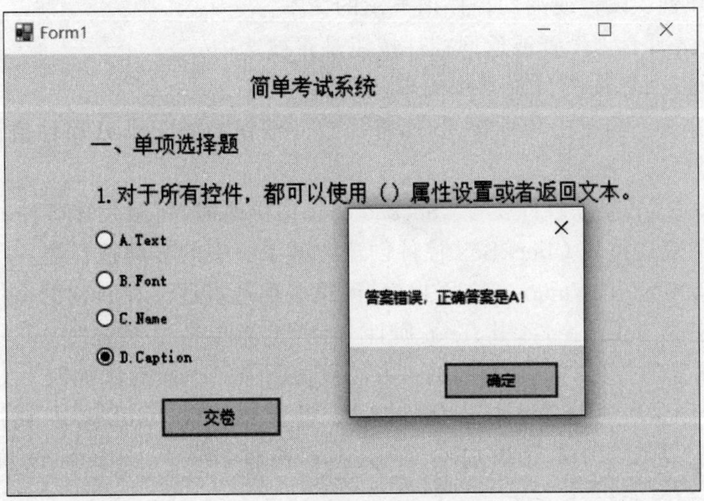

图 3-6　提示答案错误

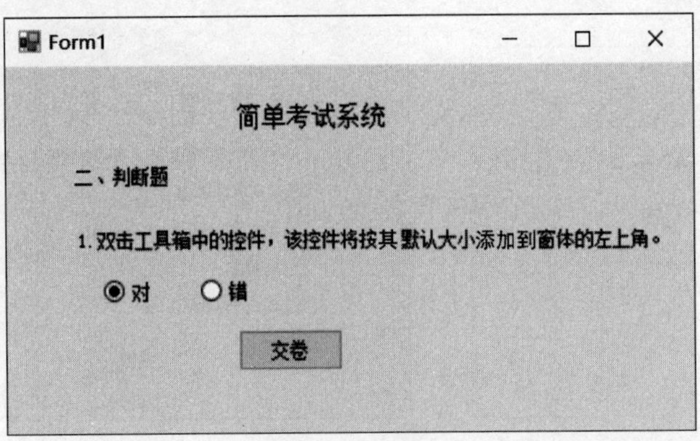

图 3-7　判断题

双击“交卷”按钮,进入代码编辑页面,添加程序如代码 3-2 所示。

代码 3-2:“交卷”按钮的单击事件(2)

```
Private Sub Button1_Click_1(ByVal sender As System.Object, ByVal e As System.EventArgs)
Handles Button1.Click
    If RadioButton1.Checked Then
        MessageBox.Show("正确!")
    Else
        MessageBox.Show("错误,该判断题本身题意是正确的!")
    End If
End Sub
```

3.1.2 使用 CheckBox 控件

考试系统的多项选择题中会用到复选按钮,复选按钮可以使用 CheckBox 控件来实现。CheckBox 控件和单选按钮 RadioButton 控件相似的地方是,都提供给用户可以选择的项;不同之处在于,用户可根据需要在 CheckBox 控件中选择其中的一项或多项,如图 3-8 所示。

复选按钮 CheckBox 控件常用的属性如下。

(1) Text 属性:设置或返回控件内显示的文本。

(2) Checked 属性:设置或返回控件按钮是否被选中。

复选按钮 CheckBox 控件最常用的事件如下。

(1) Click 事件:当单击控件按钮时,将把控件按钮的 Checked 属性值设置为 True,同时触发该事件。

(2) CheckedChanged 事件:当 Checked 属性值更改时,将触发该事件。

接下来使用复选按钮 CheckBox 控件创建考试系统中的多项选择题。

新建一个 VB.NET Windows 应用程序,创建多项选择题。在新建的窗体中添加如下控件。首先添加三个 Label 控件,其 Text 属性分别为“简单考试系统”“ 一、多项选择题”和“1. 对于显示图像的控件,都可以使用( )方法设置图像。”。然后添加四个 CheckBox 控件,其 Text 属性分别为“A. 设置 Image 属性”“ B. 设置 BackGroundImage 属性”“C. 编程”和“D. 设置 Text 属性”。最后添加一个 Button 控件,其 Text 属性设置为“交卷”,如图 3-9 所示。

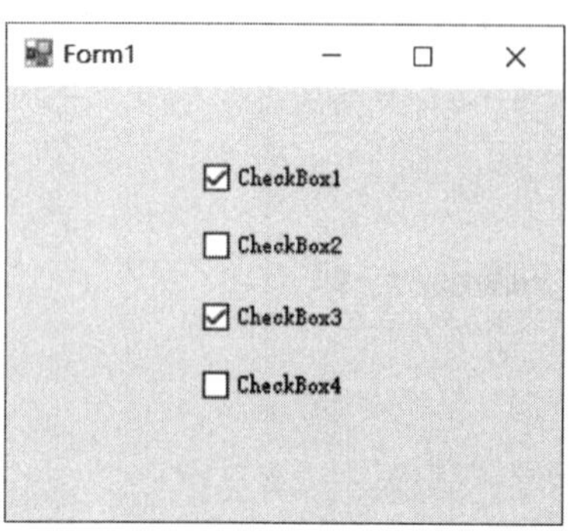

图 3-8 CheckBox 控件

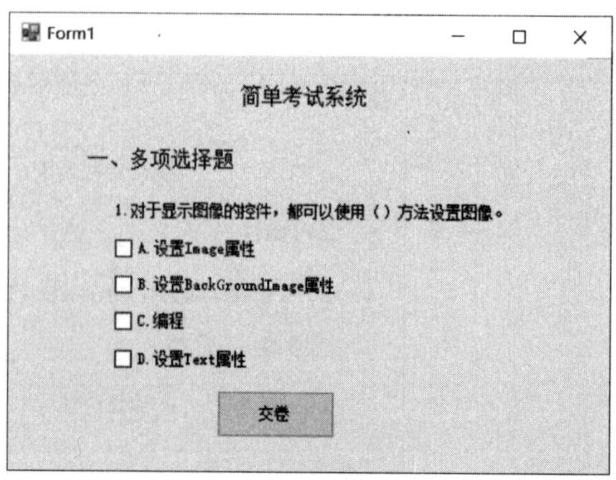

图 3-9 多项选择题(1)

双击“交卷”按钮，在其单击事件中添加程序如代码 3-3 所示。

代码 3-3：“交卷”按钮的单击事件

```
Private Sub Button1_Click(ByVal sender As System.Object, ByVal e As System.EventArgs) Handles
Button1.Click
    If CheckBox1.Checked And CheckBox2.Checked And CheckBox3.Checked And Not CheckBox4.
    Checked Then
        MessageBox.Show("答案正确!")
    Else
        MessageBox.Show("答案错误,正确答案是 ABC")
    End If
End Sub
```

调试程序运行，选择正确答案并单击“交卷”按钮时，显示结果如图 3-10 和图 3-11 所示。

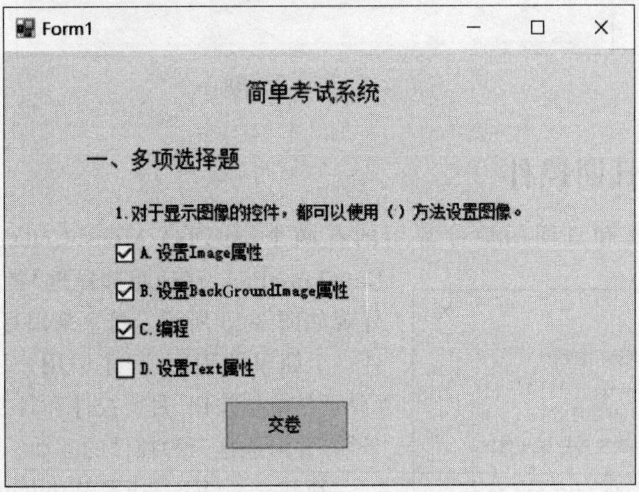

图 3-10　多项选择题(2)

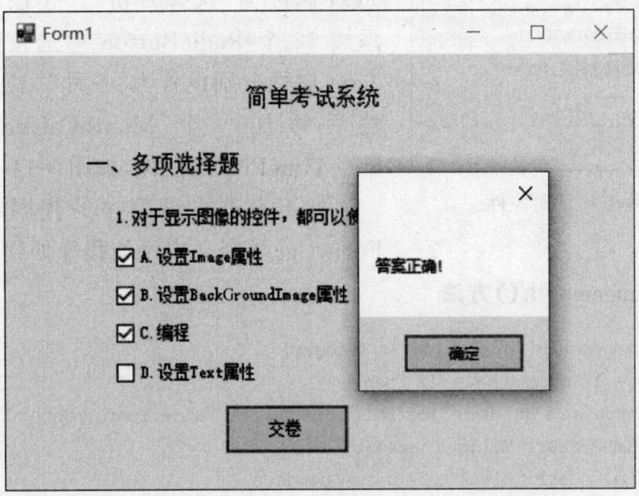

图 3-11　提示答案正确

当选择其他答案时,显示结果如图 3-12 所示。

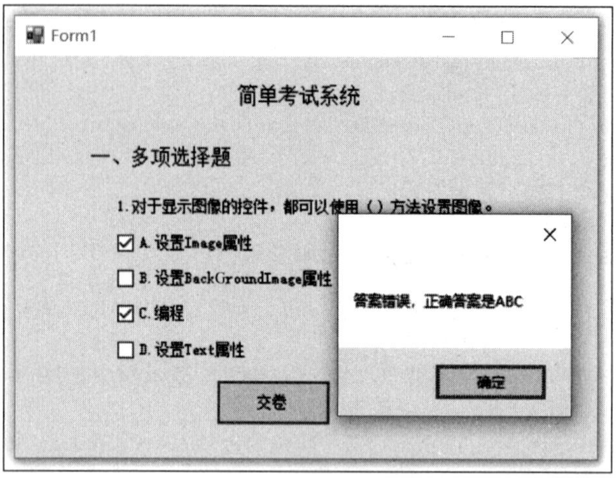

图 3-12　提示答案错误

3.1.3　使用日期控件

用于显示月历和日期的控件常用的有两个,分别是 MonthCalendar(月历)控件和 DateTimePicker(日期选择框)控件,这两个控件的外观如图 3-13 所示。接下来用月历和日期控件来设计一个简单的程序,程序中用户可以使用三种控件(分别是单选按钮、月历控件和日期选择控件)来选择日期,并形成这三种控件的互动。操作步骤如下。

图 3-13　月历和日期控件

新建一个 VB. NET Windows 应用程序。在新建的窗体中添加一个 GroupBox 控件,更改它的 Text 属性为"选择月份"。在该 GroupBox 控件上添加 12 个 RadioButton 单选按钮控件,把它们的 Text 属性分别设置为"一月""二月"……"十二月"。然后添加一个 MonthCalendar 控件和一个 DateTimePicker 控件,如图 3-14 所示。

接下来进入该程序的代码编辑页面,首先在 Form1 的类定义中添加程序如代码 3-4 所示。

代码 3-4:changemonth()方法

```
Private Sub changemonth(ByVal month As Integer)
    If month >= 1 And month <= 12 Then
        Dim newdate As New DateTime(DateTimePicker1.Value.Year, month, 1)
        DateTimePicker1.Value = newdate
        MonthCalendar1.SelectionStart = newdate
        MonthCalendar1.SelectionEnd = newdate.AddDays(3)
    End If
End Sub
```

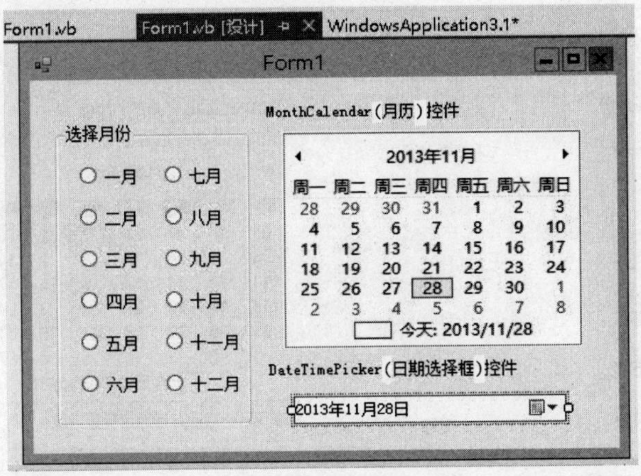

图 3-14　日期控件应用程序

此段程序中，关键语句 Dim newdate As New DateTime(DateTimePicker1. Value. Year, month, 1)中，DateTimePicker1. Value. Year 的含义是，返回日期选择控件默认显示的年份。该语句定义了一个变量 newdate，它的值是 DateTime 日期类型的。

添加这部分代码之后，接下来对 12 个单选按钮添加事件，分别单击每个单选按钮控件。在第 1 个单选按钮事件中添加如下代码。

```
changemonth(1)
```

在第 2 个单选按钮事件中添加如下代码。

```
changemonth(2)
…
```

在第 12 个单选按钮事件中添加如下代码。

```
changemonth(12)
```

在添加完 12 个单选按钮事件之后，双击 DateTimePicker 控件，在该事件中添加如下代码。

```
Monthcalendar1.todaydate = datetimepicker1.value
```

该条语句的含义是，设置月历控件"今天"的时间是日期选择控件所选择的日期。

添加完代码之后，编译、运行该程序并测试，选择左边单选按钮控件对应的月份，则右边日期月历控件和日期选择控件会显示对应的月份，并且在月历控件中会显示对应的日期选择范围；使用日期选择控件选择日期，月历控件的当前日期会随之改变。程序运行效果如图 3-15 所示。

3.1.4　使用滚动条控件

滚动条是 Windows 应用程序中常用的控件。滚动条包括水平滚动条和垂直滚动条两种。在 VB. NET 中，可以使用水平滚动条控件 HScrollBar 和垂直滚动条控件 VScrollBar 来实现滚动条效果。

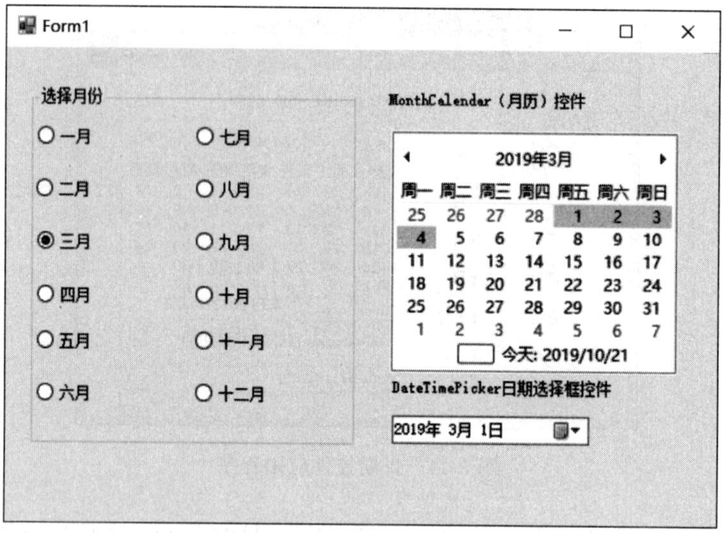

图3-15　程序运行后的效果

ScrollBar控件常用的属性如下。

(1) MiniMum属性：指定滚动范围的下限。

(2) MaxMum属性：指定滚动范围的上限。

(3) Value属性：表示滚动框在滚动条中的当前位置。

ScrollBar控件常用的事件如下。

Scroll事件：不论是水平滚动条还是垂直滚动条，在用户单击上下(或左右)按钮、移动滚动条或者单击滚动条空白区时，都会产生一个Scroll事件。对滚动条的编程，主要就是围绕Scroll事件展开的。

接下来我们使用滚动条来设计一个图片浏览器，实现图片的滚动浏览。在这个程序中，我们使用了图片框控件PictureBox。

PictureBox控件是用来在窗体上显示图片的控件，它可以显示包括位图、元文件、图标、JPEG、GIF或PNG等格式的图片，功能非常强大。

PictureBox控件的常用属性如下。

(1) Image属性：指定为要显示的Image对象。

(2) SizeMode属性：该属性有4种可能的取值。当该属性值为PictureBoxSizeMode.AutoSize时，使PictureBox的大小自动地等于其所显示的图片的大小；当该属性值为PictureBoxSizeMode.CenterImage时，使图片居中显示，如果图片比PictureBox大，则不显示外边缘；当该属性值为PictureBoxSizeMode.Normal时，调整图片的大小，以使其位于PictureBox的左上角，若图片比PictureBox大，则裁掉其余部分；当该属性值为PictureBoxSizeMode.StretchImage时，为调整图片的大小，以使其正好充满PictureBox。

建立一个VB.NET Windows应用程序，在新建的窗体中添加两个PictureBox(图片框)控件(其中picturebox1范围大，picturebox2在picturebox1里边)。再添加一个水平滚动条控件HScrollBar和一个垂直滚动条控件VScrollBar。为picturebox2的image属性指定一幅图片，单击图片控件picturebox2的image属性栏中的省略号，在弹出的文件选择框中选择一幅图片。注意，图片尺寸要大一些，否则滚动条就不会起作用了。设计界面如图 3-16 所示。

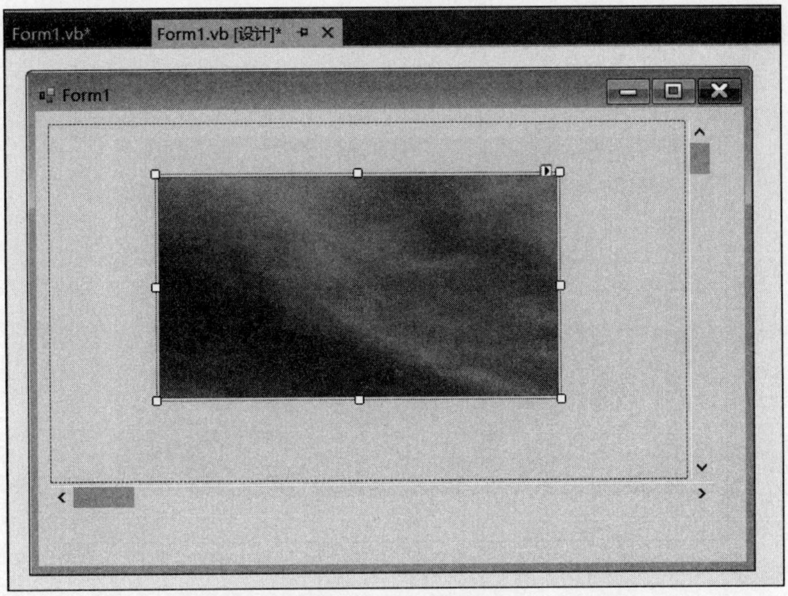

图 3-16 设计界面

然后双击窗体的空白区域(没有任何控件的地方)，进入代码编辑页面的 Form1_Load 事件中，添加程序如代码 3-5 所示。

代码 3-5：Form1_Load 事件

```
Private Sub Form1_Load(ByVal sender As System.Object, ByVal e As System.EventArgs) Handles
MyBase.Load
    PictureBox1.Controls.Add(PictureBox2)
    PictureBox2.Left = 0
    PictureBox2.Top = 0
    PictureBox2.SizeMode = PictureBoxSizeMode.AutoSize
    VScrollBar1.Maximum = PictureBox2.Height - PictureBox1.Height
    HScrollBar1.Maximum = PictureBox2.Width - PictureBox1.Width
End Sub
```

接下来添加滚动条代码。双击垂直滚动条，在该滚动条的事件中添加程序如代码 3-6 所示。

代码 3-6：VScrollBar1_Scroll 事件

```
Private Sub VScrollBar1_Scroll(ByVal sender As System.Object, ByVal e As System.Windows.
Forms.ScrollEventArgs) Handles VScrollBar1.Scroll
    PictureBox2.Top = -(VScrollBar1.Value)
End Sub
```

双击水平滚动条，在该滚动条的事件中添加程序如代码 3-7 所示。

代码 3-7：HScrollBar1_Scroll 事件

```
Private Sub HScrollBar1_Scroll(ByVal sender As System.Object, ByVal e As System.Windows.
```

```
Forms.ScrollEventArgs) Handles HScrollBar1.Scroll
    PictureBox2.Left = - (HScrollBar1.Value)
End Sub
```

编写完程序之后,再编译、运行该程序,效果如图 3-17 所示。

图 3-17　程序运行后的效果

如果图片太大,就会有一部分是看不到的,此时可以使用滚动条来查看窗体之外的部分,效果如图 3-18 所示。

图 3-18　滚动效果

3.1.5　使用控件排列和分隔条进行窗体布局

在前面的几个案例中,我们会发现这样的问题:在设计程序界面的时候,虽然已经把控件在窗体上排列得很好了,但是在程序运行时,如果改变窗体的大小,控件却不会跟着窗体改变大小。比如,如果把窗体缩小,可能有些控件就看不到了,而如果把窗体放大,控件也不会自动扩大来填补空隙。这些情况往往影响窗体的使用和美观。不过这种情况在比较成熟的软件产品中却不会出现,比如常见的 Windows 窗体,无论窗体如何变化,窗体上的工具栏、显示区域等都会跟着变化,以保持窗体的合理布局。

在 VB.NET 编程中,可以使用控件排列和分隔条等来实现窗体的合理布局。

接下来建立一个 VB.NET Windows 应用程序,我们通过这个程序来实现记事本功能。该程序分为左右两个区域,左边区域列出目录(时间目录),右边区域显示对应的记事内容,程序运行后的效果如图 3-19 所示。

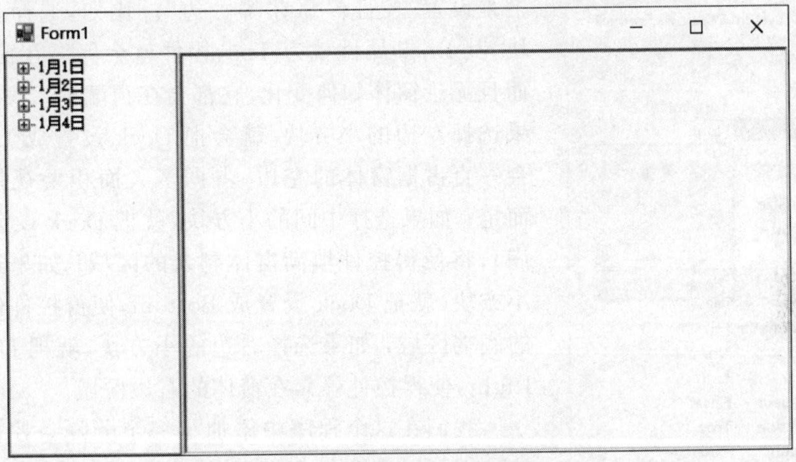

图 3-19 程序运行后的效果

本程序用到树视图控件 TreeView,该控件的主要特点是:显示的内容以树形目录的形式来展示。TreeView 控件常用的属性为 Nodes 属性,单击 Nodes 属性后边的省略号,会出现"树节点编辑器",如图 3-20 所示。

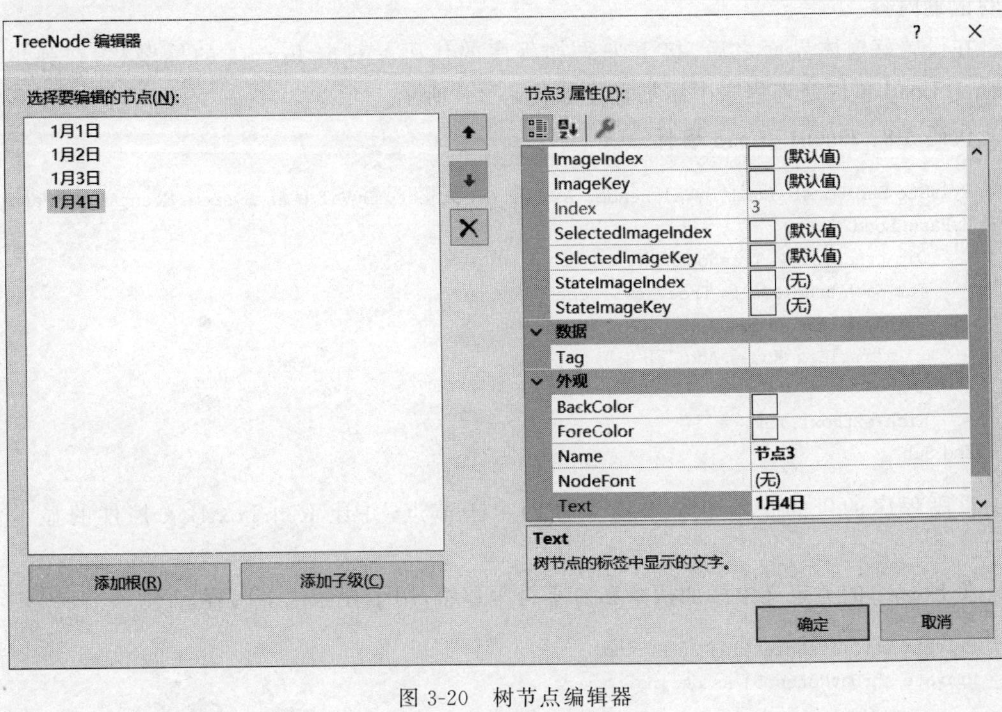

图 3-20 树节点编辑器

在这个编辑器中可以设置树视图控件的节点,也可以设置子节点。另外,也可以通过程序来实现子节点的添加。

在编辑好树视图控件的节点之后,再设置树视图控件的 Dock 属性。

Dock 属性是 VB. NET 的控件中新增的一个属性,用于控制窗体的布局。单击 TreeView 控件的 Dock 属性,会出现一个包含 6 个小方块区域的下拉框,如图 3-21 所示。

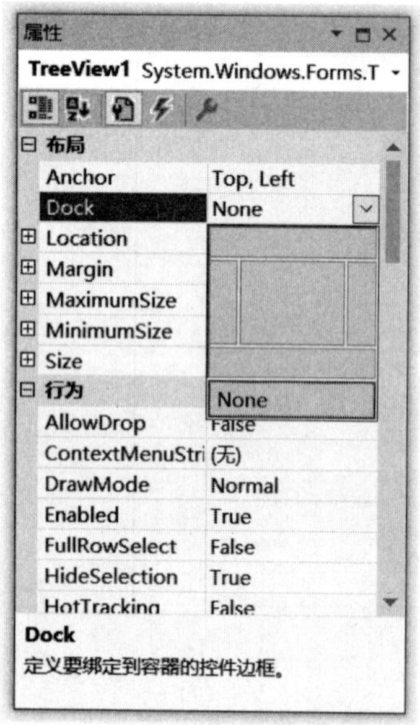

图 3-21 Dock 属性的设置

Dock 这个单词的意思是"停靠",这 6 个小方块实际上是设置"控件停靠在哪一边"。比如,选择上面的小方块,其 Dock 属性就为 Top,控件就会停靠在窗体的顶端,而且无论窗体如何变化,它都会在顶端横跨窗体左右;如果选择左边的小方块,就会把 Dock 设置成 Left,控件就会一直占据窗体的左边,占据多大面积要视控件的大小而定;如果选择中间的小方块,就把 Dock 设置成 Fill(填满),将使得控件填满窗体剩余的区域;如果选择下面的小方块,就把 Dock 设置成 Bottom,使得控件停靠在窗体的底端区域;如果选择右边的小方块,就把 Dock 设置成 Right,使得控件停靠在窗体的右边区域。

我们在这个程序中添加了一个分隔条控件 Splitter,该控件可以实现类似资源管理器的功能,左右两边可以自由调整界面的宽度,而且不需要任何代码。可以设置该分隔条控件的 Dock 属性为 Left。

最后,在程序界面的右边部分添加一个超文本 RichTextBox 控件,设置该控件的 Dock 属性为 Fill(填满剩余区域)。该控件用于记录记事本的记事内容。

在设置好窗体界面之后,接下来添加程序的代码。双击 Form1 的标题栏,在弹出的 Form1_Load 事件处理程序中添加程序如代码 3-8 所示。

代码 3-8:Form1_Load 事件

```
Private Sub Form1_Load(ByVal sender As System.Object, ByVal e As System.EventArgs) Handles
MyBase.Load
    Dim trnclass As TreeNode
    For Each trnclass In TreeView1.Nodes
        trnclass.Nodes.Add("上午")
        trnclass.Nodes.Add("下午")
    Next
    RichTextBox1.Text = ""
End Sub
```

该段程序的目的是给每个节点添加两个子节点,并让 RichTextBox 控件的显示为空白。

在 Form1 的类定义中添加两个私有字符串数组,用于存储记事内容。

```
Private strclassNotes(10) As String
Private strDayNotes(5) As String
```

双击 TreeView 控件，在 TreeView1_AfterSelect 事件处理程序中添加程序如代码 3-9 所示。

代码 3-9：TreeView1_AfterSelect 事件

```
Private Sub TreeView1_AfterSelect(ByVal sender As System.Object, ByVal e As System.Windows.
Forms.TreeViewEventArgs) Handles TreeView1.AfterSelect
    Dim trnCurrentNode As TreeNode
    Static iClassIndex As Integer = 0
    Static iDayIndex As Integer = 0
    If iClassIndex <> -1 Then strclassNotes(iClassIndex) = RichTextBox1.Text
    If iDayIndex <> -1 Then strDayNotes(iDayIndex) = RichTextBox1.Text
    trnCurrentNode = TreeView1.SelectedNode
    If trnCurrentNode.Parent Is Nothing Then
        iClassIndex = -1
        iDayIndex = trnCurrentNode.Index
        RichTextBox1.Text = strDayNotes(iDayIndex)
    Else
        iDayIndex = -1
        iClassIndex = trnCurrentNode.Parent.Index * 4 + trnCurrentNode.Index
        RichTextBox1.Text = strclassNotes(iClassIndex)
    End If
End Sub
```

编写完代码之后，编译、运行该程序，效果如图 3-22 所示。

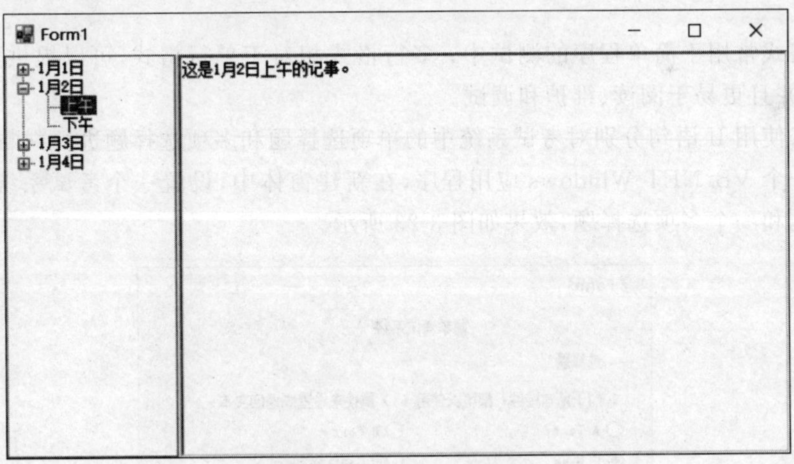

图 3-22 程序运行后的效果

任务 3.2 掌握 VB.NET 基本语句

3.2.1 使用判断分支语句

考试系统中试题的对错判断涉及对考生所选择控件状态的判断。我们使用 VB.NET 的分支和循环语句来实现对控件状态的读取和判断。

VB. NET 的语句是可包含关键字、运算符、变量、常量和表达式的完整指令。没有控制结构的程序按照顺序执行，从程序段的第一个语句到最后一个。控制结构能使这种单一的顺序有所变化，比如可以根据某些条件跳过一些语句或对一些语句重复执行。VB. NET 中基本的控制结构是分支结构和循环结构。在考试系统中，对于考生答题正确错误的判断，以及分数的判定，都需要用到分支结构。

分支结构实现的手段主要是 If 语句和 Select 语句。

1. If 语句

If 语句是最常用的控制结构之一，根据条件的真/假，执行不同的语句段。它的语法格式有单行和多行两种。

单行的 If 语句语法格式如下。

```
If 条件表达式 Then [语句段 1] [Else [语句段 2] ]
```

多行的 If 语句语法格式如下。

```
If 条件表达式 1 [Then]
    [语句段 1]
[ElseIf 条件表达式 2 [Then]
    [语句段 2]]
[Else
    [语句段 3]]
End If
```

单行格式常用于简单程序的测试中；多行格式相对于单行格式，可以提供更多的结构和灵活性，并且更易于阅读、维护和调试。

接下来使用 If 语句分别对考试系统中的单项选择题和多项选择题进行判断。

建立一个 VB. NET Windows 应用程序，在新建窗体中，设置一个考试系统，包含一个单项选择题和一个多项选择题，效果如图 3-23 所示。

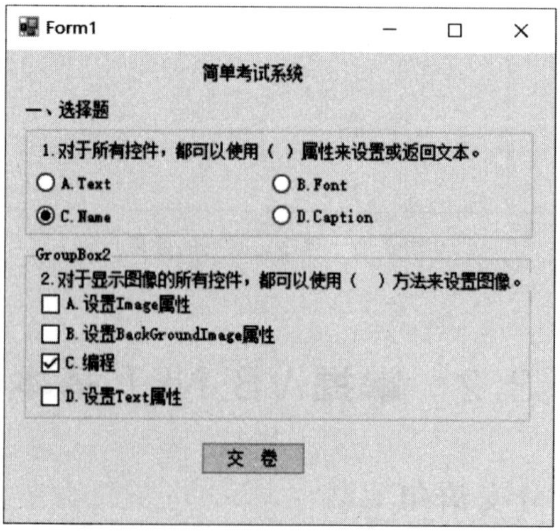

图 3-23　程序运行后的效果

界面设计好之后，双击“交卷”按钮，在该按钮的事件中添加程序如代码 3-10 所示。

代码 3-10：“交卷”按钮的单击事件

```
Private Sub Button1_Click(ByVal sender As System.Object, ByVal e As System.EventArgs) Handles
Button1.Click
    Dim s As Integer = 0
    If RadioButton1.Checked Then
        s = 50
    End If
    If CheckBox1.Checked And CheckBox2.Checked And CheckBox3.Checked And Not CheckBox4.
    Checked Then
        s += 50
    End If
    MessageBox.Show("分数是" & s)
End Sub
```

编译、运行并测试程序，效果如图 3-24 所示。

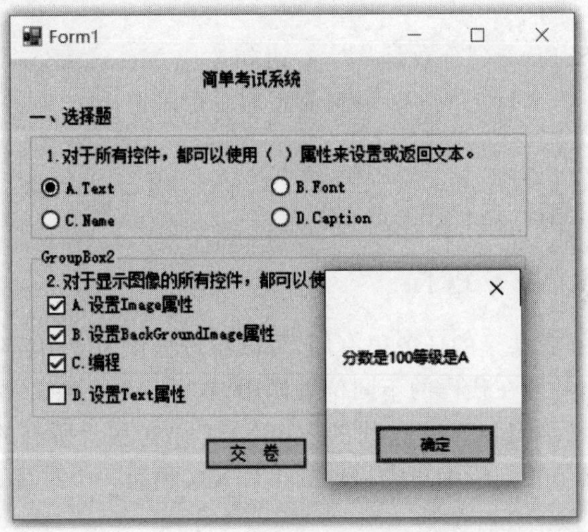

图 3-24　程序运行后的效果

2. Select 语句

在程序中编写分支语句时，如果要将同一个表达式与多个不同值进行比较，可以使用 Select...Case 语句替换 If...Then...Else 语句。虽然 If 和 ElseIf 语句可在每个语句中计算不同的表达式，但 Select 语句只对一个表达式计算一次，然后在每次比较中都使用它。用 Select 语句可以提高程序的运行效率。

Select 语句的语法如下。

```
Select [Case] 条件表达式
[Case 值的列表
    [语句段 1] ]
[Case Else
    [语句段 2] ]
End Select
```

在程序运行过程中,Select...Case 语句将条件表达式的值与 Case 语句中的值进行比较,比较时按照这些值在语句中顺序执行。

在考试系统中可以使用 Select...Case 语句对考生所得分数进行分级,分成 A、B、C、D 级别。在 If...Else 语句示例的基础上,在"交卷"按钮的事件中进一步添加代码,代码添加在 MessageBox. Show("分数是" & s)这句代码之前,如代码 3-11 所示。

代码 3-11:分数等级判断

```
Select Case s
    Case 0 To 60
        a = "D"
    Case 60 To 70
        a = "C"
    Case 70 To 80
        a = "B"
    Case Is >= 80
        a = "A"
End Select
```

再将 MessageBox. Show("分数是" & s)语句改成 MessageBox. Show("分数是" & s & "等级是" & a),并在 Select...Case 语句前添加一行语句:

```
Dim a As String
```

编写好程序之后,编译、运行并测试它。

3.2.2 使用 VB. NET 过程

过程对执行重复或者共享的任务很有用,可以将过程作为应用程序的生成块,把程序分为不连续的逻辑单元,并能在代码的不同位置调用。

过程是包含在声明语句和 End 之间的 VB. NET 语句块。所有的 VB. NET 代码都是在过程内部编写的,之前我们所编写的控件的事件其实也是一个过程。

VB. NET 过程有以下几种类型。

(1) Sub 过程:该过程执行操作但并不将值返回给调用代码。控件的事件处理过程是为响应用户操作或程序中事件的触发而执行的 Sub 过程。

(2) Function 过程:该过程将值返回给调用代码。

(3) Property 过程:返回和分配对象或模块上的属性值。

应用程序就是由过程来组成的,每行代码都处在某个过程内部。过程可以增强程序的可读性以及健壮性,为程序的后期维护和扩展功能提供了便利。

Sub 过程是包含在 Sub 语句和 End Sub 语句中的一系列 VB. NET 语句。每次调用该过程时都执行过程中的语句,从 Sub 语句后的第一个可执行语句开始,直到遇到第一个 End Sub、Exit Sub 或 Return 语句结束。Sub 过程执行操作但不返回值,它能够带参数。

Sub 过程按照生成方法的不同,分为通过过程和事件过程两类,它们的区别在于:通过过程是由程序员自行创建的,而事件过程是由 VB. NET 根据用户的输入而自动创建的。两类过程的相同点是:它们都是为了处理一定的操作或事件而设计或引发的,语法格式都是类似的。

Windows 窗体的事件是可以通过代码响应或“处理”的操作。事件可由用户操作(如单击鼠标或按某个键)、程序代码或系统生成。每个窗体的控件都有一组预定义事件,程序员可以根据这些事件进行编程,在发生这个事件时调用该代码。对象引发的事件类型会发生变化,但对于大多数控件,很多类型是通用的。例如,大多数对象都处理 Click 事件,即如果用户单击窗体,将执行该窗体的 Click 事件处理程序中的代码。同时,许多事件都与其他事件同时发生,例如,当发生鼠标单击事件时,还会发生 MouseDown 和 MouseUp 等事件。

事件处理程序是绑定到事件的方法,当引发事件时,执行事件处理程序内的代码。每个事件处理程序提供两个参数。下面是一个 Button 控件的 Click 事件的处理程序。

```
Private Sub button1_click(Byval sender As System.Object, Byval e As System.EventArgs)Handles
Button1.Click
    …            '事件代码
End Sub
```

该事件的第一个参数 sender 提供对引发事件的对象进行引用。第二个参数 e 传递要处理的事件的对象。通过引用对象的属性(有时引用其方法)可获得一些信息,比如鼠标事件中,光标的位置和拖放事件中传输的数据。通常,每个事件都会为第二个参数产生一个具有不同事件对象类型的事件处理程序。一些事件处理程序,如 MouseDown 和 MouseUp 事件的处理程序,对于其第二个参数具有相同的对象类型。对于这些类型的事件,可使用相同的事件处理程序处理这两个事件。也可以使用相同的事件处理程序处理不同的事件,例如,如果窗体上有一组 RadioButton 控件,就可以为 Click 事件创建单个事件处理程序,而使每个控件的 Click 事件都绑定到这个事件处理程序上。

在 Windows 窗体设计中,双击设计视图中的窗体或控件,为该项的默认操作创建事件处理程序。具体为:在 Windows 窗体设计器上双击,为其创建处理程序的项,打开代码编辑器,光标位于新建默认事件处理程序中,此时可以将适当的代码添加到该事件的处理程序中。

在本项目前面示例的简单考试系统中,双击“交卷”按钮控件,就进入了该按钮控件的单击事件中,添加的代码也就是响应该控件的单击事件的过程。通过代码 3-12 可以实现对考试系统控件状态的读取和考试分数的判断。

代码 3-12:控件状态读取和考试分数判断

```
Private Sub Button1_Click(ByVal sender As System.Object, ByVal e As System.EventArgs) Handles
Button1.Click
    Dim s As Integer = 0
    Dim a As String
    If RadioButton1.Checked Then
        s = 50
    End If
     If CheckBox1.Checked And CheckBox2.Checked And CheckBox3.Checked And Not CheckBox4.
     Checked Then
        s += 50
    End If
    Select Case s
        Case 0 To 60
            a = "D"
```

```
            Case 60 To 70
                a = "C"
            Case 70 To 80
                a = "B"
            Case Is >= 80
                a = "A"
        End Select
        MessageBox.Show("分数是" & s & "等级是" & a)
    End Sub
```

Function 过程是包含在 Function 语句和 End Function 语句之间的一段 VB.NET 语句。每次调用 Function 过程时都执行过程中的语句,从 Function 语句后的第一个可执行语句开始,遇到第一个 End Function、Exit Function 或 Return 语句结束。Function 过程和 Sub 过程相似,两者的区别在于 Function 过程还向调用该过程的语句返回值,而 Sub 过程是没有返回值的。声明 Function 过程的语法如下。

```
[可访问性] Function 函数名 [(参数名)] As 数据类型
…        '函数过程的代码
End Function
```

Function 过程的语法部分以及声明参数的方法与 Sub 过程相同。唯一的区别是 Function 过程具有数据类型,由 Function 语句中的 As 子句指定,并且它确定返回值的类型。过程发送回调用程序的值称为它的"返回值"。函数返回值的方法有两种:一种是在过程中的一个或多个语句中给自己的函数名赋值,直到执行了 Exit Function 或 End Function 语句,控制才返回给调用程序。另一种是使用 Return 语句指定返回值,并立即将控制返回给调用程序。

Property 过程是操作模块、类或结构上的 Custom Property 的一系列的 VB.NET 语句。Property 过程也称为"属性访问器"。

任务 3.3　菜单及其他窗体界面设计

3.3.1　创建窗体程序的菜单

菜单可以使用户的操作更加便捷,对考试系统的设计也采用了菜单,可以方便考生的操作。菜单按使用形式可分为下拉式菜单和弹出式菜单两种。下拉式菜单系统的组成结构如图 3-25 所示,其中有文字的菜单名称为菜单项,菜单项有些是变灰显示。

菜单常用的属性如下。

(1) Text 属性:应用程序菜单上出现的字符,即标题。

注意　菜单的热键是在标题的某个字符前加 &。例如若要将 File 中的 F 作为热键,则菜单项的标题为 &File。

(2) Name 属性:定义菜单项的控制名。

注意　分隔符也应有名称。

(3) Shortcut 属性:按下快捷键可直接使用菜单命令,菜单名没有快捷键。

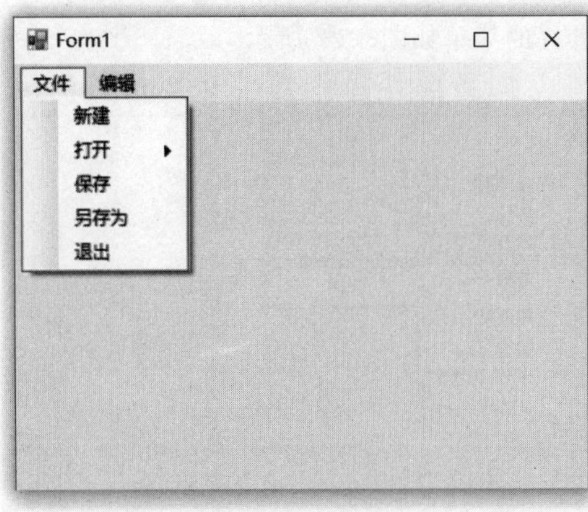

图 3-25　菜单

(4) Checked 属性：复选检查框，可使菜单项左边加上标记“V”。

(5) Enabled 属性：有效检查框，用于控制菜单项是否可被操作。

(6) Visible 属性：可见检查，决定菜单项是否可见。

(7) MdiList 属性：指示是否在关联的窗体内显示多文档界面子窗口列表来填充菜单项。若要在该菜单项中显示多文档界面子窗口列表，则其值为 True。

下面介绍菜单涉及的两个控件：MenuStrip 控件和 ContextMenuStrip 控件，并通过具体实例来介绍通过设计器向窗体添加菜单的一般步骤。

(1) 启动 Visual Studio 2005，建立一个 VB. NET Windows 应用程序。

(2) 在界面中添加一个 MenuStrip 控件，如图 3-26 所示。

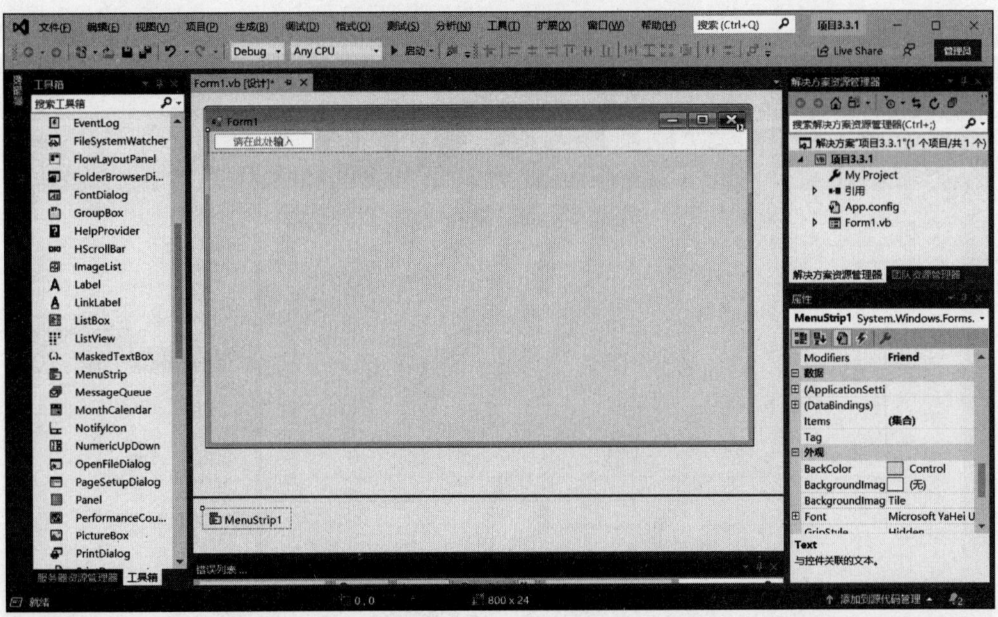

图 3-26　MenuStrip 控件

(3) 单击窗体中的 MenuStrip 控件，单击“请在此处输入”标记，输入菜单命令的名称，如“文件”“新建”等。设计好的菜单如图 3-27 所示。

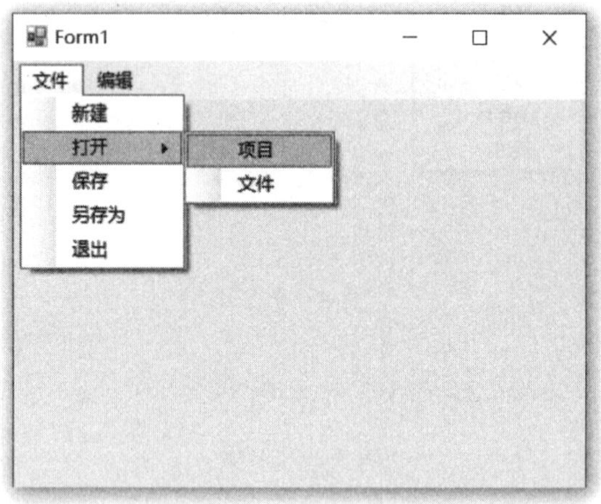

图 3-27　菜单的显示效果

弹出式菜单在应用程序内使用，使用户可通过右击访问常用的命令。ContextMenuStrip 控件可以让用户访问常用的菜单命令。通常，弹出式菜单与控件相关联，目的是使其菜单更符合用户的具体要求(如“撤销”“剪切”“复制”“粘贴”“删除”和“全选”等菜单命令)。弹出式菜单 ContextMenuStrip 控件用于为用户提供一个易于访问的菜单，该菜单包含与选定对象关联的常用命令。弹出式菜单常常是在应用程序其他位置出现的主菜单项的子集，一般可通过右击获得上下文菜单。在 Windows 窗体中，这些菜单与其他控件关联。

新建一个 VB. NET Windows 应用程序，在“工具箱”中双击 ContextMenuStrip，将会有一个弹出式菜单被添加到窗体中，如图 3-28 所示。

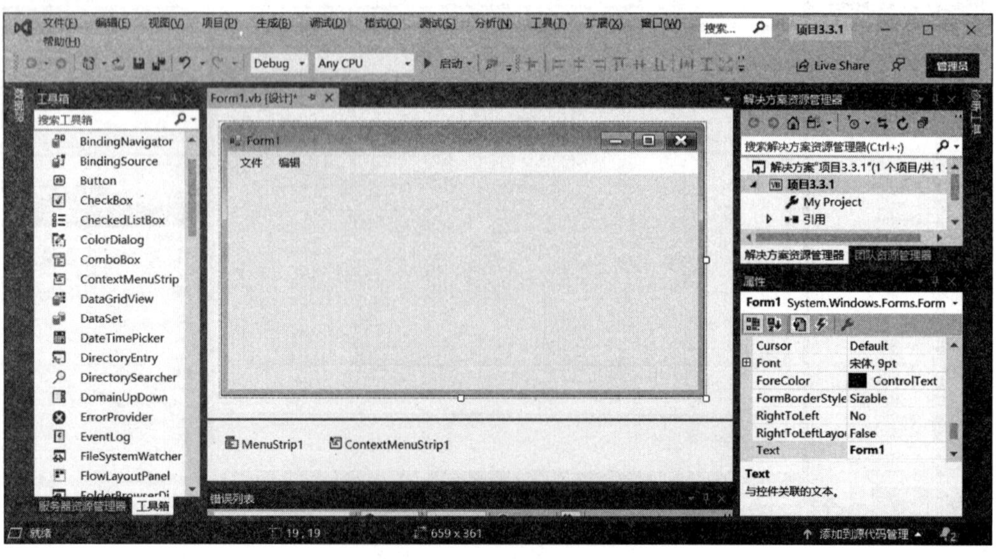

图 3-28　菜单设计界面

设置该控件的 ContextMenu 属性，可以将弹出式菜单与该窗体或该窗体上的控件相关联。

单击设计窗体中的 ContextMenuStrip 控件，显示文本"请在此处输入"。单击显示的文本，然后输入所需菜单项的名称以添加它。若要添加另一个菜单项，单击"菜单设计器"内的另外一个"请在此处输入"区域。单击当前菜单项右侧的区域，以添加子菜单项，如图 3-29 所示。

图 3-29　子菜单设计

创建一个 VB. NET Windows 应用程序，在窗体中添加一个 ContextMenuStrip 控件，设计菜单项，并设置该 ContextMenuStrip 控件的 Name 属性值为"背景色"，如图 3-30 所示。

图 3-30　设计界面

设置窗体 Form1 的 ContextMenuStrip 属性值为"背景色"。分别双击"红色""绿色"和"蓝色"菜单项，添加程序分别如代码 3-13～代码 3-15 所示。

代码 3-13："红色"菜单项的单击事件

```
Private Sub 红色 ToolStripMenuItem_Click(sender As Object, e As EventArgs)
Handles 红色 ToolStripMenuItem.Click
    Me.BackColor = Color.Red
End Sub
```

代码 3-14："绿色"菜单项的单击事件

```
Private Sub 绿色 ToolStripMenuItem_Click(sender As Object, e As EventArgs)
Handles 绿色 ToolStripMenuItem.Click
    Me.BackColor = Color.Green
End Sub
```

代码 3-15："蓝色"菜单项的单击事件

```
Private Sub 蓝色 ToolStripMenuItem_Click(sender As Object, e As EventArgs)
Handles 蓝色 ToolStripMenuItem.Click
    Me.BackColor = Color.Blue
End Sub
```

编译、运行该程序，在窗体上右击，单击对应的菜单项，效果如图 3-31 所示。

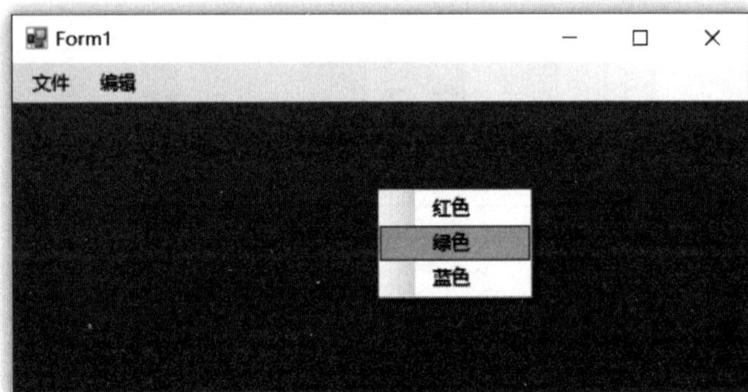

图 3-31　程序运行后的效果

3.3.2　创建进度条、跟踪条、工具提示

在设计 Windows 应用程序时，为了便于用户了解程序的运行进度，比如 IE 浏览器中有网页的显示进度，可以在设计程序时使用进度条(ProgressBar)控件来实现。另外，在设计播放器时，播放进度的显示和控制可以使用跟踪条(TrackBar)控件来实现。工具提示的作用是当光标放到控件上时，给用户显示该控件的提示。

ProgressBar 和 TrackBar 控件常用的共同属性如下。

(1) Maximum 属性：控件范围的最大值。

(2) Minimum 属性：控件范围的最小值。

(3) Step 属性：每次变化的步长。

(4) Value 属性：当前位置。

新建一个 VB. NET Windows 应用程序，在新建的窗体中添加进度条控件 ProgressBar，再添加一个跟踪条控件 TrackBar。最后添加一个工具提示控件 ToolTip，它是不可见的，出现在窗体的下方。设计界面如图 3-32 所示。

在添加了一个 ToolTip 控件之后，窗体的其余控件(也包括窗体本身)的"杂项"属性中会多出一项"ToolTip1 上的 ToolTip"，如图 3-33 所示。

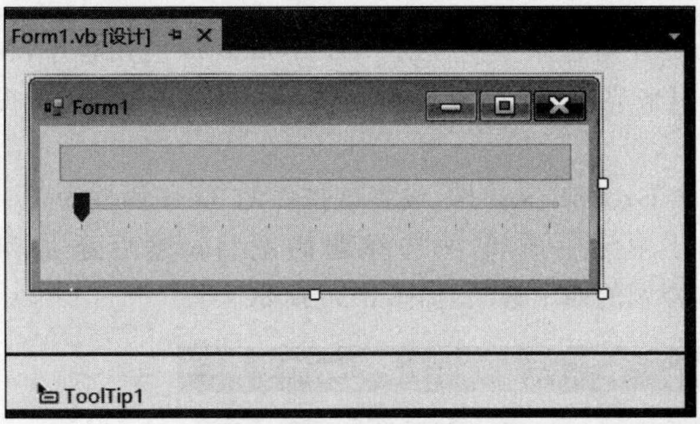

图 3-32　设计界面

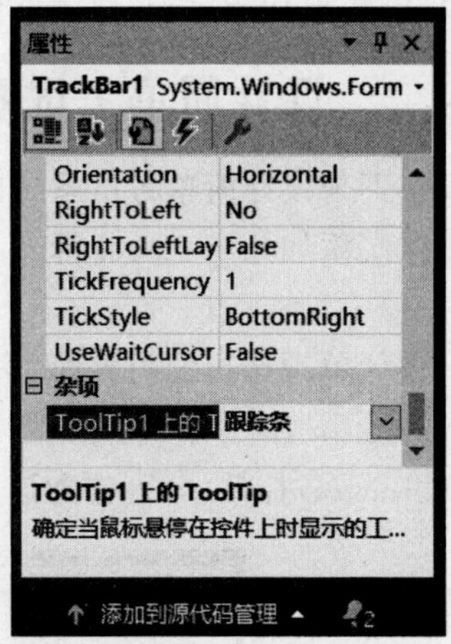

图 3-33　属性设置

可以在该属性中输入提示文字，即当光标指向该控件时，就会显示出该控件的提示文字。最后单击跟踪条控件 TrackBar，在 TrackBar1_Scroll 事件中添加如下代码。

```
ProgressBar1.Value = TrackBar1.Value * ProgressBar1.Maximum / TrackBar1.Maximum
```

该句代码将使进度条和跟踪条保持同步。编译、运行该程序，效果如图 3-34 所示。

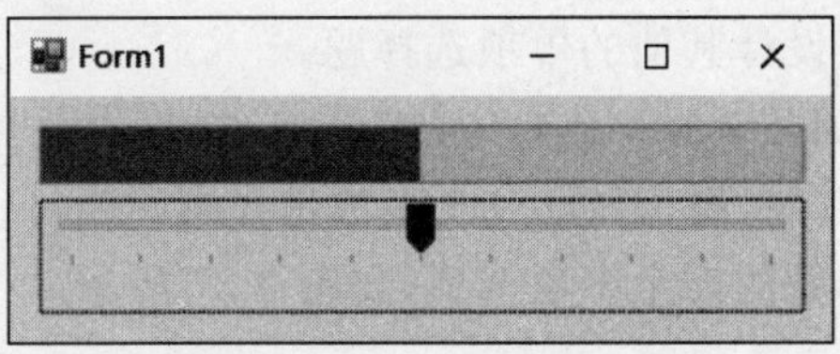

图 3-34　程序运行后的效果

任务 3.4　设计简单的考试系统

3.4.1　设计简单考试系统的总体结构和功能

考试系统总体功能和程序运行流程如图 3-35 所示。

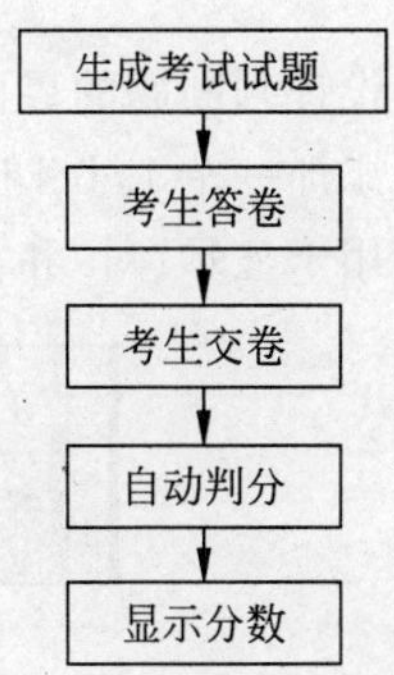

图 3-35　程序运行流程

本任务制作的简单考试系统主要功能为：首先生成考试试题，考试试题以客观题目为主。题目类型包括“单项选择题”“多项选择题”“判断题”和“填空题”。生成考试试题后，考生答题。考生根据题目的情况，对选择题，采用“单选”和“多选”的不同方式进行答题；对填空题，采用输入答案填空的方式进行答题。考生答题之后，单击“交卷”按钮进行交卷，交卷之后，由考试系统进行自动判分，并计算出分数，最后显示出考生所得分数。

在设计该考试系统时，将充分利用本项目中所介绍的各种控件,以制作出功能完善、使用方便的考试系统。

3.4.2 设计简单考试系统的界面

接下来设计简单考试系统的界面。首先建立一个 VB. NET Windows 应用程序,在窗体中依次添加几个 Label 标签控件,用来显示“简单考试系统”“一、单项选择题”等提示信息。

设计单项选择题的界面:添加一个 GroupBox 控件,设置该控件的 Text 属性为空。在该控件上添加一个 Label 控件,用于显示一个单项选择题的题目。然后添加四个 RadioButton 控件,分别作为该单项选择题的四个选项,如图 3-36 所示。

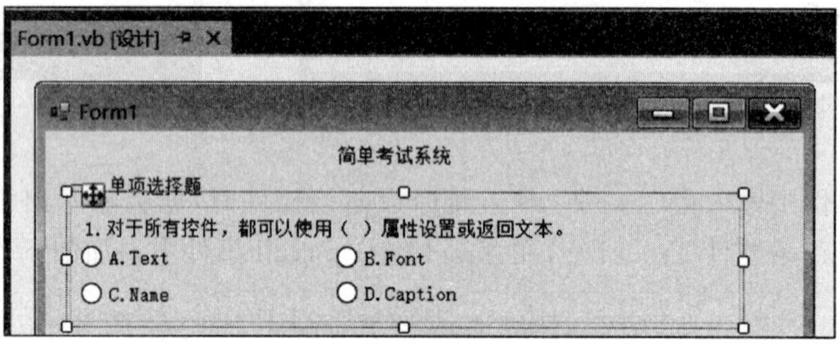

图 3-36 设计界面

按照这个顺序,依次来设计其他的单项选择题。

设计多项选择题的界面:添加一个 GroupBox 控件,设置该控件的 Text 属性为空。在该控件上添加一个 Label 控件,用于显示一个多项选择题的题目。然后添加四个 CheckBox 控件,分别作为该多项选择题的四个多项选项,如图 3-37 所示。

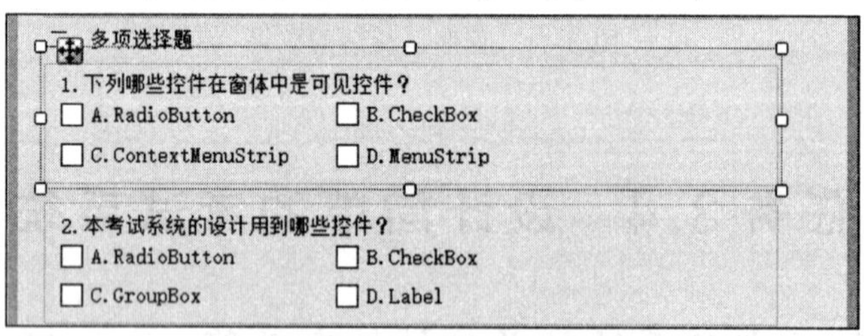

图 3-37 多项选择题

设计判断题的界面:添加一个 GroupBox 控件,设置该控件的 Text 属性为空。在该控件上添加一个 Label 控件,用于显示一个判断题的题目,然后添加两个 RadioButton 控件,分别用于显示“对”和“错”选项,如图 3-38 所示。

图 3-38 判断题

设计填空题的界面如图 3-39 所示。

图 3-39 填空题

在底部设计一个"交卷"的提交按钮，如图 3-40 所示。

图 3-40 "交卷"按钮

这样，考试系统的界面设计就完成了，如图 3-41 所示。

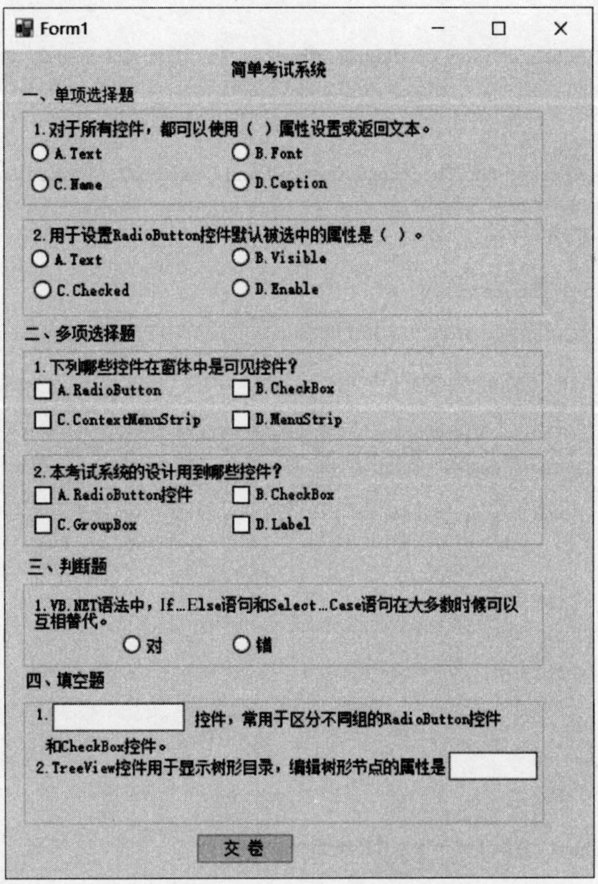

图 3-41 程序运行后的效果

3.4.3 编写简单考试系统的功能代码

在设计完考试系统的界面之后,接下来编写考试系统的代码,以实现考试系统的功能。本考试系统的核心功能是对考生所选的答案进行判断,并给出分数。所以,编程的重点也在于对考试系统中各种控件的状态进行判断。

双击"交卷"按钮,进入考试系统的编程界面,在该按钮的单击事件中,添加程序如代码 3-16 所示。

代码 3-16:"交卷"按钮的单击事件

```
Private Sub Button1_Click(ByVal sender As System.Object, ByVal e As System.EventArgs) Handles
Button1.Click
    Dim a As String
    Dim s As Integer
    If RadioButton1.Checked Then
        s += 16
    End If
    If RadioButton7.Checked Then
        s += 16
    End If
    If CheckBox1.Checked And CheckBox2.Checked And Not CheckBox3.Checked And CheckBox4.
    Checked Then
        s += 16
    End If
    If CheckBox5.Checked And CheckBox6.Checked And CheckBox7.Checked And CheckBox8.
    Checked Then
        s += 16
    End If
    If RadioButton9.Checked Then
        s += 16
    End If
    If TextBox1.Text = "groupbox" Then
        s += 10
    End If
    If TextBox2.Text = "nodes" Then
        s += 10
    End If
    Select Case s
        Case 0 To 60
            a = "D"
        Case 60 To 70
            a = "C"
        Case 70 To 80
            a = "B"
        Case Is >= 80
            a = "A"
    End Select
    MessageBox.Show("分数是" & s & "等级是" & a)
End Sub
```

3.4.4 编译、运行并测试

编译、运行该考试系统,并测试它,效果如图 3-42 所示。

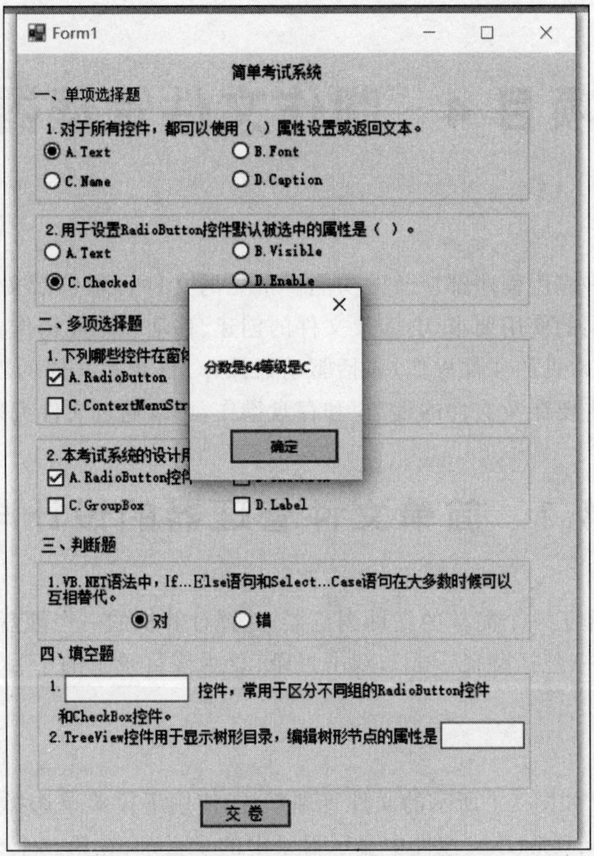

图 3-42　程序运行后的效果

项 目 小 结

本项目介绍了常用控件的事件和属性，包括 RadioButton 控件、GroupBox 控件、CheckBox 控件、日期控件、滚动条控件等；介绍了 VB. NET 基本语句的编写方法，包括判断分支语句和 VB. NET；介绍了菜单及其他窗体界面的设计方法；介绍了进度条、跟踪条、工具提示等控件的使用方法。最后通过简单考试系统的设计，介绍了常用控件在编程中的使用方法。

项 目 拓 展

在本项目的基础上，进一步完善考试系统的功能。要求：增添考试系统出题和显示题目模块，实现可以由用户自己出题、自动创建考试界面等功能。可以参考本书后面的项目中数据库操作部分的实现方法。

项目 4　制作文件管理器

文件管理是很多应用程序都涉及的功能。常见的文件管理包括文件的保存、文件的访问(打开)。根据不同的使用要求,会涉及文件的创建、移动和删除操作。本项目设计制作一个文件管理器,实现常见的文件操作,包括驱动器操作、目录和文件的创建、移动等操作,另外,文件读/写部分主要涉及文件的读/写和存盘操作,可以通过文件流来实现。

任务 4.1　简单文件管理器的设计与实现

本任务设计制作了一个简单的文件浏览器,选择计算机的一个硬盘分区,显示选定硬盘分区中的目录和文件(包括路径形式),双击目录,显示该目录下的子目录和文件,并进行数量统计。

1. 要求和目的

要求：设计一个如图 4-1 所示的文件管理系统,使用下拉菜单选择硬盘分区,选择好硬盘分区之后,在第一个 ListBox 控件中显示目录中的子目录,在第二个 ListBox 控件中显示目录中的文件。

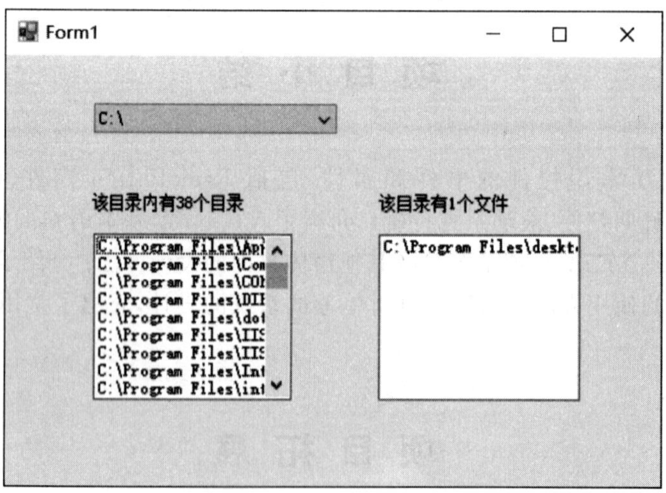

图 4-1　程序运行界面

目的：

- 掌握 ListBox 控件的使用方法；
- 掌握 Directory 类的使用方法；

• 掌握文件操作的基本方法。

2. 设计步骤

第一步：界面设计

启动 Visual Studio 2019 编程环境，选择"文件"菜单，新建项目，在"项目"中选择创建 Visual Basic 项目，程序类型为"Windows 应用程序"，创建解决方案名称为 4-1-1。

首先修改 Form 窗体的(Name)属性为 DirFileForm。在窗体中添加一个下拉菜单控件 ComboBox，将其 DropDownStyle 属性设置为 DropDownList，使程序运行时不能在列表中输入内容，只能通过选择下拉选项来选择硬盘分区。在窗体中添加两个 Label 文本框控件，分别用于显示目录里的目录和文件的数量。在窗体中添加两个 ListBox 控件，显示目录里的目录和文件。

设置窗体及添加的控件的主要属性如表 4-1 所示。

表 4-1　属性设置

控　件	属　性	属 性 值	说　明
DirFileForm(Form)	Name	DirFileForm	窗体名称
	Text	DirFileForm	窗体标题
ComboBox	Name	ComboBox1	下拉菜单
	DropDownStyle	DropDownList	下拉样式
Label1	Name	Label1	显示目录数量
	Text	空	无
Label2	Name	Label2	显示文件数量
	Text	空	无
ListBox1	Name	ListBox1	显示目录
ListBox2	Name	ListBox2	显示文件

设计好的界面如图 4-2 所示。

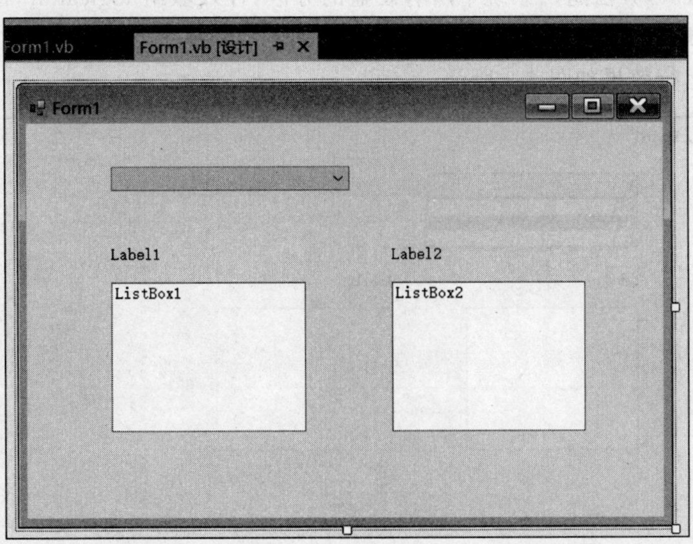

图 4-2　界面效果

第二步：编写代码

在编写该项目程序时，首先需要调用文件操作相关的命名空间，使用如下代码。

```
Imports System.IO
```

其中的存储硬盘分区的数组 logicaldir()等变量要在几个事件中用到，所以需要将此类型变量定义成全局变量，首先在代码中添加程序如代码 4-1 所示。

代码 4-1：定义全局变量

```
Dim DirI As Integer
Public logicaldir () As String
Dim FileName() As String
Dim DirName() As String
```

其中，logicaldir()方法用于存储计算机中的硬盘分区的数组；FileName()方法用于存储硬盘分区名称或目录中文件的数组；DirName()方法用于存储硬盘分区名称或目录中目录的数组，由于硬盘分区、目录和文件都是以路径的形式存放的，所以定义成 String 类型。

在窗体的 Form_Load 事件中添加代码，将计算机中的所有硬盘分区都加入 ComboBox 下拉菜单控件中，具体如代码 4-2 所示。

代码 4-2：Form_Load 事件

```
Private Sub DirFileForm_Load (ByVal sender As System.Object, ByVal e As System.EventArgs)
Handles Me.Load
    logicaldir = Directory.GetLogicalDrives()
    For DirI = 0 To logicaldir.Length - 1
        ComboBox1.Items.Add(logicaldir(DirI))
    Next
End Sub
```

在这段代码中，logicaldir = Directory.GetLogicalDrives()语句使用 Directory 对象的 GetLogicalDrives()方法返回系统中所有硬盘的分区，存入数组 logicaldir 中，并使用 For 循环遍历所有的硬盘分区，将所有硬盘分区名称添加到 ComboBox1 下拉菜单选项中。

该段代码运行效果如图 4-3 所示。

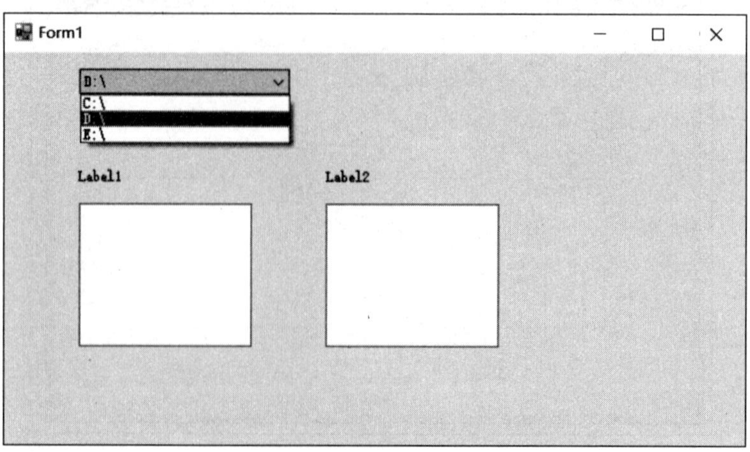

图 4-3　代码运行效果

接下来，当选择下拉菜单选项时，我们希望所选硬盘分区中的目录显示在第一个 ListBox 控件中，所有文件显示在 ListBox2 控件中，并统计目录和文件的数量，分别显示在两个 Label 控件上。

双击 ComboBox 控件，进入该控件的 SelectedIndexChanged 事件，编写程序如代码 4-3 所示。

代码 4-3：ComboBox 控件的 SelectedIndexChanged 事件

```
Private Sub ComboBox1_SelectedIndexChanged(ByVal sender As System.Object, ByVal e As System.
EventArgs) Handles ComboBox1.SelectedIndexChanged
    ListBox1.Items.Clear()
    ListBox2.Items.Clear()
    Dim i As Integer
    DirName = Directory.GetDirectories(ComboBox1.Text)
    FileName = Directory.GetFiles(ComboBox1.Text)
    For Each DirName(i) In DirName
        ListBox1.Items.Add(DirName(i))
    Next
    For Each FileName(i) In FileName
        ListBox2.Items.Add(FileName(i))
    Next
    If (CStr(ListBox1.Items.Count()) > 0 And CStr(ListBox2.Items.Count())) > 0 Then
        Label1.Text = ComboBox1.Text + "盘有" + CStr(ListBox1.Items.Count()) + "个目录"
        Label2.Text = ComboBox1.Text + "盘有" + CStr(ListBox2.Items.Count()) + "个文件"
    ElseIf CStr(ListBox1.Items.Count()) = 0 And CStr(ListBox2.Items.Count()) > 0 Then
        Label1.Text = ComboBox1.Text + "盘无目录"
        Label2.Text = ComboBox1.Text + "盘有" + CStr(ListBox2.Items.Count()) + "个文件"
    ElseIf CStr(ListBox1.Items.Count()) > 0 And CStr(ListBox2.Items.Count()) = 0 Then
        Label1.Text = ComboBox1.Text + "盘有" + CStr(ListBox1.Items.Count()) + "个目录"
        Label2.Text = ComboBox1.Text + "盘无文件"
    ElseIf CStr(ListBox1.Items.Count()) = 0 And CStr(ListBox2.Items.Count()) = 0 Then
        Label1.Text = ComboBox1.Text + "盘无目录"
        Label2.Text = ComboBox1.Text + "盘无文件"
    End If
End Sub
```

在这段代码中，ListBox1. Items. Clear()和 ListBox2. Items. Clear()这两行代码是当触发该事件时，先将两个 ListBox 控件清空，DirName = Directory. GetDirectories (ComboBox1. Text)代码是调用目录对象的 GetDirectories()方法获取目录并存放在 DirName 中，FileName = Directory. GetFiles(ComboBox1. Text)代码是调用目录对象的 GetFiles 方法取得文件并存放在 FileName 中。

添加此段代码之后，效果如图 4-4 所示。

双击 ListBox1 控件，添加列表框中对应目录里的子目录到该列表框中，添加文件到 ListBox2 列表框中，如代码 4-4 所示。

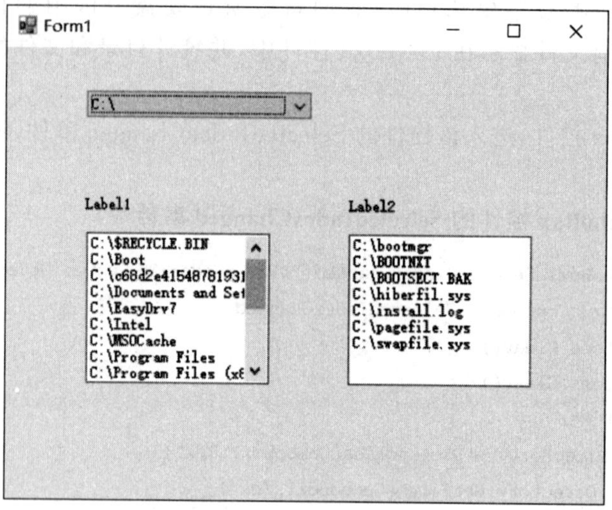

图 4-4 代码运行效果

代码 4-4：ListBox1 控件的 SelectedIndexChanged 事件

```
Private Sub ListBox1_SelectedIndexChanged(ByVal sender As System.Object, ByVal e As System.
EventArgs) Handles ListBox1.SelectedIndexChanged
    Dim i As Integer
    DirName = Directory.GetDirectories(ListBox1.SelectedItem)
    FileName = Directory.GetFiles(ListBox1.SelectedItem)
    ListBox1.Items.Clear()
    ListBox2.Items.Clear()
    For Each DirName(i) In DirName
        ListBox1.Items.Add(DirName(i))
    Next
    For Each FileName(i) In FileName
        ListBox2.Items.Add(FileName(i))
    Next
    If CStr(ListBox1.Items.Count()) > 0 And CStr(ListBox2.Items.Count()) > 0 Then
        Label1.Text = "该目录内有" + CStr(ListBox1.Items.Count()) + "个目录"
        Label2.Text = "该目录有" + CStr(ListBox2.Items.Count()) + "个文件"
    ElseIf CStr(ListBox1.Items.Count()) = 0 And CStr(ListBox2.Items.Count()) > 0 Then
        Label1.Text = ComboBox1.Text + "盘无目录"
        Label2.Text = ComboBox1.Text + "盘内有" + CStr(ListBox2.Items.Count()) + "个文件"
    ElseIf CStr(ListBox1.Items.Count()) > 0 And CStr(ListBox2.Items.Count()) = 0 Then
        Label1.Text = ComboBox1.Text + "盘有" + CStr(ListBox1.Items.Count()) + "个目录"
        Label2.Text = ComboBox1.Text + "盘无文件"
    ElseIf CStr(ListBox1.Items.Count()) = 0 And CStr(ListBox2.Items.Count()) = 0 Then
        Label1.Text = ComboBox1.Text + "盘无目录"
        Label2.Text = ComboBox1.Text + "盘无文件"
    End If
End Sub
```

这段代码是当选择 ListBox1 控件项变化时触发。该段代码运行时，统计对应目录下的子目录数量以及文件数量。添加该段代码的效果如图 4-5 所示。

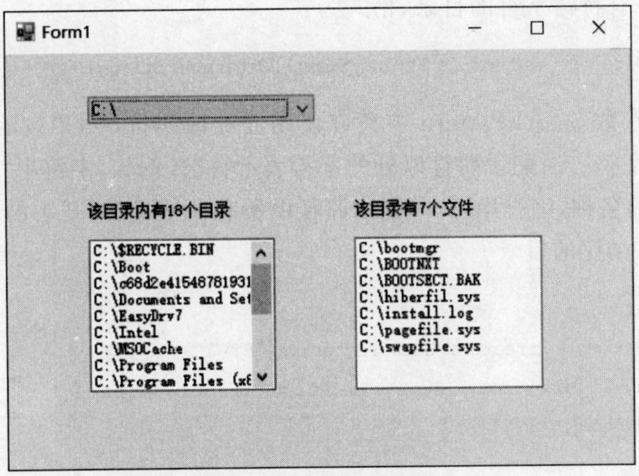

图 4-5　程序运行后的效果

3. 相关知识点

Directory 类主要是执行对文件夹的操作,包括文件夹的创建、移动、删除和获得子目录等。Directory 类的常用方法如下。

(1) CreateDirectory()方法：创建目录对象。该方法创建一个指定路径的目录,返回一个 System. IO. DirectoryInfo 类型的数据,格式为：Directory. CreateDirectory(path As String)。其中 String 类型的参数 path 指定路径,例如,在 F 盘创建一个名称为 A 的目录,也可以创建多级,代码为：Directory. CreateDirectory("F:\A")。

(2) Delete()方法：用于删除目录。该方法删除指定的目录,无返回值,格式为：Directory. Delete(path As String),目录为空则不能删除,要删除目录需要删除该目录下的所有子目录,格式为：Directory. Delete(path As String, rescursive As Boolean),例如,要删除 F 盘中的目录 A,代码为：Directory. Delete("F:\A")。

(3) Exists()方法：判断目录是否存在,返回 Boolean 类型值。格式为：Directory. Exists(path As String),其中参数 path 指定相对或绝对路径,相对路径即相对于当前工作目录的路径。path 参数不区分大小写,如下代码可以判断路径"F:\A"是否存在。

```
If Directory.Exists("F:\A")
    MessageBox.Show("目录 A 存在")
Else
    MessageBox.Show("目录 A 不存在")
End If
```

(4) GetDirectory()方法：列举目录中的子目录,返回 String 类型的一维数组,格式为：Directory. GetDirectories(path As String),其中 path 为指定的目录。如下代码用于返回 F 盘中所有的子目录。

```
Dim I As Integer
Dim Dirs() As String = Directroy.GetDirectories("F:\")
For Each Dir(i) In Dirs
    MessageBox.Show(Dirs(i))
Next
```

还可以查找带有特定字符的目录,格式为:

```
Directory.GetDirectories(path As String,SearchPattern As String)
```

其中,第二个参数 SearchPattern 中允许使用通配说明符,“*”表示零个或多个字符,“?”表示正好一个字符。通配说明符以外的字符表示自己,例如,字符串“*t”搜索路径中所有以字母“t”结尾的名称,字符串“s*”搜索路径中所有以字母“s”开头的名称。如下代码返回 F 盘中所有以 a 结尾的目录。

```
Dim i As Integer
Dim Dirs() As String =Directory.GetDirectories("F:\","*a")
For Each Dirs(i) In Dirs
    MessageBox.Show(Dirs(i))
Next
```

(5) GetDirectoryRoot()方法:该方法返回包含指定路径的卷信息、根信息或同时包含这两者信息,格式为:Directory.GetDirectoryRoot(path As String),其中参数 path 为文件或目录的路径,如下代码返回 F 盘这个卷的信息。

```
Dim rootdir As String = Directory.GetDirectoryRoot("F:\A\B")
MessageBox.Show(rootdir)
```

(6) GetFiles()方法:该方法获取目录中的文件,返回 String 类型的一维数组,格式为:Directory.GetFiles(path As String)。可以返回指定目录中与指定搜索模式匹配的文件的名称。格式为:Directory.GetFiles(path As String,searchPattern As String),其中参数 searchPattern 允许使用通配说明符,“*”表示零个或多个字符,“?”表示正好一个字符。通配说明符以外的字符表示其自身。

(7) GetLogicalDrives()方法:该方法获得当前路径所在的逻辑驱动器。格式为:Directory.GetLogicalDrives()。如下代码返回计算机中所有的盘符。

```
Dim logicaldir() As String
Dim I As Integer
Logicaldir=Directory.GetLogicalDrives()
For Each logicaldir(i) In logicaldir
    MessageBox.Show(logicaldir(i))
Next
```

(8) GetParent()方法:该方法获得父目录,格式为:Directory.GetParent()。

```
Parentdir=Directory.GetParent("F:\A")
MessageBox.Show("父目录为"&parentdir.ToString)
```

(9) Move()方法:该方法移动指定的目录。格式为:Directory.Move(sourceDirName As String,destDirname As String),其中第一个参数为源目录,第二个参数为目的目录,无返回值。例如,将 F 盘的 A 文件夹移动到 F 盘的 B 文件夹中,代码如下。

```
Directory.Move("F:\A","F:\B")
```

任务 4.2　设计文件管理器

本任务中设计了一个文件(资源)管理器,用于显示计算机硬盘中的文件夹及文件,并实现文件的创建、移动和删除等功能。

1. 要求和目的

要求:设计一个文件管理器,具有“新建”“打开”“保存”“移动”“删除”等功能,其中包括一个文本框,用于显示打开文件的内容,如图 4-6 所示。

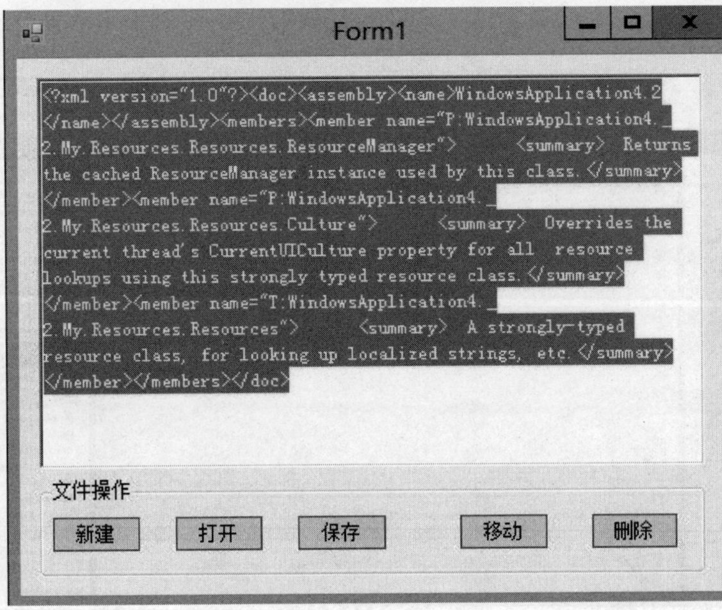

图 4-6　程序运行后的效果

目的:

- 掌握创建文件的方法;
- 掌握移动文件的方法;
- 掌握删除文件的方法。

2. 设计步骤

第一步:界面设计

打开 Visual Studio 2019 编程环境,创建一个 Visual Basic Windows 应用程序,首先修改窗体的名称为 FileForm。

在窗体中添加一个 RichTextBox 多行文本框控件,用于显示单击“打开”按钮时打开的文件内容。添加五个 Button 按钮控件,分别将它们的 Text 属性改为“新建”“打开”“保存”“移动”和“删除”。再添加一个 GroupBox 控件,将前面的五个按钮全部包含在其中。添加一个“打开文件”对话框控件,一个“保存文件”对话框控件和一个“文件夹浏览器”对话框控件,这三个控件都属于不可见控件。设置刚才添加控件的属性如表 4-2 所示。

表 4-2　属性设置

控　　件	属　性	属　性　值	备　　注
FileForm	Name	FileForm	窗体名称
	Text	FileForm	窗体标题
RichTextBox1	Name	RichTextBox1	文本框的名称
Button1(2,3…)	Name	Button1(2,3…)	
	Text	“新建”“打开”……	
OpenFileDialog1	Name	OpenFileDialog1	“打开文件”对话框
SaveFileDialog1	Name	SaveFileDialog1	“保存文件”对话框
FolderBrowserDialog1	Name	FolderBrowserDialog1	“文件夹浏览器”对话框

界面设计后的效果如图 4-7 所示。

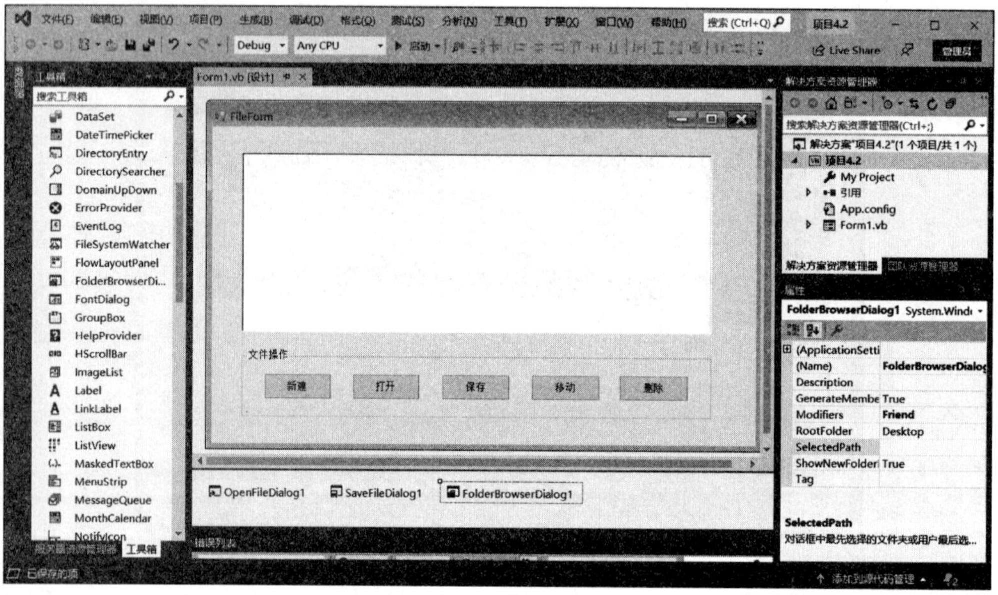

图 4-7　界面设计效果

第二步：编写代码

首先编写已定义的全局变量。

```
Dim filename As String
Dim path As String
Dim all As String
Dim i As Integer
```

其中，path 是一个创建文件的路径，不包括文件名；filename 是创建的文件名；all 是 path 和 filename 的组合，也就是文件的完整路径；i 作为计数器，在循环中控制操作数组。

双击“新建”按钮，进入该按钮的单击事件，编写程序如代码 4-5 所示。

代码 4-5：“新建”按钮的单击事件

```
Private Sub Button1_Click(ByVal sender As System.Object, ByVal e As System.EventArgs) Handles
Button1.Click
```

```
        Try
            FolderBrowserDialog1.ShowDialog()
            path = FolderBrowserDialog1.SelectedPath
            filename = InputBox("文件名")
            If File.Exists(path & "\" & filename) Then
                MessageBox.Show("该文件已经存在")
            Else
                File.Create(path & "\" & filename)      'MessageBox.Show(filename)
            End If
        Catch ex As Exception
        End Try
    End Sub
```

代码 4-5 中,FolderBrowserDialog1.ShowDialog()的作用是弹出"文件夹浏览器"对话框,然后选择一个需要创建的文件的目录,在 path = FolderBrowserDialog1.SelectedPath 中将选择的目录保存在 path 变量中。filename=InputBox("文件名")用于输入想要创建的文件夹的名称;If File.Exists(path & "\" & filename) 判断该文件是否存在,如果已存在,给出提示;否则创建文件。

双击"打开"按钮,进入该按钮的单击事件,编写程序如代码 4-6 所示。

代码 4-6:"打开"按钮的单击事件

```
Private Sub Button2_Click(ByVal sender As System.Object, ByVal e As System.EventArgs) Handles
Button2.Click
        '打开文件
        Try
            RichTextBox1.Text = ""
            OpenFileDialog1.Filter = "所有文件(*.*)|*.*|文本文件(*.txt)|*.txt"
            OpenFileDialog1.ShowDialog()
            all = OpenFileDialog1.FileName
            Dim txt() As String
            If all = Nothing Then
                MessageBox.Show("文件名不能为空")
            Else
                txt = File.ReadAllLines(all)
                For Each txt(i) In txt
                    RichTextBox1.Text = RichTextBox1.Text + txt(i)
                Next
            End If
        Catch ex As Exception
        End Try
End Sub
```

代码 4-6 中,OpenFileDialog1.Filter = "所有文件(*.*)|*.*|文本文件(*.txt)|*.txt"设置在打开的文件对话框中过滤文件,此设置能打开所有文件和文本文件。all = OpenFileDialog1.FileName 在打开的文件对话框中获取打开的文件。If all = Nothing 判断打开的文件是否为空,如果为空,则给出提示;否则,将打开文件并显示在 RichTextBox 控件中。

双击"保存"按钮,进入该按钮的单击事件,编写程序如代码 4-7 所示。

代码 4-7:"保存"按钮的单击事件

```
Private Sub Button3_Click(ByVal sender As System.Object, ByVal e As System.EventArgs) Handles
Button3.Click
    '保存文件
    SaveFileDialog1.ShowDialog()
    all = SaveFileDialog1.FileName
    If all = Nothing Then
        MessageBox.Show("文件名不能为空")
    Else
        File.WriteAllText(all, RichTextBox1.Text)
    End If
End Sub
```

代码 4-7 中,If all=Nothing 判断 all 变量保存的路径是否为空,如果不为空,则在 File.WriteAllText(all, RichTextBox1.Text)中调用 File 类的 WriteAllText()方法,将文本框中的信息写入指定文件中。

双击"移动"按钮,进入该按钮的单击事件,编写程序如代码 4-8 所示。

代码 4-8:"移动"按钮的单击事件

```
Private Sub Button4_Click(ByVal sender As System.Object, ByVal e As System.EventArgs) Handles
Button4.Click
    Try
        Dim destFileName As String = InputBox("移动到哪个文件", "输入文件名")
        If destFileName = Nothing Then
        Else
            If all = Nothing Then
                MessageBox.Show("没找到原始文件")
            Else
                File.Move(all, destFileName)
            End If
        End If
    Catch ex As Exception
    End Try
End Sub
```

代码 4-8 中,Dim destFileName As String = InputBox("移动到哪个文件", "输入文件名")使用局部变量 destFileName 接收输入的要移动的文件名。If all = Nothing 判断是否存在原文件,File.Move(all, destFileName)调用 Move()方法移动文件。

双击"删除"按钮,进入该按钮的单击事件,编写程序如代码 4-9 所示。

代码 4-9:"删除"按钮的单击事件

```
Private Sub Button5_Click(ByVal sender As System.Object, ByVal e As System.EventArgs) Handles
Button5.Click
    Try
        File.Delete(all)
        MessageBox.Show("文件已经删除")
    Catch ex As Exception
        MessageBox.Show("有错误")
    End Try
End Sub
```

这段代码中，File. Delete(all)调用 Delete()方法，删除对应的文件，并判断是否删除成功，否则给出错误提示。

编译并运行程序，单击“新建”按钮，效果如图 4-8 所示。

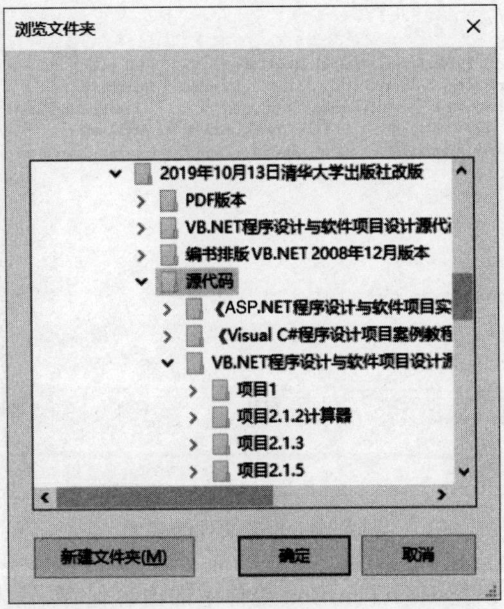

图 4-8　新建文件

单击“打开”按钮，效果如图 4-9 所示。

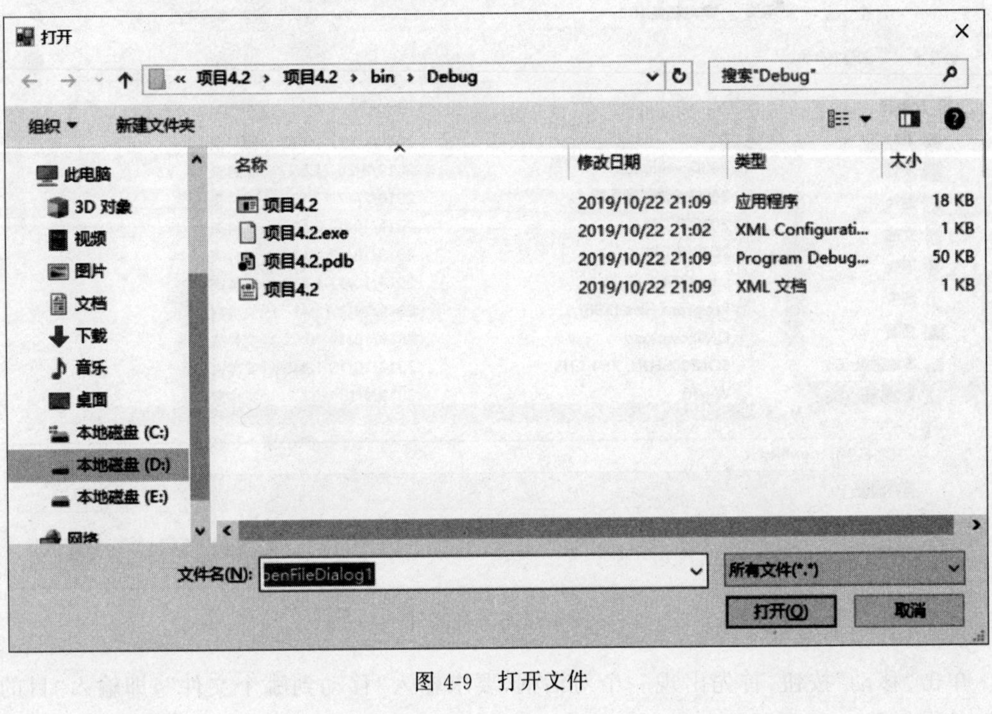

图 4-9　打开文件

选择一个文本文件并打开,文本文件的内容将显示在 RichTextBox 控件中,效果如图 4-10 所示。

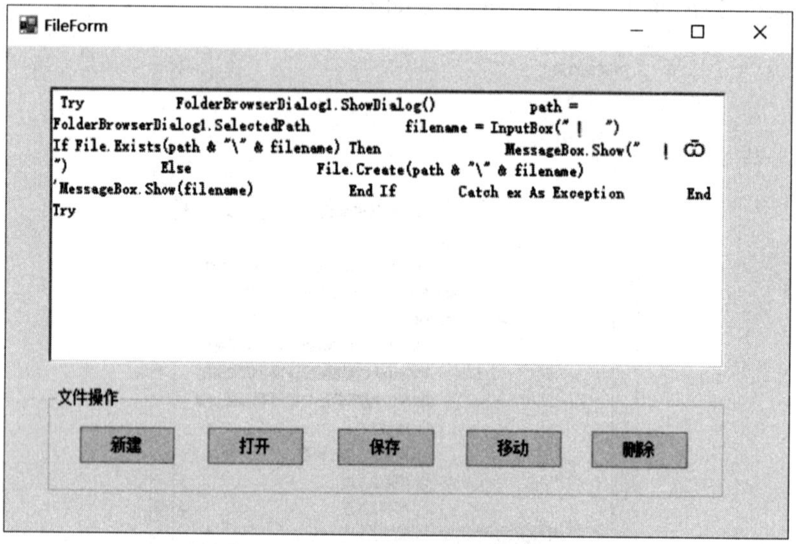

图 4-10　打开文件的效果

单击“保存”按钮,可以把 RichTextBox 控件中的内容保存,输入文件名称,就可以将文件保存起来,效果如图 4-11 所示。

图 4-11　另存文件

单击“移动”按钮,首先出现一个对话框,要求输入“移动到哪个文件”,即输入“目的文件”,效果如图 4-12 所示。

单击“删除”按钮，可以将刚才保存的文件删除，效果如图 4-13 所示。

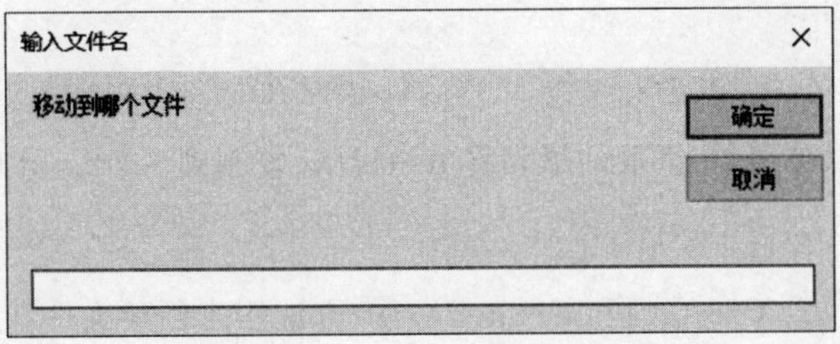

图 4-12　输入文件名提示

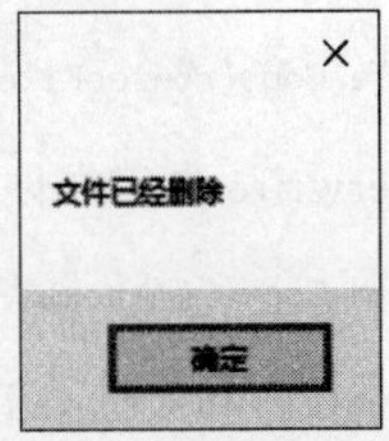

图 4-13　删除提示

3. 相关知识点

(1) File 类概述

Directory 类主要执行对目录的操作，而 File 类主要执行对文件的操作。File 类主要执行与文件有关的操作，包括文件的新建、移动、删除和打开等，也可以将 File 类用于获取和设置文件属性或有关文件创建、访问及写入操作的 DataTime 信息。所有的 File 方法都是静态的，无须创建类的实例。

(2) File 类常用的方法

AppendAllText()方法：AppendAllText()方法添加文本到文本文件中，AppendAllText 无返回值，添加之后关闭文件，文件不存在时自动创建文件，格式如下。

```
File.AppendAllText(path As String, contents As String)
```

打开一个文件，向其中追加指定的字符串，然后关闭该文件，如果文件不存在，此方法会创建一个文件，将指定的字符串写入文件中，然后关闭该文件。代码如下。

```
File.AppendAllText(path As String, contents As String, Encoding As System.Text.Encoding)
```

上面语句将指定的字符串添加到文件中，如果文件不存在则创建该文件。Encoding 是要使用的字符编码。

以下语句使用 AppendAllText()方法追加文本“HelloWorld”到 F 盘的 work 目录下的 Text.txt 文件中，代码如下。

```
File.AppendAllText("F:\A\Text.txt","Hello World")
```

AppendText()方法：该方法创建一个 StreamWriter，将 UTF-8 编码文本追加到现有的文件中，如果 path 指定的文件不存在，则创建该文件；如果该文件已经存在，则对 StreamWriter 执行写入操作，将文本追加到该文件中，格式如下。

```
File.AppendText(path As String)
```

如下语句，用 AppendText 创建一个 StreamWriter，追加文本到指定的 path 中，代码如下。

```
Dim f As StreamWriter
f = File.AppendText("F:\A\Text.txt")      '返回一个 StreamWriter 类型
```

Copy()方法：该方法复制文件，将现有文件复制到新文件中，无返回值。格式如下。

```
File.Copy(sourceFileName As String, destFileName As String)
```

sourceFileName 是源文件名称，destFileName 是目标文件名称，可将现有文件复制到新文件中，不允许改写同名的文件。

```
File.Copy(sourceFileName As String , destFileName As String , overwrite As Boolean)
```

overwrite 决定文件是否可以被覆盖，下面的语句将 text1.txt 复制到 text2.txt 中。

```
File.Copy("F:\text1.txt","F:\text2.txt")
```

Create()和 CreateText()方法：Create()和 CreateText()方法用来创建文件和创建文本文件，格式如下。

```
File.Create(path As String)
```

在指定路径中创建文件如下。

```
File.Create(path As String , bufferSize As Integer)
```

创建或改写指定的文件如下。

```
File.Create(path As String , bufferSize As Integer , options As FileOptions)
```

创建或改写指定的文件，并指定缓冲区大小和一个描述如何创建或改写该文件的 FileOptions 值，决定以何种方法创建文件。

Delete()方法：该方法用于删除指定目录的文件，如果指定的文件不存在，也不会引发异常，格式如下。

```
File.Delete(path As String)
```

以下语句可以删除 F 盘中的 text2.txt 文件。

```
File.Delete("F:\text2.txt")
```

Exists()方法：该方法判断文件是否存在，并返回 Boolean 类型值。如果调用方法具有要求的权限并且 path 包含现有文件的名称，则返回 True；否则返回 False。如果 path 为空，则此方法也将返回 False。如果调用方法不具有读取指定文件所需的足够权限，也不会引发异常而只返回 False，这与 path 是否存在无关。

允许 path 参数指定相对或绝对路径，相对路径是相对于当前工作目录的路径，格式如下。

```
File.Exists(path As String)
```

以下语句用来判断 F 盘中的文件 text1.txt 是否存在，用对话框来显示。

```
MessageBox.Show(File.Exists("F:\text1.txt"))
```

如果该文件存在，则结果会显示 True。

Move()方法：该方法用于移动文件，无返回值，格式如下。

```
File.Move(sourceFileName As String , destFileName As String)
```

以下移动语句 text1.txt 文件到 text2.txt 中，text1.txt 将被删除。

```
File.Move("F:\text1.txt","F:\text2.txt")
```

Open()方法：该方法打开一个文件，格式如下。

```
File.Open(path As String , mode As FileMode , access As FileAccess)
```

以指定的模式和访问权限打开指定路径上的 FileStream。

```
File.Open(path As String , mode As FileMode , access As FileAccess , share As FileShare)
```

打开指定路径上的 FileStream，具有指定的访问模式、访问权限及共享选项。

OpenRead()/OpenWrite()方法：该方法打开现有文件。OpenRead()方法打开现有文件以进行读取，找不到现有文件将引发异常。OpenWrite()方法打开现有文件以进行读/写。格式如下。

```
File.OpenRead(path As String)
File.OpenWrite(path As String)
```

以下代码打开一个现有文件 text1.txt。

```
File.OpenRead("F:\text1.txt")
```

OpenText()方法：该方法打开现有的 UTF-8 编码文本文件以进行读取，以下语句打开一个 text 文件。

```
File.OpenText("F:\text1.txt")
```

ReadAllBytes()方法：该方法打开一个文件，将文件的内容读入一个字符串中，然后关闭该文件，返回包含文件内容的字节数组，格式如下。

```
File.ReadAllBytes(path As String)
```

ReadAllLines()方法：该方法打开一个文本文件，将文件的所有行都读入一个字符串数组中，然后关闭该文件，格式如下。

```
File.ReadAllLines(path As String)
```

以上语句打开一个文本文件，使用指定的编码读取文件的所有行，然后关闭该文件。

ReadAllText()方法：该方法打开一个文本文件，将文件的所有行读入一个字符串中，然后关闭该文件，格式如下。

```
File.ReadAllText(path As String)
```

该语句打开一个文本文件，读取文件的所有行，然后关闭该文件。

```
File.ReadAllText(path As String , encoding As Encoding)
```

该语句打开一个文件，使用指定的编码读取文件的所有行，然后关闭该文件。

WriteAllBytes()方法：该方法创建一个新文件，在其中写入指定的字节数组，然后关闭该文件。如果目标文件已存在，则改写该文件，格式如下。

```
File.WriteAllBytes(path As String , bytes As Byte())
```

WriteAllLines()方法：该方法创建一个新文件，在其中写入指定的字符串，然后关闭该文件。如果目标文件已存在，则改写该文件，格式如下。

```
File.WriteAllLines(path As String , String[])
```

下面语句创建了一个新文件,使用指定的编码在其中写入指定的字符串数组,然后关闭文件。如果目标文件已经存在,则改写该文件,代码如下。

```
File.WriteAllLines(path As String , contents As String [] , encoding As Encoding)
```

WriteAllText()方法:该方法创建一个新文件,在文件中写入内容,然后关闭文件,如果目标文件已存在,则改写该文件,格式如下。

```
File.WriteAllText(path As String , contents As String , contents As String , encoding As Encoding)
```

上面语句创建了一个新文件,在其中写入指定的字符串数组,然后关闭该文件。如果目标文件已经存在,则改写该文件。

任务 4.3　创建文件读写器

在任务 4.2 中设计制作了一个文件管理器,用于对文件实现新建、打开、保存、移动和删除等操作。在本任务中将设计制作一个文件读写器,用于读取文件和写入文件。

1. 要求和目的

要求:设计如图 4-14 所示的应用程序,包含一个 RichTextBox 控件和两个按钮,功能如下:S. Read 按钮的作用是打开一个文件浏览窗口,可以选择一个文件,然后打开并显示在 RichTextBox 文本框中。

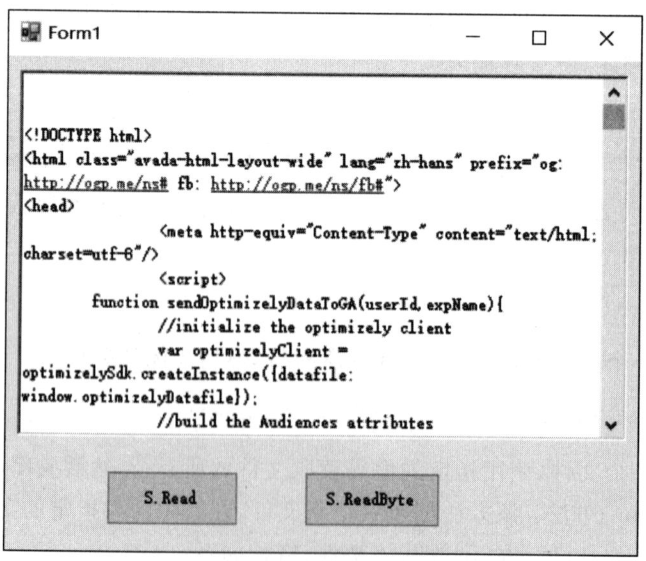

图 4-14　程序运行后的效果

目的:

- 掌握使用 Stream 流的 Read()方法读取文件的方法;

• 掌握使用 Stream 流的 ReadByte()方法读取文件的方法。

2. 设计步骤

第一步：界面设计

打开 Visual Studio 2019 编程环境，创建一个 Visual Basic Windows 应用程序，名称为 4-3-1。首先将窗体的名称改为 StreamForm，在窗体中添加两个 Button 按钮控件，分别设置 Text 属性为 S. Read 和 S. ReadByte。再添加一个 RichTextBox 控件。窗体及控件的主要属性如表 4-3 所示。

表 4-3　属性设置

控　件	属　性	属 性 值	备　注
StreamForm	Name	StreamForm	窗体名称
	Text	StreamForm	窗体标题
RichTextBox1	Name	RichTextBox1	
Button1	Name	Button1	
	Text	S. Read	
Button2	Name	Button2	
	Text	S. ReadByte	

制作效果如图 4-15 所示。

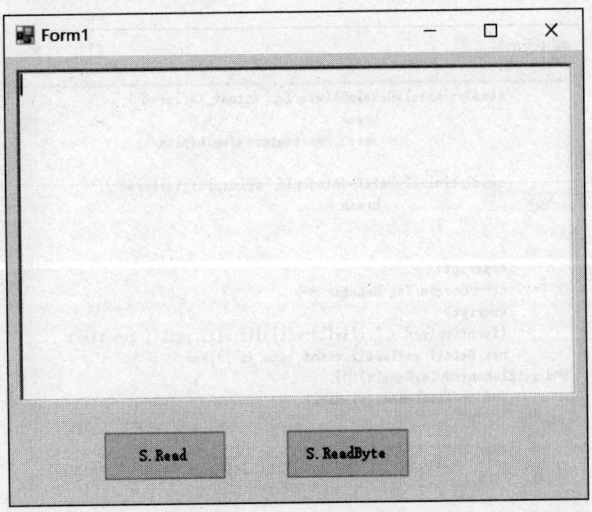

图 4-15　运行效果

第二步：编写代码

首先设置全局变量，stream1 是 Stream 流的全局变量；i 是计数器；path 是字符串类型，用于保存路径。代码如下。

```
Dim stream1 As IO.Stream
Dim path As String
Dim i As Integer
Dim openfiledialog1 As New OpenFileDialog
Dim savefiledialog1 As New SaveFileDialog
```

双击 S. Read 按钮,进入该按钮的单击事件,将调用 Stream 类的 Read()方法读取磁盘的文件,编写程序如代码 4-10 所示。

代码 4-10: S. Read 按钮的单击事件

```
Private Sub Button1_Click(ByVal sender As System.Object, ByVal e As System.EventArgs) Handles
Button1.Click
    Try
        RichTextBox1.Text = ""
        openfiledialog1.ShowDialog()
        path = openfiledialog1.FileName
        stream1 = IO.File.OpenRead(path)
        Dim buffer(stream1.Length) As Byte
        stream1.Read(buffer, 0, buffer.Length)
        RichTextBox1.Text = RichTextBox1.Text + System.Text.Encoding.Default.GetChars
        (buffer)
        stream1.Close()
    Catch ex As Exception
        MessageBox.Show("有错误")
    End Try
End Sub
```

编写完这段代码之后,编译并运行程序,打开一个 HTML 文件,文件内容显示在 RichTextBox 控件中,效果如图 4-16 所示。

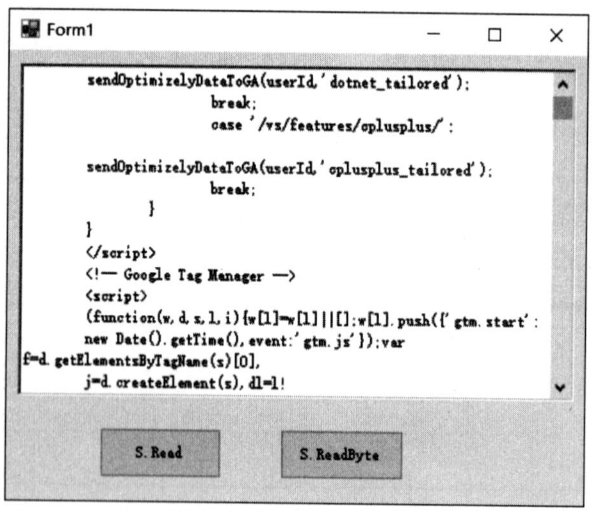

图 4-16　打开文件的效果

双击 S. ReadByte 按钮,进入该按钮的单击事件,将调用 Stream 类的 ReadByte()方法读取磁盘文件,编写程序如代码 4-11 所示。

代码 4-11: S. ReadByte 按钮的单击事件

```
Private Sub Button2_Click(ByVal sender As System.Object, ByVal e As System.EventArgs) Handles
Button2.Click
    Try
        RichTextBox1.Text = ""
```

```
            openfiledialog1.ShowDialog()
            path = openfiledialog1.FileName
            stream1 = IO.File.OpenRead(path)
            Dim buffer(stream1.Length) As Byte
            Dim s As Integer
            Dim len As Integer = stream1.Read(buffer, 0, buffer.Length)
            For i = 0 To len - 1
                stream1.Seek(i, IO.SeekOrigin.Begin)
                s = stream1.ReadByte
                buffer(i) = CByte(s)
            Next
            RichTextBox1.Text = RichTextBox1.Text +
                System.Text.Encoding.Default.GetChars(buffer)
            stream1.Close()
        Catch ex As Exception
            MessageBox.Show("有错误")
        End Try
    End Sub
```

3. 相关知识点

(1) Stream 类概述

Stream 是所有流的抽象基类，流是字节序列的抽象概念，例如文件、输入/输出设备、内部进程通信管道或者 TCP/IP 套接字。Stream 类及其派生类提供不同类型的输入和输出的一般视图，使程序员不必了解操作系统和基础设备的具体细节。

(2) Stream 类常用的属性

CanRead 属性：该属性获取一个值，该值指示当前流是否支持读取。

CanSeek 属性：该属性获取一个值，该值指示当前流是否支持查找。

CanTimeout 属性：该属性获取一个值，该值确定当前流是否可以超时。

CanWrite 属性：该属性获取一个值，该值指示当前流是否支持写入。

Length 属性：该属性获取用字节表示的流的长度。

Position 属性：该属性获取或设置此流的当前位置。

ReadTimeout 属性：该属性获取或设置一个值，该值确定流在超时前尝试读取多长时间。

(3) Stream 类常用的方法

Close()方法：该方法关闭当前流并释放与之相关的所有资源(如套接字和文件句柄)，格式如下。

```
Stream1.Close()
```

Read()方法：该方法从文件中读取字节序列，格式如下。

```
Read(array () As Byte , offset As Integer , count As Integer) As Integer
```

其中，array 是指定数组。当此方法返回时，返回指定的数组，数组中 offset 和(offset＋count－1)之间的值被从当前源中读取的字节替换。offset 为 array 数组中的字节偏移量，从此处开始读取内容。

ReadByte()方法：该方法读取一个字节。ReadByte()方法用于从文件当前位置读取一个字节，返回一个 Integer 类型值，格式如下。

```
ReadByte() As Integer
```

Seek 方法：该方法设置当前流中的位置，返回一个 Long 型值，格式如下。

```
Seek(offset As Long , origin As System.IO.SeekOrigin)As Long
```

其中，offset 是相对于 origin 的偏移量，从此处开始查找。origin 使用 SeekOrigin 类型的值，SeekOrigin 是枚举类型指定流的开头。

SetLength()方法：该方法设置流的长度。格式如下。

```
SetLength(len As Length)
```

如果给定值小于当前流的长度，则截断流；如果给定值大于当前流的长度，则扩展流；如果流被扩展，则新旧长度的流之间的内容是未被定义的。

下面语句设置 Stream 实例 Stream1 的长度为 100。

```
Stream1.SetLength(100)
```

Write()方法：该方法用于向文件写入数据，格式如下。

```
Write(Buffer() As Byte , offset As Integer , count As Integer)
```

其中，Buffer 表示要写入的字节数组。offset 为 Buffer 数组中的字节偏移量，从此处开始读取。count 表示最大字节数。如下语句将数组 mybuffer 中的 0～99 的流写入文件中。

```
Stream1.Write(mybuffer , 0 , 100)
```

WriteByte()方法：该方法用于在当前位置写入一个字节，格式如下。

```
WriteByte(Value As Byte)
```

其中，Value 表示要写入的字节变量。如下语句写入数组中的字节，而非整个数组，代码如下。

```
Stream1.WriteByte(mybuffer(i))
```

任务 4.4　使用对话框控件

4.4.1　使用“打开文件”对话框

1. 要求和目的

要求：设计如图 4-17 和图 4-18 所示的界面，包含一个 TextBox 多行文本框控件和两个按钮，单击“打开”按钮，将打开一个文件浏览对话框，选择一个文本文件，程序将文本文件的内容显示在 TextBox 控件中；单击“清空”按钮，程序将文本框清空。

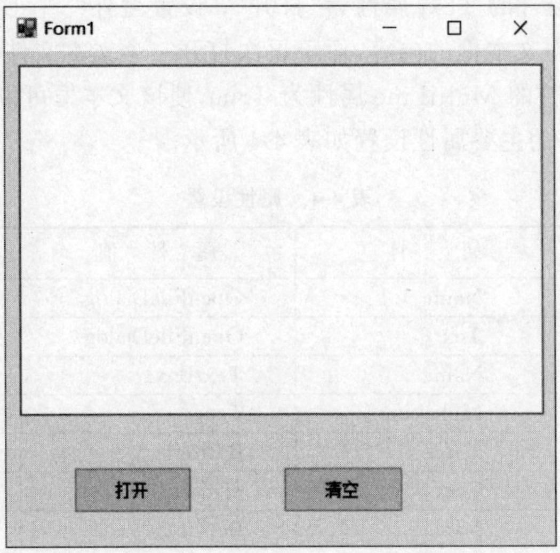

图 4-17　程序运行后的效果

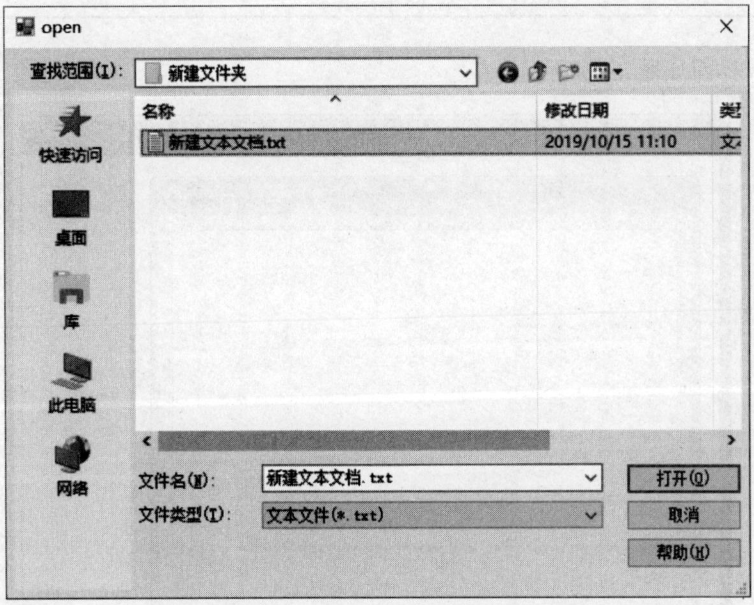

图 4-18　“打开文件”对话框

目的：

- 掌握 OpenFileDialog 对话框控件打开文件方法；
- 掌握读取文本文件的方法。

2. 设计步骤

第一步：界面设计

打开 Visual Studio 2019 编程环境，创建一个 Visual Basic Windows 应用程序。首先将窗体的名称改为 OpenFileDialog。在窗体中添加一个 OpenFileDialog 控件，OpenFileDialog 控件是不可见控件，出现在窗体的下面。然后添加两个 Button 按钮控件，用于打开文件。

设置一个 Button 按钮控件的 Text 属性为“打开”；设置另外一个 Button 按钮控件的 Text 属性为“清空”，用于清空文本框的内容，便于再次打开一个文本文件。再添加一个 TextBox 控件，设置 TextBox 控件的 MultiLine 属性为 True，使该文本框可以显示多行文本。

窗体及加入的控件的主要属性设置如表 4-4 所示。

表 4-4 属性设置

控　件	属　性	属 性 值	说　明
OpenFileDialog	Name	OpenFileDialog	窗体名称
	Text	OpenFileDialog	窗体标题
TextBox1	Name	TextBox1	文本框
	MultiLine	True	多行显示
Button1	Name	Button1	按钮
	Text	打开	按钮文本
Button2	Name	Button2	按钮
	Text	清空	按钮文本
OpenFileDialog1	Name	OpenFileDialog1	“打开文件”对话框
	Text		

窗体设计界面如图 4-19 所示。

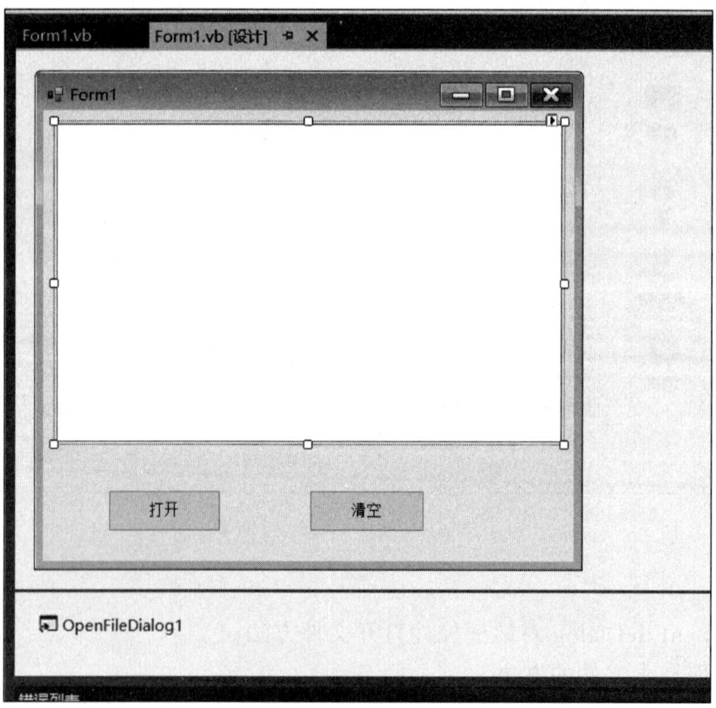

图 4-19　设计界面

第二步：编写代码

首先做一个命名空间调用：Imports System. io。双击“打开”按钮，进入该按钮的单击事件，编写程序如代码 4-12 所示。

代码 4-12："打开"按钮的单击事件

```
Private Sub Button1_Click(ByVal sender As System.Object, ByVal e As System.EventArgs) Handles
Button1.Click
    Dim FileName As String
    Dim filestream1 As System.IO.FileStream
    Dim chrstream1 As System.IO.StreamReader
    OpenFileDialog1.InitialDirectory = "f:\"
    OpenFileDialog1.Filter = "文本文件(*.txt)|*.txt|图片文件(*.jpg)|*.jpg|所有文件|*.*"
    OpenFileDialog1.RestoreDirectory = True
    OpenFileDialog1.FilterIndex = 1
    OpenFileDialog1.Title = "open"
    OpenFileDialog1.AddExtension() = False
    OpenFileDialog1.CheckPathExists() = True
    OpenFileDialog1.ValidateNames() = True
    OpenFileDialog1.ShowHelp() = True
    If OpenFileDialog1.ShowDialog = Windows.Forms.DialogResult.OK Then
        FileName = OpenFileDialog1.FileName
        If FileName <> "" Then
            filestream1 = File.Open(FileName, IO.FileMode.Open, FileAccess.Read)
            chrstream1 = New System.IO.StreamReader(filestream1)
            TextBox1.AppendText(chrstream1.ReadToEnd)
        End If
    Else
        MessageBox.Show("取消了")
    End If
End Sub
```

编写 OpenFileDialog 的 HelpRequest 事件，程序如代码 4-13 所示。

代码 4-13：OpenFileDialog 的 HelpRequest 事件

```
Private Sub OpenFileDialog1_HelpRequest(ByVal sender As System.Object, ByVal e As System.
EventArgs) Handles OpenFileDialog1.HelpRequest
    MessageBox.Show("帮助事件")
End Sub
```

双击"清空"按钮，进入该按钮的单击事件，编写程序如代码 4-14 所示。

代码 4-14："清空"按钮的单击事件

```
Private Sub Button2_Click(ByVal sender As System.Object, ByVal e As System.EventArgs) Handles
Button2.Click
    TextBox1.Text = ""
End Sub
```

3. 相关知识点

(1) OpenFileDialog 常用的属性

AddExtension 属性：该属性设置是否自动添加默认扩展名，值为 True，则自动在文本名后添加扩展名。

CheckPathExists 属性：该属性在对话框返回之前检查指定路径是否存在。

DefaultExt 属性：该属性设置默认扩展名。

DereferenceLinks 属性：该属性设置在对话框返回前是否取消引用快捷方式。

Filter 属性：该属性是在对话框中显示文件的过滤器，格式如下。

```
"文本文件(*.txt)|*.txt|图片文件(*.jpg)|*.jpg|所有文件|*.*"
```

FilterIndex 属性：该属性在对话框中选择文件过滤器的索引，如果选第一项就设为 1。

FileName 属性：该属性表示第一个在对话框中显示的文件或最后一个选取的文件。

InitialDirectory 属性：该属性设置对话框的初始目录，如下语句设置初始路径为 F 盘。

```
OpenFileDialog1.InitialDirectory = "F:\"
```

RestoreDirectory 属性：该属性设置对话框在关闭前是否恢复当前目录。

ShowHelp 属性：该属性用于启动“帮助”按钮，为 True，则添加“帮助”按钮。

ValidateNames 属性：该属性使对话框检查文件名中是否包含无效的字符或序列。

Title 属性：该属性设置显示在对话框标题栏中的名称。

(2) OpenFileDialog 常用的方法

FileOk()方法：该方法是当用户单击“打开”按钮时触发的事件，格式如下。

```
Private Sub OpenFileDialog1_FileOk(参数列表) Handles OpenFileDialog1.Disposed
'处理代码
End Sub
```

HelpRequest()方法：该方法是当用户单击“帮助”按钮时触发，格式如下。

```
Private Sub OpenFileDialog1_HelpRequest(参数列表) Handles OpenFileDialog1.Disposed
'处理代码
End Sub
```

4.4.2 使用“保存文件”对话框

1. 要求和目的

要求：设计如图 4-20 和图 4-21 所示的界面，包括一个 RichTextBox 文本框控件，用于输入文本，单击“保存”按钮，打开一个“保存”对话框，将 RichTextBox 文本框控件的文本保存。

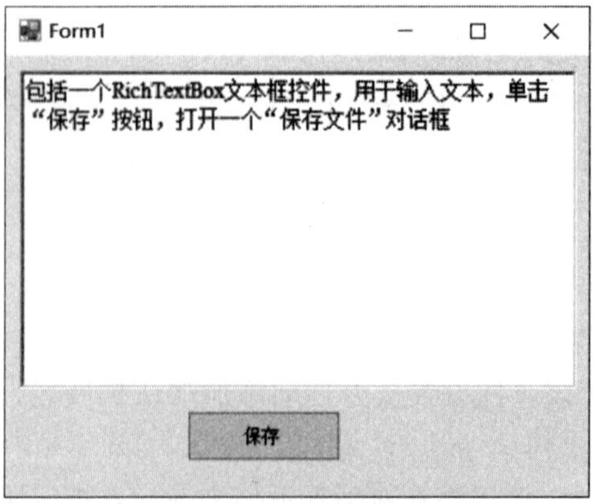

图 4-20 程序运行效果

图 4-21　“保存”对话框

目的：

- 掌握 RichTextBox 控件的使用方法；
- 掌握 SaveFileDialog(保存文件对话框)控件的使用方法。

2. 设计步骤

第一步：界面设计

打开 Visual Studio 2019 编程环境，创建一个 Visual Basic Windows 应用程序。首先将 Form 窗体的名称改为 SaveFileDialog。在窗体下面添加一个 SaveFileDialog 控件，该控件在程序运行时是不可见控件。添加一个 Button 按钮控件，设置 Button 按钮控件的 Text 属性，改为“保存”。再添加一个 RichTextBox 多行文本框控件，用于保存文本。窗体及控件的主要属性设置如表 4-5 所示。

表 4-5　属性设置

控　件	属　性	属 性 值	说　明
SaveFileDialog	Name	SaveFileDialog	窗体名称
	Text	SaveFileDialog	窗体标题
RichTextBox1	Name	RichTextBox1	多行文本框
Button1	Name	Button1	按钮
	Text	保存	
SaveFileDialog1	Name	SaveFileDialog1	名称
	Text		标题

窗体的设计界面如图 4-22 所示。

第二步：编写代码

双击“保存”按钮，进入该按钮的单击事件，编写程序如代码 4-15 所示。

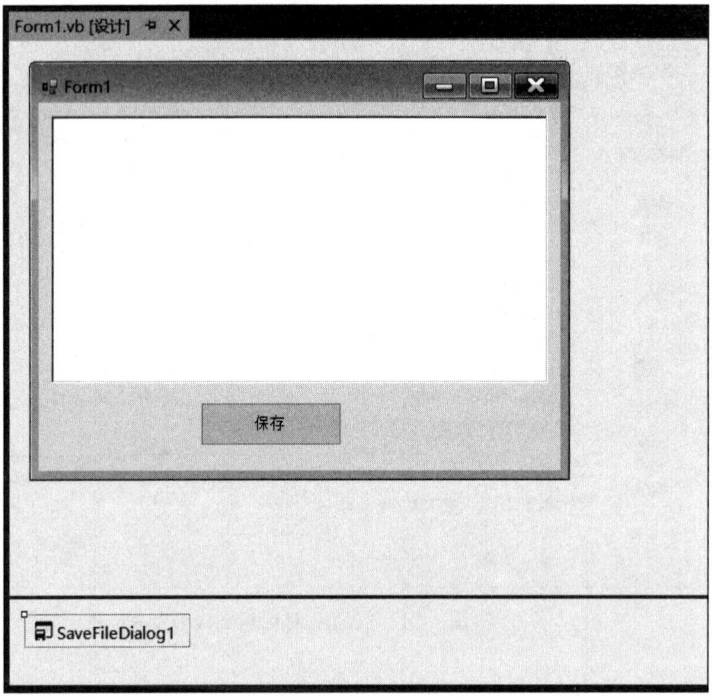

图 4-22　设计界面

代码 4-15："保存"按钮的单击事件

```
Private Sub Button1_Click(ByVal sender As System.Object, ByVal e As System.EventArgs) Handles
Button1.Click
    Dim FileName As String
    SaveFileDialog1.InitialDirectory = "F:\"
    SaveFileDialog1.Filter = "文本文件(*.txt)|*.txt|图片文件(*.jpg)|*.jpg|所有文件|*.*"
    SaveFileDialog1.RestoreDirectory = True
    SaveFileDialog1.FilterIndex = 1
    SaveFileDialog1.Title = "save"
    SaveFileDialog1.AddExtension() = True
    SaveFileDialog1.CheckPathExists() = True
    SaveFileDialog1.ValidateNames() = True
    SaveFileDialog1.ShowHelp() = True
    SaveFileDialog1.OverwritePrompt() = True
    If SaveFileDialog1.ShowDialog = Windows.Forms.DialogResult.OK Then
        FileName = SaveFileDialog1.FileName
        If FileName <> "" Then
            RichTextBox1.SaveFile(FileName)
            MessageBox.Show("已保存")
        Else
            MessageBox.Show("文件名为空")
        End If
    End If
End Sub
```

3. 相关知识点

(1) SaveFileDialog 常用的属性

AddExtension 属性：该属性设置是否自动添加默认扩展名，值为 True，则自动在文本名后添加扩展名。

CheckPathExists 属性：该属性在对话框返回之前检查指定路径是否存在。

DefaultExt 属性：该属性设置默认扩展名。

DereferenceLinks 属性：该属性设置在对话框返回前是否取消引用快捷方式。

Filter 属性：该属性是在对话框中显示文件的过滤器，格式如下。

```
"文本文件(*.txt)|*.txt|图片文件(*.jpg)|*.jpg|所有文件|*.*"
```

FilterIndex 属性：该属性在对话框中选择文件过滤器的索引，如果选第一项就设为 1。

FileName 属性：该属性表示第一个在对话框中显示的文件或最后一个选取的文件。

InitialDirectory 属性：该属性设置对话框的初始目录，如下语句设置初始路径为 F 盘。

```
OpenFileDialog1.InitialDirectory = "F:\"
```

RestoreDirectory 属性：该属性设置对话框在关闭前是否恢复当前目录。

ShowHelp 属性：该属性用于启动"帮助"按钮，为 True，则添加"帮助"按钮。

ValidateNames 属性：该属性使对话框检查文件名中是否包含无效的字符或序列。

Container 属性：该属性控制对话框在将要创建文件时，提示用户文件名是否正确。

CreatePrompt 属性：该属性控制对话框在文件不存在时，提示用户确认是否创建文件。

OverWritePrompt 属性：该属性在指定的文件已存在时，提示用户是否重写该文件，为 True 则给予提示，否则无提示。

(2) SaveFileDialog 常用的方法

FileOk()方法：该方法是当用户单击"保存"按钮时触发的事件，格式如下。

```
Private Sub SaveFileDialog1_FileOk(参数列表) Handles OpenFileDialog1.Disposed
…          '处理语句
End Sub
```

4.4.3　使用"字体"对话框

1. 要求和目的

要求：设计如图 4-23～图 4-25 所示的界面，包括一个 RichTextBox 控件和一个按钮控件，在 RichTextBox 控件中输入文本，单击"字体"按钮，可以打开一个"字体"对话框，通过"字体"对话框可以设置 RichTextBox 控件中文本的字体格式。

目的：

- 掌握 FontDialog 字体对话框控件的使用方法；
- 掌握设置 RichTextBox 控件文本字体的方法。

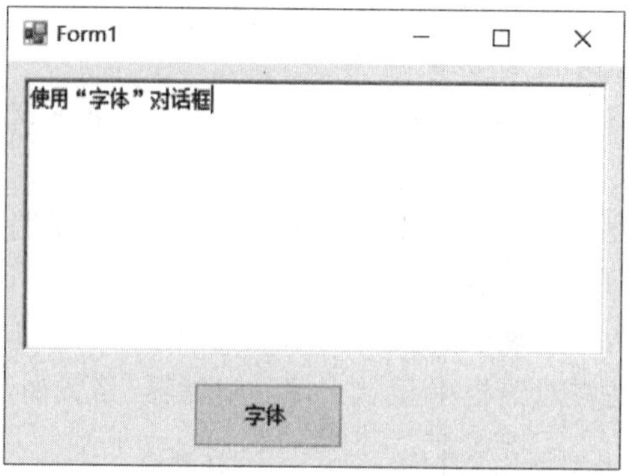

图 4-23 程序设计界面

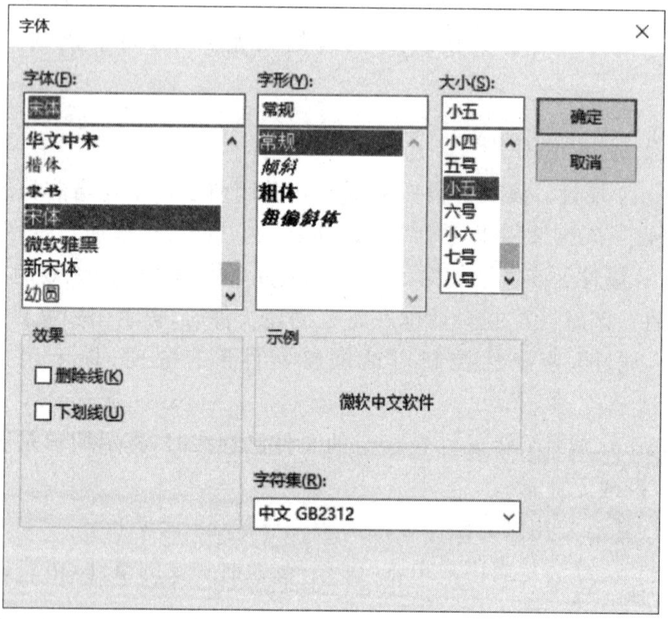

图 4-24 “字体”对话框

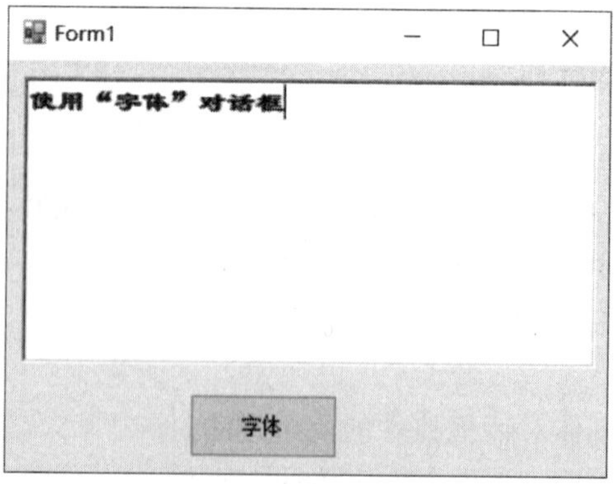

图 4-25 程序运行后的效果

2. 设计步骤

第一步：界面设计

打开 Visual Studio 2019 编程环境，创建一个 Visual Basic Windows 应用程序。首先将 Form 窗体的名称改为 FontDialog。在窗体中添加一个 FontDialog 控件，该控件也是一个不可见控件，显示在窗体的下面。再添加一个 Button 按钮控件和一个 RichTextBox 多行文本框控件，用于显示打开字体控件和填写文本。设置窗体及控件的主要属性如表 4-6 所示。

表 4-6　属性设置

控　件	属　性	属　性　值	说　明
FontDialog	Name	FontDialog	窗体名称
	Text	FontDialog	窗体标题
FontDialog1	Name	FontDialog1	字体对话框
Button1	Name	Button1	字体设置按钮
	Text	字体设置	
RichTextBox1	Name	RichTextBox1	多行文本框控件
	Text		

窗体的设计界面如图 4-26 所示。

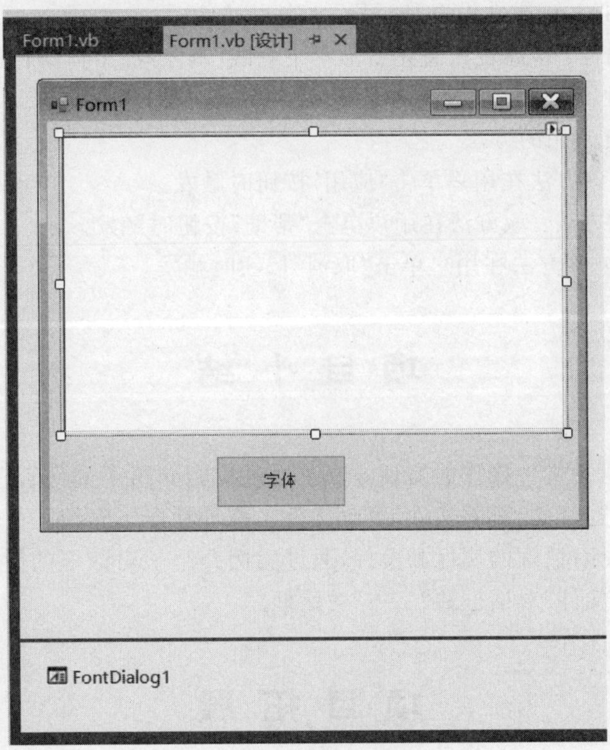

图 4-26　设计界面

第二步：编写代码

双击“字体”按钮，进入该按钮的单击事件，编写程序如代码 4-16 所示。

代码 4-16："字体"按钮的单击事件

```
Private Sub Button1_Click(ByVal sender As System.Object, ByVal e As System.EventArgs) Handles
Button1.Click
    FontDialog1.ShowDialog()
    RichTextBox1.Font = FontDialog1.Font
End Sub
```

3. 相关知识点

(1) FontDialog 常用的属性

AllowScriptChange 属性：该属性设置是否显示字体的字符集。

AllowVerticalFonts 属性：该属性设置是否可选择垂直字体。

Color 属性：该属性设置在对话框中选择的颜色。

Font 属性：该属性设置对话框中的字体。

FontMustExist 属性：该属性设置当字体不存在时是否显示错误。

MinSize 属性：该属性设置可选择的最小字号。

MaxSize 属性：该属性设置可选择的最大字号。

ShowColor 属性：该属性设置是否显示颜色选项，这里可以设置文本的颜色，但是没有 ColorDialog 对话框的颜色丰富，对颜色要求比较高的情况下可以使用 ColorDialog 控件来设置。

ShowApply 属性：该属性设置是否显示"应用"按钮。

ShowEffects 属性：该属性设置是否显示下画线、删除线、字体颜色选项。

ShowHelp 属性：该属性设置是否显示"帮助"按钮。

(2) FontDialog 常用的方法

Apply()方法：该方法在用户单击"应用"按钮时触发。

HelpRequest()方法：该方法在用户单击"帮助"按钮时触发。

Dispose()方法：该方法在用户单击"取消"按钮时触发。

项 目 小 结

本项目介绍了常见文件操作的实现方法。通过实例介绍了文件管理器的实现方法，包括浏览系统文件、创建文件、删除文件、更改文件名称等功能。介绍了文件读写器的实现方法。最后介绍了常见对话框的属性和事件，通过实例介绍了对话框的使用方法，包括"打开文件"对话框、"保存文件"对话框和"字体"对话框。

项 目 拓 展

在此项目创建的文件管理器的基础上，进一步完善了文件管理器的功能。要求：可以给不同的用户分配不同的存储空间，用户登录后可以对自己的文件进行管理，包括创建新文件、删除文件和修改文件名称。不同用户之间相互不影响。

项目 5　设计制作个人信息管理系统

ADO.NET 和 ADO 只是名称上相似，这两个数据访问方式所包含的方法和类差别非常大。ADO 是 ActiveX Data Objects 的缩写，是一个 COM 组件库，包含 Connection、Command、Recordset 等几个对象，包括连接和打开数据库、把记录添加到数据库中、查询数据库等操作。ADO.NET 是构建.NET 数据库应用程序的基础，包含大量可以进行数据处理的类，如常见的增、删、查、改等操作。

任务 5.1　SQL Server 2017 基本操作

5.1.1　安装 SQL Server 2017 数据库管理系统

启动 SQL Server 2017 Express Edition 的安装文件，界面如图 5-1 所示。

图 5-1　SQL Server 2017 Express Edition 启动界面

在该界面中选择“基本”安装选项，进入如图 5-2 所示的界面。

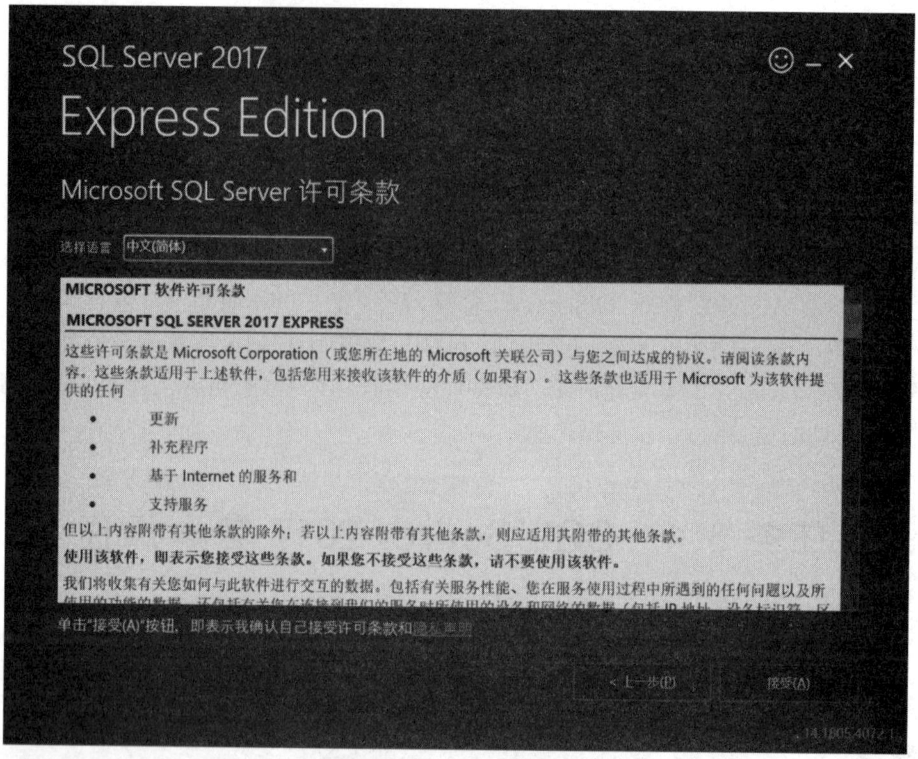

图 5-2　许可条款界面

在该界面中单击“接受”按钮，进入如图 5-3 所示的界面。

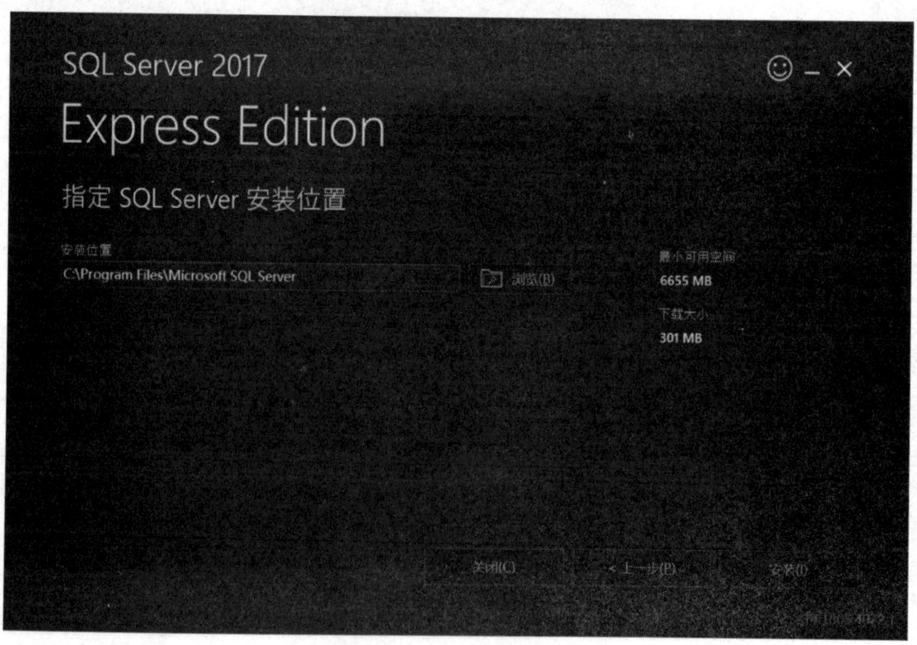

图 5-3　选择文件安装位置

在该界面中选择安装位置，然后单击“安装”按钮，进入如图 5-4 所示的界面。

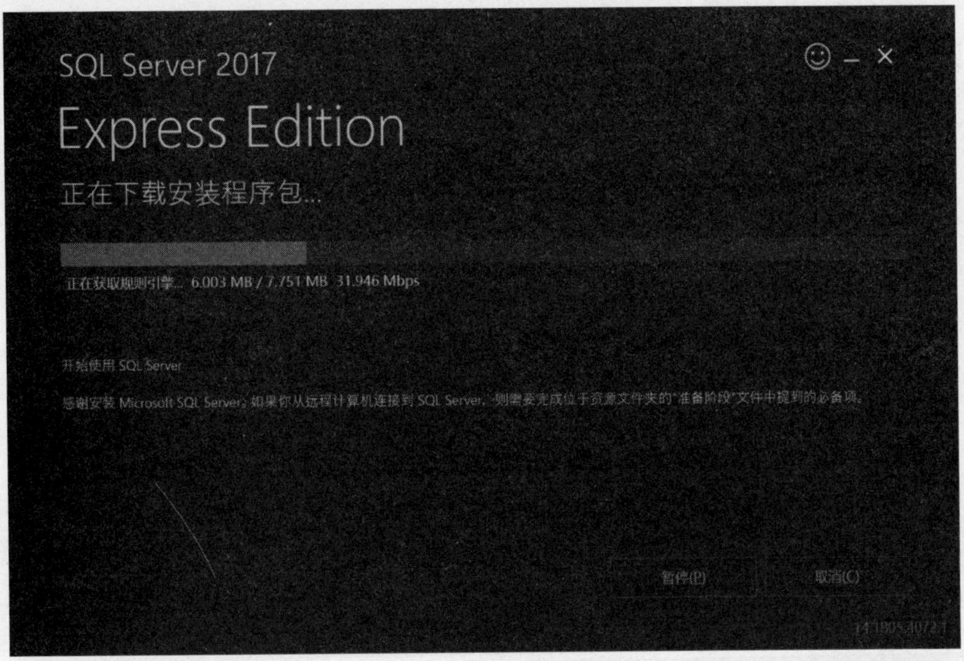

图 5-4　下载安装包界面

该界面显示下载安装文件的进度，下载完成进入如图 5-5 所示的安装界面。

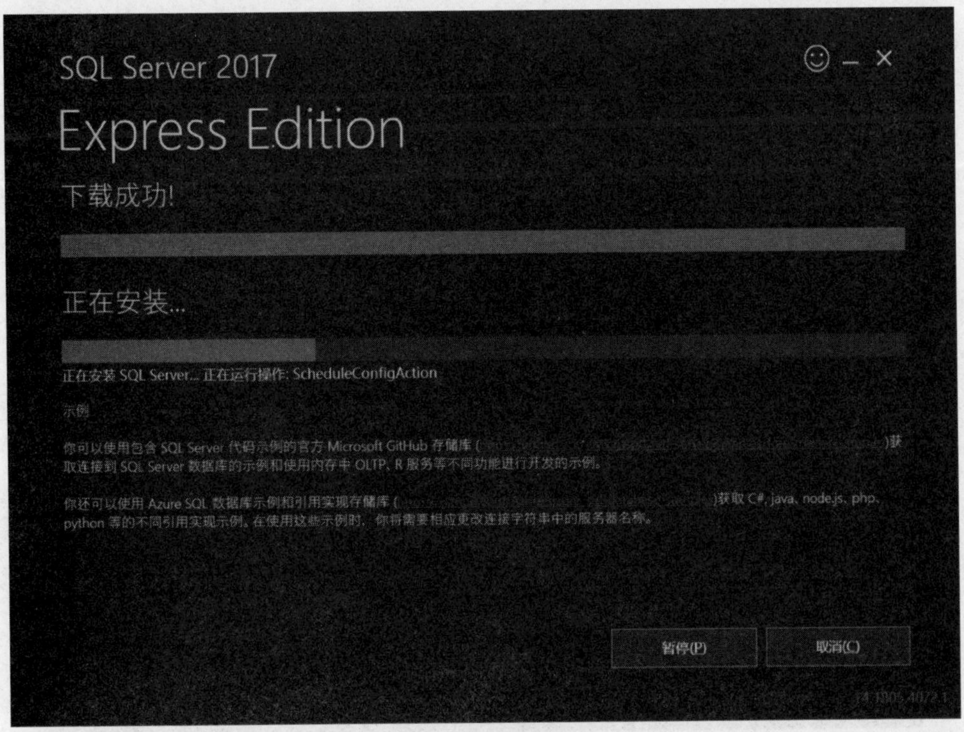

图 5-5　安装进度界面

安装完成后,进入安装成功提示界面,如图 5-6 所示。

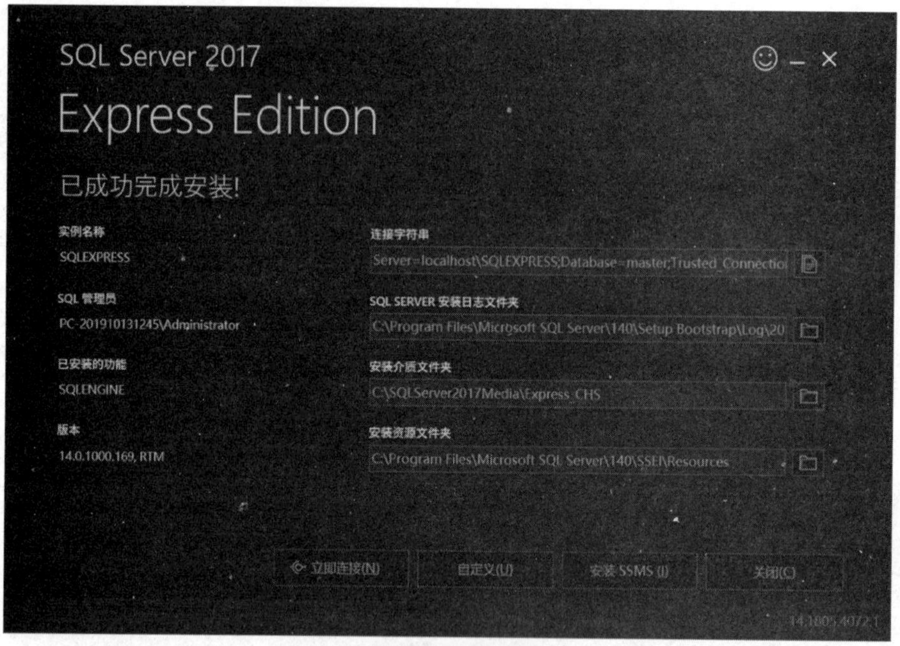

图 5-6　安装成功提示

单击“安装 SSMS”按钮,打开下载 SQL Server Management Studio 的网址。下载完成后,立即进行安装,进入如图 5-7 所示的界面。

图 5-7　安装 SQL Server Management Studio 界面

在该界面中单击“安装”按钮，进入安装进度界面，如图 5-8 所示。安装成功的显示如图 5-9 所示。

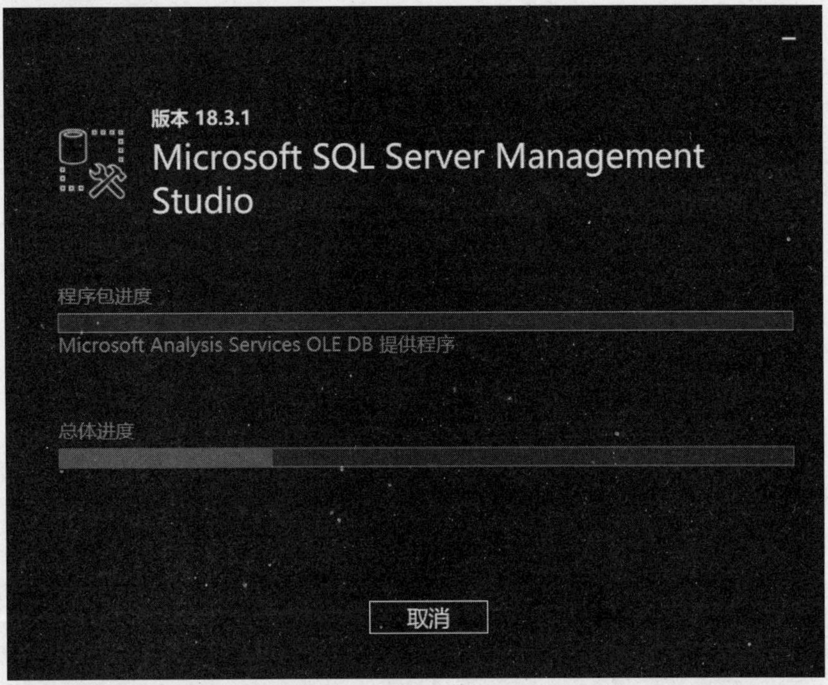

图 5-8　SQL Server Management Studio 的安装进度

图 5-9　安装成功提示界面

单击“重新启动”按钮，以完成安装。重启系统后，打开 SQL Server Management Studio，进入如图 5-10 所示的界面。

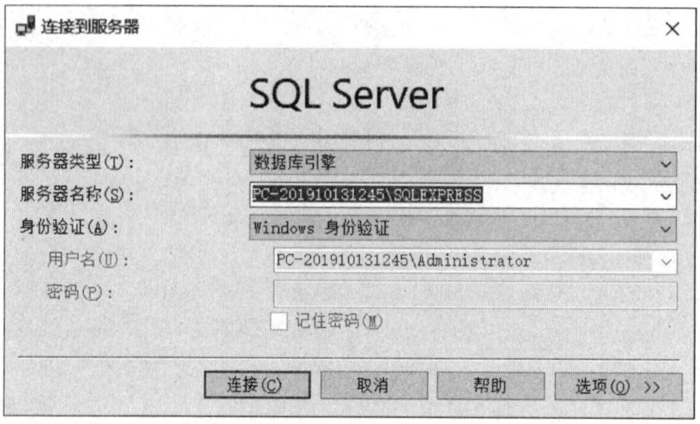

图 5-10　连接 SQL Server 服务器的界面

选择连接服务器的选项，单击“连接”按钮，进入 SQL Server 数据库操作与管理界面，如图 5-11 所示。

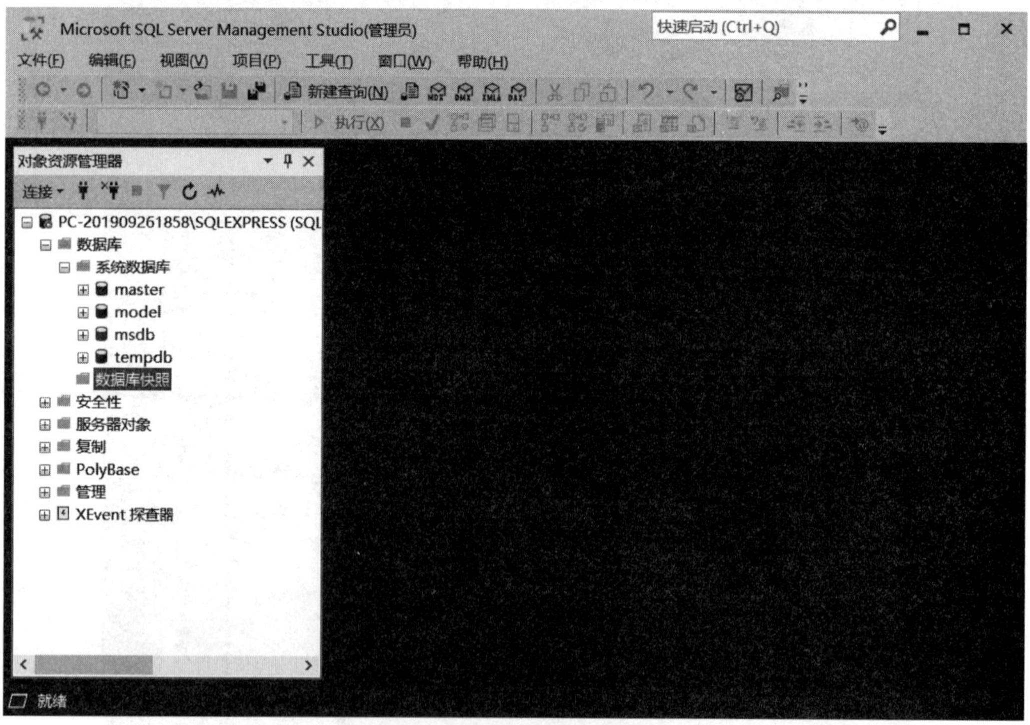

图 5-11　数据库操作管理界面

5.1.2　数据库操作

打开 SQL Server Management Studio 的界面如图 5-12 所示。常见的数据库操作包括：数据库的创建、管理、删除，数据表的创建、管理、删除。

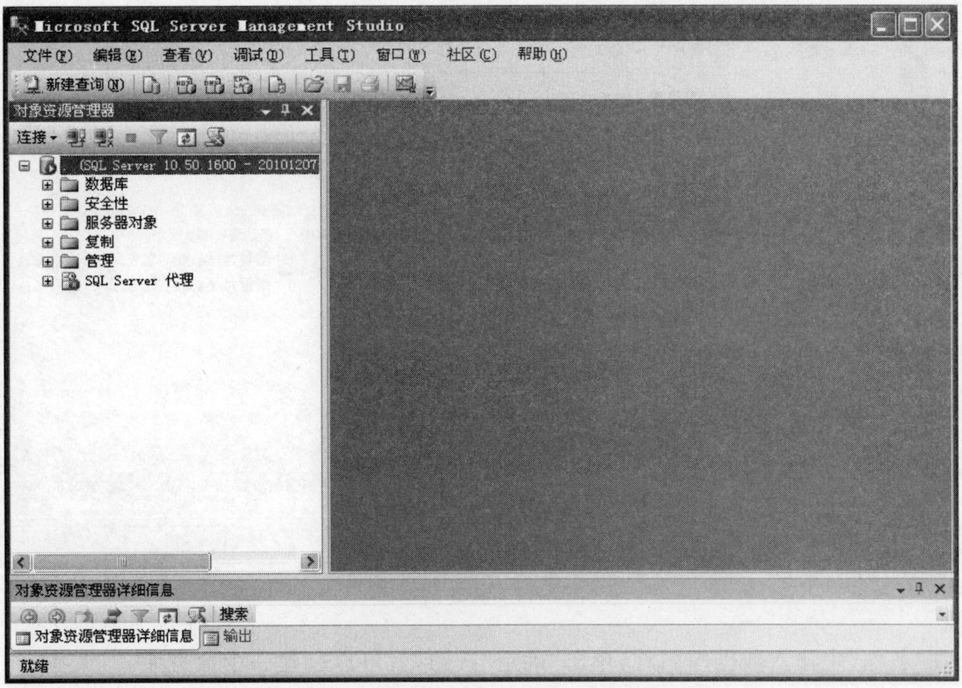

图 5-12 Microsoft SQL Server Management Studio 窗口

新建数据库的方法。在管理工具中展开左侧的管理目录，选择数据库，在右边空白处右击，选择“新建数据库”命令，如图 5-13 和图 5-14 所示。

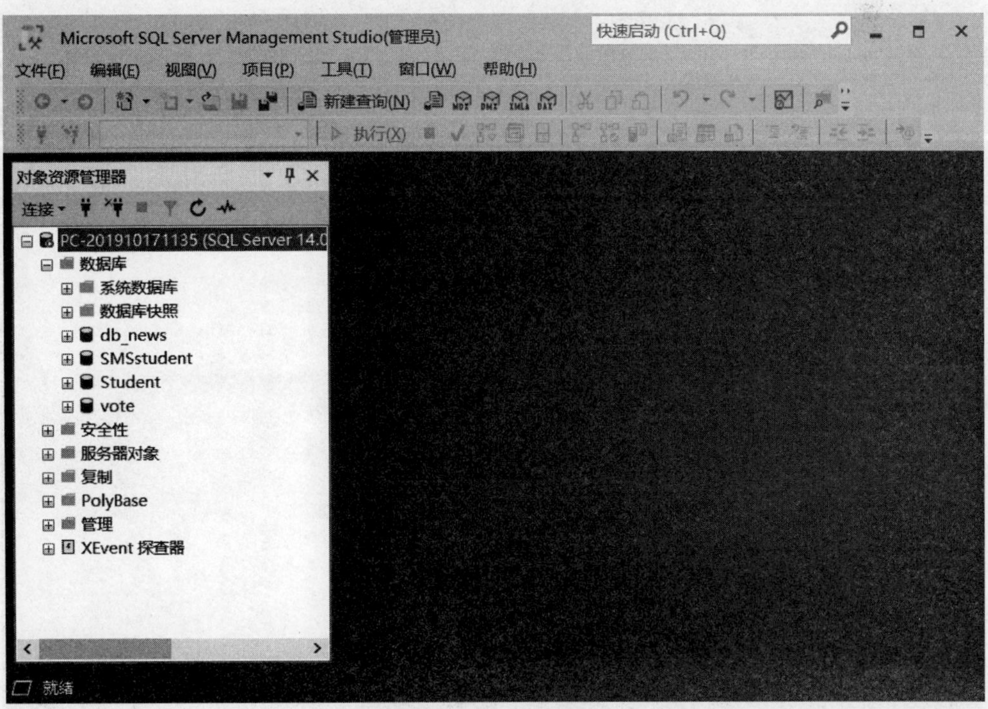

图 5-13 数据库节点

图 5-14 新建数据库

在“名称”中输入数据库名称,单击“确定”按钮,就可以创建一个数据库。

在窗口左边管理目录树中展开新建的数据库,单击展开“表”节点,出现如图 5-15 所示的界面。

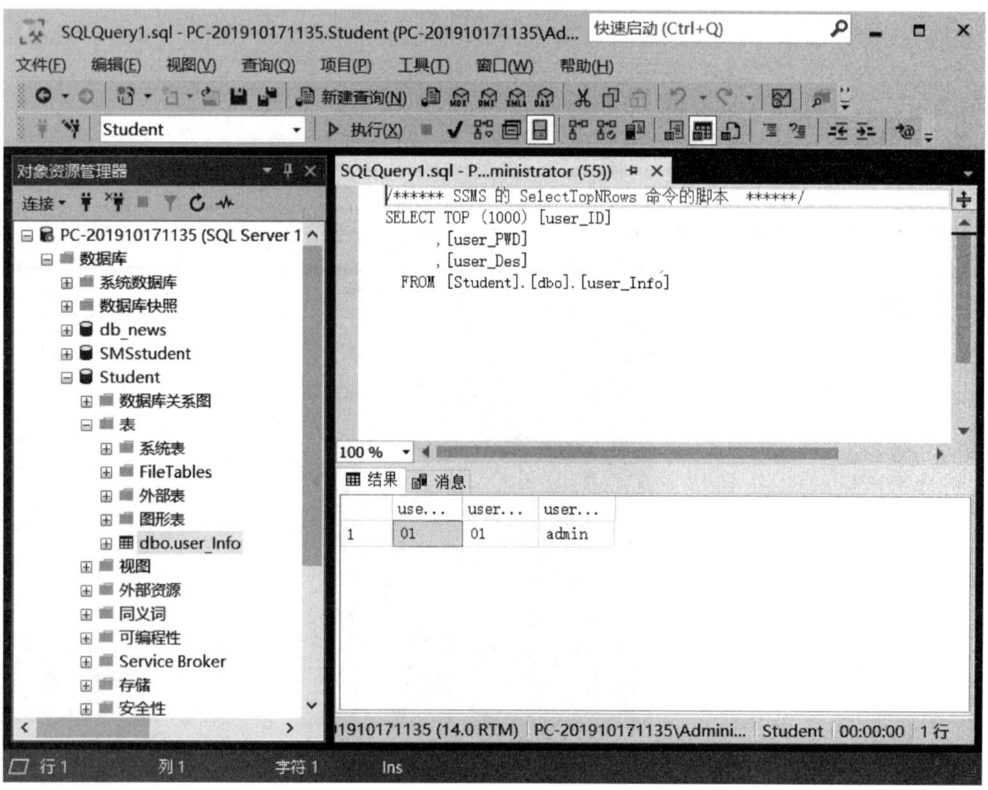

图 5-15 数据表的显示

本界面所展示的是当前数据库所包含的数据表，在右边空白处右击，选择“新建表”命令，出现如图 5-16 所示的创建数据表的界面。

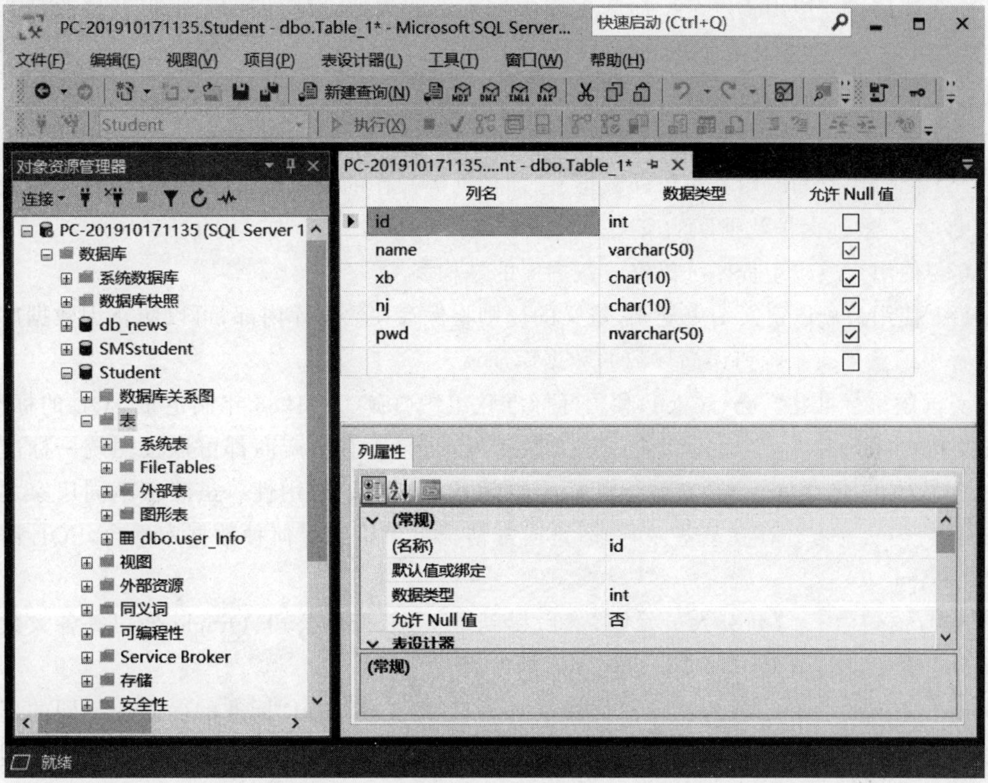

图 5-16　设计表

输入列名，选择数据类型和长度，单击“保存”按钮，会有如图 5-17 所示的提示。

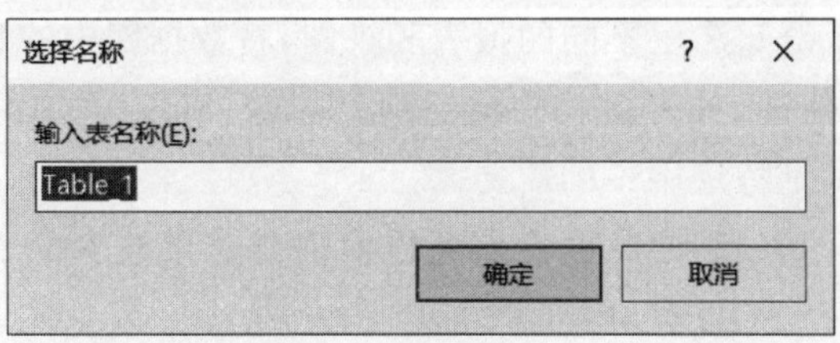

图 5-17　保存表的提示

输入表名并单击“确定”按钮，就可以创建一张数据表了。

5.1.3　使用常见的 SQL 语句

SQL 语句是与数据库管理系统(DBMS)进行通信的一种语言和工具，它可将 DBMS 的组件联系在一起。SQL 语句可以为用户提供强大的功能，使用户可以方便地进行数据库的管理、数据的操作。通过 SQL 命令，程序员或数据库管理员(DBA)可以完成以下功能。

(1) 建立数据库的表格。

(2) 改变数据库系统环境设置。

(3) 让用户自己定义所存储数据的结构,以及所存储数据各项之间的关系。

(4) 让用户或应用程序可以向数据库中增加新的数据、删除旧的数据以及修改已有数据,能有效地支持数据库数据的更新。

(5) 使用户或应用程序可以从数据库中按照自己的需要查询数据并组织使用它们,其中包括子查询、查询的嵌套、视图等复杂的检索。

(6) 能对用户和应用程序访问数据、添加数据等操作的权限进行限制,以防止未经授权的访问,可有效地保护数据库的安全。

(7) 使用户或应用程序可以修改数据库的结构。

(8) 使用户可以定义约束规则,定义的规则将保存在数据库内部,可以防止因数据库更新过程中的意外或系统错误而导致的数据库崩溃。

美国国家标准化学会(ANSI)和国际标准化组织(ISO)在 1986 年制定了 SQL 的标准,并在 1989 年、1992 年与 1999 年进行了 3 次扩展,使得所有生产商都可以按照统一标准实现对 SQL 的支持,SQL 语言在数据库厂家之间具有广泛的适用性。虽然在不同厂家之间 SQL 语言的实现方式存在某些差异,但是通常情况下无论选择何种数据库平台,SQL 语言都保持相同。

SQL 语句由 IBM 研究人员发明,然后得到了 Microsoft 公司、Oracle 公司等各大数据库软件公司的支持,保证了 SQL 语句今后的发展。

所有主流的 DBMS 软件供应商均提供对 SQL 的支持,SQL 标准的确立使不同的厂商可以独立地进行 DBMS 软件的设计。查询、报表生成器等数据库工具能在许多不同类型的 SQL 数据库中使用。

基于 SQL 语句的数据库产品能在不同计算机上运行,也支持在不同的操作系统上运行,还可以通过网络进行访问和管理。

可以通过使用 SQL 语句产生不同的报表和视图,将数据库中的数据从用户所需的角度显示在用户面前供用户使用,具有很大的灵活性。同时,SQL 语句的视图功能也能提高数据库的安全性,并且能满足特定用户的需要。

面向对象编程技术的兴起,使数据库市场也面临着对象技术的引入,各个 SQL 数据库生产商也正在扩展和提高 SQL 对对象的支持。

1. 表的建立

关系数据库的主要特点之一就是用表的方式组织数据。表是 SQL 语言存放数据、查找数据以及更新数据的基本数据结构。在 SQL 语言中,表有严格的定义,它是一种二维表,对于这种表有以下规定。

(1) 每一张表都有一个名字,通常称为表名或关系名。表名必须以字母开头,最大长度为 30 个字符。

(2) 一张表可以由若干列组成,列名唯一,列名也称作属性名。

(3) 表中的一行称为一个元组,它相当于一条记录。

(4) 同一列的数据必须具有相同的数据类型。

(5) 表中的每一个列值必须是不可分割的基本数据项。

注意 当用户需要新的数据结构或表存放数据时，首先要生成一张表。

语法如下。

```
CREATE TABLE 表名 [表约束]
列名 1 数据类型 [默认值 1,列约束 1]
列名 2 数据类型 [默认值 2,列约束 2]
…
列名 n 数据类型 [默认值 n,列约束 n]
[TABLESPACE 表空间名称]
[STORAGE (存储的子句)]
[ENABLE 约束名]
[DISABLE 约束名]
```

2. 插入数据

当一张表新建成时，它里面没有数据，通过向表中插入数据，可以建成表的实例。

语法如下。

```
INSERT INTO 表名[(列名 1, …)]
VALUES(值 1,值 2, …,值 n)
[子查询];
```

假设有一张 Student 数据表，如表 5-1 所示。

表 5-1 Student 数据表

NO	NAME	AGE
1001	A	12
1002	B	14

将新学生 E 增加到上表中，并按照表的结构将信息添加完整，需要以下语句。

```
INSERT INTO STUDENT VALUES(1003, 'E',12);
```

3. 修改数据

对表中已有数据进行修改，语法如下。

```
UPDATE 表名 SET 列名 1 = 表达式 1,列名 2 = 表达式 2, … WHERE 条件;
```

例如，对 Student 数据表修改数据，将 B 的年龄改为 18 岁，应该执行以下语句。

```
UPDATE STUDENT SET AGE = 18 WHERE NAME = 'B';
```

4. 删除数据

删除表中已有数据，不能删除不存在的数据。

语法如下。

```
DELETE FROM 表名 WHERE 条件;
```

例如：

对 Student 数据表进行删除操作，删除其中年龄为 12 岁的学生。

```
DELETE FROM STUDENT WHERE AGE = 12;
```

5. 表结构的修改

在已存在的表中增加新列,语法如下。

```
ALTER TABLE 表名 ADD(新列名 数据类型(长度));
```

例如:

```
ALTER TABLE STUDENT ADD (DEPARTMENT CHAR(8));
```

要修改已有列的数据类型,语法如下。

```
ALTER TABLE STUDENT MODIFY(NAME VARCHAR2(25));
```

6. 表的删除

将已经存在的表删除,语法如下。

```
DROP TABLE 表名;
```

例如:

```
DROP TABLE EMP;
```

7. 查询语句

SELECT 命令的语法如下

```
SELECT[ALL|DISTINCT|DISTINCTROW|TOP]
{*|table.*|[table.]field1[AS alias1][,[table.]field2[AS alias2][,...]]}
FROM tableexpression[,...][IN externaldatabase]
[WHERE...]
[GROUP BY...]
[HAVING...]
[ORDER BY...]
```

例如,对于 Student 数据表进行以下操作。

(1) 查询年龄为 12 岁的学生姓名。

```
SELECT STUDENT.NAME FROM STUDENT WHERE AGE = 12;
```

(2) 查询年龄在 12~16 岁的学生姓名。

```
SELECT STUDENT.NAME FROM STUDENT WHERE AGE BETWEEN 12 AND 16;
```

(3) 查询年龄不在 12~16 岁的学生姓名。

```
SELECT STUDENT.NAME FROM STUDENT WHERE AGE NOT BETWEEN 12 AND 16;
```

(4) 查询所有姓名以 A 开头的学生的姓名。

```
SELECT STUDENT.NAME FROM STUDENT WHERE NAME LIKE 'A%';
```

(5) 列出所有学生年龄的和,年龄的平均值、最大值、最小值,以及最大值与最小值之间的差值。

```
SELECT AVG(AGE), SUM(AGE), MAX(AGE), MIN(AGE), MAX(AGE) - MIN(AGE);
```

(6) 将所有学生按学号顺序升序排列。

```
SELECT * FROM STUDENT ORDER BY NO DESC;
```

(7) 将所有学生按学号顺序降序排列。

```
SELECT * FROM STUDENT ORDER BY NO ASC;
```

任务 5.2　熟悉常用的 ADO.NET 对象

ADO. NET 给 SQL Server 和 XML 等数据源以及通过 OLE DB 和 XML 公开的数据源提供了一致的数据访问。数据使用者的应用程序可以使用 ADO. NET 来连接到这些数据源,并可实现查询、处理和更新所包含的数据。ADO. NET 通过数据处理将数据访问分解为多个可以单独使用或一前一后使用的不连续组件。ADO. NET 包含用于连接的数据库和. NET Framework 数据提供程序,可以直接处理检索到的结果,或将结果放入 ADO. NET 的 DataSet 对象中,以便于来自多个数据源的数据组合在一起。ADO. NET 的 DataSet 对象也可以独立于. NET Framework 数据提供程序使用,以管理应用程序本地的数据或 XML 数据源。

5.2.1　使用 OleDbConnection 对象建立数据库连接

1. 要求和目的

要求：制作如图 5-18 所示的界面,分别将该应用程序连接到 Access 数据库和 SQL Server 数据库。单击“连接 Access 数据库”按钮,测试是否连接到 Access 数据库；单击“连接 SQL Server 数据库”按钮,测试是否连接到 SQL Server 数据库。

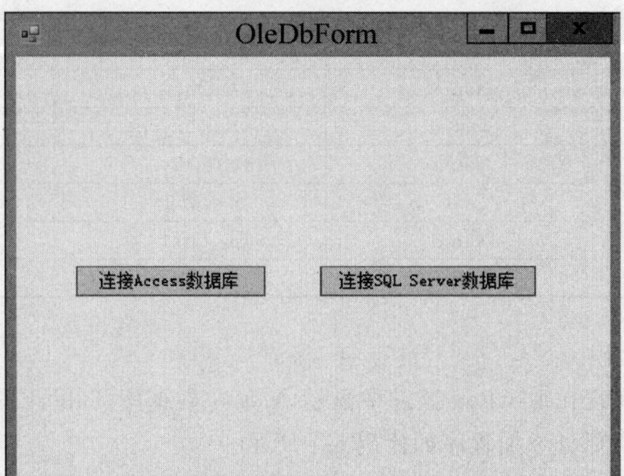

图 5-18　程序运行界面

目的：

- 了解 Connection 对象的基本属性；
- 掌握 OleDbConnection 对象的基本用法。

2. 设计步骤

第一步：设计界面

启动 Visual Studio 2019，选择菜单中的“文件”→“新建项目”命令后，弹出“新建项目”对话框，在“项目类型”一栏中选择 Visual Basic，在“名称”文本框中输入“5-1-1”，然后单击“确定”按钮，完成项目的创建。

项目创建之后，打开 Form 窗体的设计界面，在窗体中添加一个 ListBox 控件和一个 Button 按钮控件，并调整控件的大小和位置，效果如图 5-19 所示。

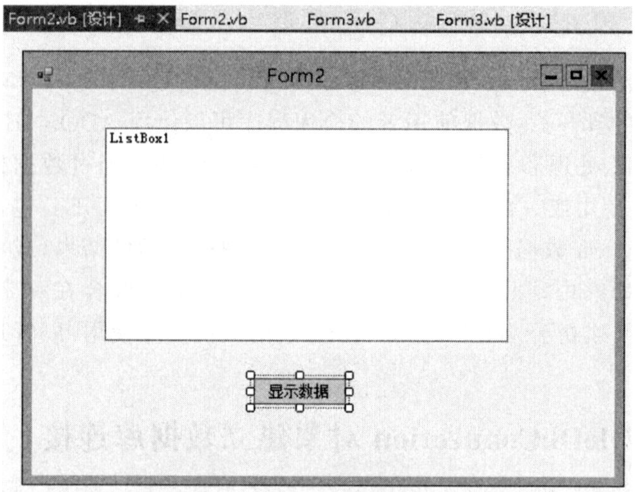

图 5-19 设计界面

设置窗体及添加的控件的主要属性如表 5-2 所示。

表 5-2 属性设置

控　　件	属　性	属　性　值	备　　注
Form 窗体	Name	OleDbForm	窗体名称
	Text	OleDbForm	窗体标题
Button1	Name	Button1	按钮名称
	Text	显示数据	按钮标题
ListBox1	Name	ListBox1	列表框名称
	Text		列表框标题

第二步：编写代码

下面添加代码实现在 ListBox 控件中显示 Access 数据库 Table1 的所有数据。

在窗体类的声明部分添加程序如代码 5-1 所示。

代码 5-1：全局变量定义

```
Public Class OleDbForm
    Dim conn As OleDb.OleDbConnection = New OleDb.OleDbConnection
    Dim cmd As OleDb.OleDbCommand = New OleDb.OleDbCommand
    Dim datareader As OleDb. OleDbDataReader
End Class
```

该段代码中定义了三个 OLE DB 数据库对象,创建并实例化了 OleDbConnection 对象和 OleDbCommand 对象,声明了 OleDbDataReader 对象,但没有实例化,因为 OleDbDataReader 没有构造函数。

在窗体的加载事件中添加代码,以实现初始化 OLE DB 对象等操作,程序如代码 5-2 所示。

代码 5-2:OleDbForm_Load 事件

```
Private Sub OleDbForm_Load(ByVal sender As System.Object, ByVal e As System.EventArgs) Handles
MyBase.Load
    conn.ConnectionString = "Provider = Microsoft.Jet.OLEDB.4.0;Data Source = db1.mdb"
    cmd.CommandText = "Select * from table"
    cmd.Connection = conn
    conn.Open()
    datareader = cmd.ExecuteReader()
    ListBox1.Items.Add("用户编号" & "用户名" & "用户身份")
End Sub
```

在按钮的单击事件中添加程序如代码 5-3 所示,用于显示数据库的记录。

代码 5-3:按钮的单击事件

```
Private Sub Button1_Click(ByVal sender As System.Object, ByVal e As System.EventArgs) Handles
Button1.Click
    Do While datareader.Read()
    ListBox1.Items.Add(datareader(0).ToString() & "," & datareader(1).ToString() & "," &
    datareader(2))
    Loop
End Sub
```

在创建项目并编写完程序之后,需要保存该项目,单击工具栏中的"保存全部"按钮,在弹出的对话框中输入项目的保存路径,单击"保存"按钮完成项目的保存。

3. 相关知识点

(1) OleDbConnection 对象主要的作用是开启程序和数据库之间的连接

如果没有连接对象将数据库打开,是无法从数据库中取得数据的。OleDbConnection 对象位于 ADO.NET 的最底层,可以自己创建 OleDbConnection 对象,或是由其他的对象自动生成。要操作数据库,必须先使用 OleDbConnection 连接到数据库,再创建 OleDbConnection 查询。使用以下语句创建 OleDbConnection 对象 conn。

```
Dim conn As OleDb.OleDbConnection = New OleDb.OleDbConnection.ConnectionString
```

也可以通过构造函数来创建,代码如下。

```
Dim conn As OleDb.OleDbConnection = New OleDb.OleDb.OleDbConnection.ConnectionString
("Provider = Microsoft.Jet.OLEDB.4.0;Data Source = db1.mdb")
```

(2) OleDbConnection 对象常用的属性。

ConnectionString 属性:该属性获取或设置用于打开数据库的字符串,格式如下。

```
Public OverLoads Property ConnectionString() As String
```

返回一个字符串类型值。下面的代码创建一个 OleDb.OleDbConnection 对象 conn,设置其属性为连接 Access 数据库 db1.mdb 的字符串。

```
conn.ConnectionString = "Provider = Microsoft.Jet.OLEDB.4.0;Data Source = db1.mdb"
```

ConnectionTimeOut 属性：该属性获取或尝试建立连接时终止尝试并产生错误之前所等待的时间，格式如下。

```
Public Overrides ReadOnly Property ConnectionTimeOut() As Integer
```

ReadOnly 指定该属性是只读属性，只能获取而不能对其进行设置，并返回一个 Integer 类型值。以下语句用 time1 获取连接数据库错误而终止的时间。

```
Dim time1 As Integer = conn.ConnectionTimeOut
```

DataBase 属性：该属性获取当前数据库或连接、打开后要使用的数据库的名称，也是只读属性，返回 String 字符串类型值，格式如下。

```
Public Overrides ReadOnly Property DataBase() As String
```

以下语句字符串变量 database 获取连接对象 conn 连接数据库的名称。

```
Dim database As String = conn.Database
```

State 属性：该只读属性获取当前的数据库连接状态，返回一个状态类型 ConnectionState 值，格式如下。

```
Public Overrides ReadOnly Property State() As System.Data.ConnectionState
```

以下语句中 state 变量获取当前的数据库连接状态。

```
Dim state As Data.ConnectionState = conn.State
```

Provider 属性：该属性获取在连接字符串的“Provider=”子句中指定的 OLE DB 提供程序的名称，格式如下。

```
Public ReadOnly Property Provider() As String
```

(3) OleDbConnection 对象常用的方法

Close()方法：该方法关闭数据源的连接，一般用法如下。

```
conn.Close()
```

CreateCommand()方法：该方法创建并返回一个与 Connection 关联的 Command 对象，格式如下。

```
OleCommand Command = connection.CreateCommand()
```

Open()方法：该方法打开 Connection 对象的 ConnectionString 属性所指定的数据库的连接，一般用法如下。

```
conn.Open()
```

Dispose()方法：该方法释放 System.ComponentModel.Component 使用的所有资源，一般用法如下。

```
conn.Dispose()
```

5.2.2 使用 SqlConnection 对象和 DataTable 对象

1. SqlConnection 对象

(1) SqlConnection 对象概述

SqlConnection 对象类似 OLE DB 中的 OleDbConnection 对象，SqlConnection 与 SqlDataAdapter 和 SqlConnection 一起使用，可以在连接 Microsoft SQL Server 数据库的时候提高性能。

当创建 SqlConnection 实例时，所有属性都设置为初始值。

SqlConnection 对象的构造方法有两种，格式如下。

```
SqlConnection()        '空参数构造方法
SqlConnection(Dim connectionString As String)
```

参数 connectionString 是连接 SQL Server 数据库的字符串，以下语句使用没有参数的构造函数来创建一个实例。

```
Dim conn As SqlClient.SqlConnection = New SqlClient.SqlConnection
```

SqlConnection 对象的常用属性有 ConnectionString、ConnectionTimeOut、DataBase、DataSource 和 State 等，都和 OleDbConnection 对象相同。

(2) SqlConnection 对象常用的方法

ChangeDatabase()方法：该方法为打开的数据库连接更改数据库，格式如下。

```
Public Overrides Sub ChangeDatabase(database As String)
```

ChangePassword()方法：该方法更改连接字符串中指示的用户的 SQL Server 密码，格式如下。

```
Public Shared Sub ChangePassword(connectionString As String, newPassword As String)
```

ClearAllPools()/ClearPool()方法：ClearAllPools()方法清空连接池。

Close()方法：该方法关闭与 SQL Server 数据库的连接。CreateCommand()方法用来创建一个 SqlCommand 对象，Dispose()方法释放资源，Open()方法打开与 SQL Server 的连接。

2. DataTable 对象

(1) DataTable 对象的构造方法

DataTable 具有两个构造方法，分别是有参数的和没有参数的。可以使用构造方法创建 DataTable 并实例化，代码如下。

```
Dim dt As DataTable = New DataTable()
```

或者

```
Dim dt As DataTable = New DataTable(tablename As String)
```

其中有参数的构造方法的参数 tablename 指定需要创建的表的名称。

(2) DataTable 对象常用的属性

CaseSentives 属性：该属性指定表中的字符串比较时是否区分大小写，会返回一个

Boolean 类型的值。

ChildRelations 属性：该属性获取此表中子关系的集合。

Columns 属性：该属性获取属于此表中列的集合。

Constriants 属性：该属性获取属于此表中约束的集合。

DataSet 属性：该属性获取此表所属的 DataSet。

DefaultView 属性：该属性获取可能包含选择视图或游标位置的表的自定义视图。

DisplayExpression 属性：该属性获取或设置一个表达式，该表达式返回的值表示用于界面中的这张表，返回一个 String 类型的值。

ExtendedProperties 属性：该属性获取自定义用户信息的集合。

PrimaryKey 属性：该属性获取或设置充当数据表主键的列的数组，返回一个 DataColumn 类型值。

Rows 属性：该属性获取属于该表的行的集合，返回类型为行集合类型 DataRowCollection。

TableName 属性：该属性获取或设置 DataTable 的名称，返回类型为 String 类型。

(3) DataTable 对象常用的方法

Clear()方法：该方法清除表的内容。

Clone()方法：该方法复制 DataTable 的结构，包括所有表的结构和约束，返回类型为表类型。

Copy()方法：该方法复制该表的结构和数据，返回一张数据表(DataTable)。

GetErrors()方法：该方法获取包含错误的 DataRow 对象的数组，返回 DataRow 类型的数组。

NewRow()方法：该方法创建与该表具有相同结构的新的 DataRow 对象，返回一个 DataRow 对象。

(4) DataTable 对象常用的事件

ColumnChanged 事件：该事件在列的内容被改变之后触发。

ColumnChanging 事件：该事件在列的内容被改变之前触发。

RowChanged 事件：该事件在行被改变之后触发。

RowChanging 事件：该事件在行被改变之前触发。

RowDeleted 事件：该事件在行被删除之后触发。

RowDeleting 事件：该事件在行被删除之前触发。

5.2.3 使用 DataSet 对象

(1) DataSet 对象常见的属性

CasesSensitive 属性：该属性用于控制 DataTable 中的字符串比较时是否区分大小写，并返回 Boolean 类型值。

DataSetName 属性：该属性是当前 DataSet 的名称，如果不指定，则该属性的值设置为 NewDataSet。如果将 DataSet 内容写入 XML 文件中，则 DataSetName 是 XML 文件的根节点名称。

DesignMode 属性：如果在设计时使用组件中的 DataSet，DesignMode 返回 True，否则返回 False。

HasErrors 属性：该属性表示 DataSet 中的 DataRow 对象是否包含错误。如果将一批更改提交给数据库并将 DataAdapter 对象的 ContinueUpdateOnError 属性设置为 True，则在提交更改后必须检查 DataSet 的 HasErrors 属性，以确定是否有更新失败。

Tables 属性：该属性检查现有的 DataTable 对象，通过索引访问 DataTable，可以提高性能。

(2) DataSet 对象常用的方法

AcceptChanges 和 RejectChanges 方法：接受或放弃 DataSet 中所有挂起的更改。调用 AcceptChanges 时，RowState 属性值为 Added 或 Modified 的所有行的 RowState 属性都将被设置为 UnChanged。任何标记为 Deleted 的 DataRow 对象将被从 DataSet 中删除，其他修改过的 DataRow 对象将返回到前一状态。

Clear()方法：该方法清除 DataSet 中的所有 DataRow 对象。该方法比释放一个 DataSet 然后再创建一个相同结构的新 DataSet 要快一些。

Copy()和 Clone()方法：使用 Copy()方法会创建与原 DataSet 具有相同结构和相同行的新 DataSet。使用 Clone()方法会创建具有相同结构的新 DataSet，但不会包含任何行。

GetChanges()方法：该方法返回与原 DataSet 对象具有相同结构的新 DataSet，并且包含原 DataSet 中所有挂起更改的行。

Merge()方法：从另一个 DataSet、DataTable 或现有 DataSet 中的一组 DataRow 对象中载入数据。

Reset()方法：将 DataSet 返回到未初始化状态，如果想放弃现有 DataSet 并且开始处理新的 DataSet，使用 Request()方法比创建一个 DataSet 的新实例好。

5.2.4 使用 DataRow 对象

1. 要求和目的

要求：设计如图 5-20 所示的界面，要求单击"建表"按钮时，可以建立数据表；单击"显示"按钮时，可以将建立的数据表显示在 ListBox 控件中；单击"编辑"按钮时，可以出现如图 5-21 和图 5-22 所示的输入框，输入需要编辑的数据；单击"删除"按钮时，可以将数据表中的数据删除。

目的：掌握 DataTable 对象的使用方法。

2. 设计步骤

第一步：界面设计

打开 Visual Studio 2019 编程环境，创建一个名称为 5-2-3 的 Visual Basic Windows 应用程序。首先修改 Form 窗体的名称为 DTForm。在窗体中添加一个 ListBox 列表框控件，显示表中的数据。再添加 4 个按钮控件。设置窗体的主要属性如表 5-3 所示。

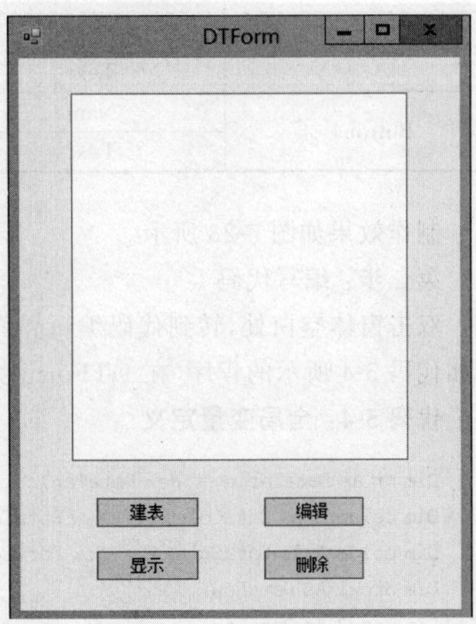

图 5-20　程序运行界面

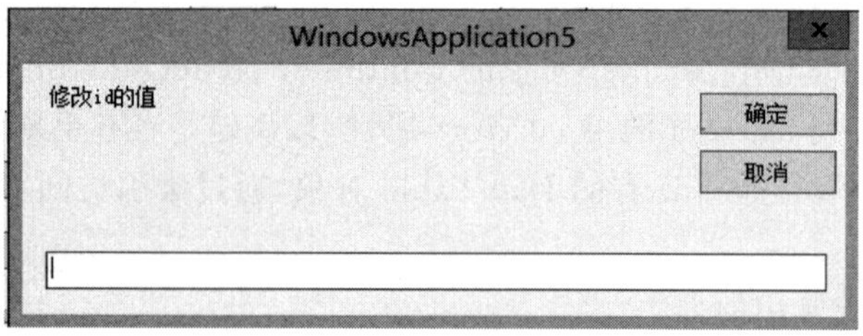

图 5-21　输入框(1)

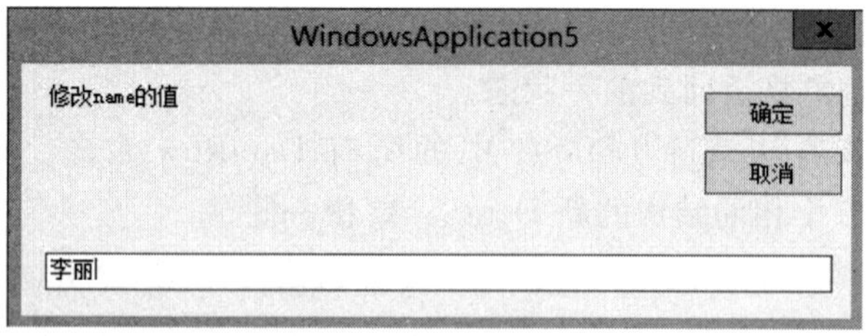

图 5-22　输入框(2)

表 5-3　属性设置

控　　件	属　性	属　性　值	备　　注
DTForm	Name	DTForm	窗体名称
	Text	DTForm	窗体标题
ListBox1	Name	ListBox1	列表框名称
	Text		列表框标题
Button1	Name	Button1	“建表”按钮
	Text	建表	
Button2	Name	Button2	“显示”按钮
	Text	显示	
Button3	Name	Button3	“编辑”按钮
	Text	编辑	
Button4	Name	Button4	“删除”按钮
	Text	删除	

制作效果如图 5-23 所示。

第二步：编写代码

双击窗体空白处，转到代码编辑界面，在窗体代码中添加代码。首先声明全局变量。添加如代码 5-4 所示的程序(在 DTForm 类中添加)。

代码 5-4：全局变量定义

```
Dim dt As DataTable = New DataTable
Dim column1 As DataColumn = New DataColumn
Dim column2 As DataColumn = New DataColumn
Dim drow1 As DataRow
Dim drow2 As DataRow
Dim drow3 As DataRow
```

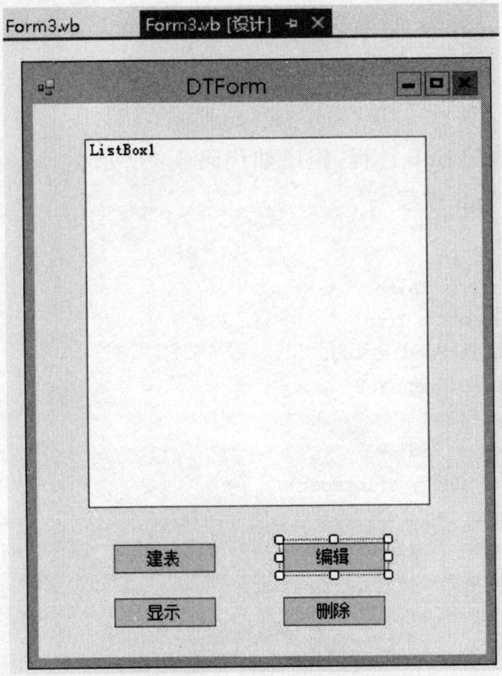

图 5-23 设计界面

上述代码用来创建表 dt,表中的两个列 Column1 和 Column2 以及三行数据 drow1、drow2 和 drow3。

双击“建表”按钮,进入该按钮的单击事件,添加程序如代码 5-5 所示。

代码 5-5:“建表”按钮的单击事件

```
Private Sub Button1_Click(ByVal sender As System.Object, ByVal e As System.EventArgs) Handles
Button1.Click
    dt.TableName = "table1"    '设置表名
    Dim ds As DataSet = New DataSet
    ds.Tables.Add(dt)
    '把新建的表 table1、table2 和 table3 添加到数据集中,也可以这样 ds.Tables.Add("table1")
    addcolumn1()
    addcolumn2()               '设置列属性的 sub 过程
    dt.Columns.Add(column1)
    dt.Columns.Add(column2)
    drow1 = dt.NewRow
    drow1("id") = "1000"       'CInt(InputBox("输入 id,Integer 类型"))
    drow1("name") = "小李"     'InputBox("输入 name,String 类型")
    drow2 = dt.NewRow
    drow2("id") = "1001"       'CInt(InputBox("输入 id,Integer 类型"))
    drow2("name") = "小明"     'InputBox("输入 name,String 类型")
    drow3 = dt.NewRow
    drow3("id") = "1002"       'CInt(InputBox("输入 id,Integer 类型"))
    drow3("name") = "小红"     'InputBox("输入 name,String 类型")
    dt.Rows.Add(drow1)
```

```
    dt.Rows.Add(drow2)
    dt.Rows.Add(drow3)
    MessageBox.Show("创建了表" & dt.TableName)
End Sub
```

同时需要定义列属性的 Sub 过程，程序如代码 5-6 所示。

代码 5-6：列属性的 Sub 过程

```
Sub addcolumn1()
    column1.AllowDBNull = False
    column1.AutoIncrement = True
    column1.AutoIncrementSeed = 1000
    column1.AutoIncrementStep = 2
    column1.Caption = "学号"
    column1.ColumnName = "id"
    column1.DataType = GetType(Integer)
    column1.DefaultValue = "1000"
    column1.Expression = "id * 10"
    column1.MaxLength = 10
    column1.ReadOnly = False
End Sub
Sub addcolumn2()
    column2.AllowDBNull = False
    column2.AutoIncrement = True
    column2.AutoIncrementSeed = 1000
    column2.AutoIncrementStep = 2
    column2.Caption = "姓名"
    column2.ColumnName = "name"
    column2.DataType = GetType(String)
    column2.DefaultValue = "null"
    column1.Expression = "id * 10"
    column2.MaxLength = 10
    column2.ReadOnly = False
End Sub
```

双击“显示”按钮，进入该按钮的单击事件，添加程序如代码 5-7 所示。

代码 5-7：“显示”按钮的单击事件

```
Private Sub Button2_Click(ByVal sender As System.Object, ByVal e As System.EventArgs) Handles
Button2.Click
    dis()
End Sub
```

同时，添加 dis()过程的程序如代码 5-8 所示。

代码 5-8：dis()过程

```
Sub dis() '显示的过程
    Dim rows1(2) As Object
    Dim rows2(2) As Object
    Dim rows3(2) As Object
    Dim i As Integer = 0
```

```
    For i = 0 To 1
        rows1(i) = drow1.Item(i)
        rows2(i) = drow2.Item(i)
        rows3(i) = drow3.Item(i)
    Next
    ListBox1.Items.Add(rows1(0) & rows1(1))
    ListBox1.Items.Add(rows2(0) & rows2(1))
    ListBox1.Items.Add(rows3(0) & rows3(1))
    If Button1.Enabled = True Then
        Button1.Enabled = False
    End If
    ListBox1.SelectedIndex = 0
End Sub
```

双击“编辑”按钮，进入该按钮的单击事件，添加程序如代码 5-9 所示。

代码 5-9：“编辑”按钮的单击事件

```
Private Sub Button3_Click(ByVal sender As System.Object, ByVal e As System.EventArgs) Handles
Button3.Click
    edit()
End Sub
```

同时，添加 edit()过程的程序如代码 5-10 所示。

代码 5-10：edit()过程

```
Sub edit() '编辑的过程
    Dim selectrow As Integer
    selectrow = ListBox1.SelectedIndex
    If ListBox1.SelectedIndex > 2 Then
        selectrow = ListBox1.SelectedIndex Mod 3
    End If
    Dim editrow As DataRow = dt.Rows(selectrow)
    editrow.BeginEdit()
    editrow("id") = InputBox("修改 id 的值")
    editrow("name") = InputBox("修改 name 的值")
    editrow.EndEdit()
    dis()
End Sub
```

双击“删除”按钮，进入该按钮的单击事件，添加程序如代码 5-11 所示。

代码 5-11：“删除”按钮的单击事件

```
Private Sub Button4_Click(ByVal sender As System.Object, ByVal e As System.EventArgs) Handles
Button4.Click
    del()
End Sub
```

同时，添加 del()过程的程序如代码 5-12 所示。

代码 5-12：del()过程

```
Sub del()
    Dim selectrow As Integer
```

```
        selectrow = ListBox1.SelectedIndex
        If ListBox1.SelectedIndex > 2 Then
            selectrow = ListBox1.SelectedIndex Mod 3
        End If
        Dim delrow As DataRow = dt.Rows(selectrow)
        dt.Rows.Remove(delrow)
        ListBox1.Items.Remove(ListBox1.SelectedItem)
        MessageBox.Show("第" & selectrow + 1 & "行被删除")
    End Sub
```

运行并调试程序,效果如图 5-24 所示。

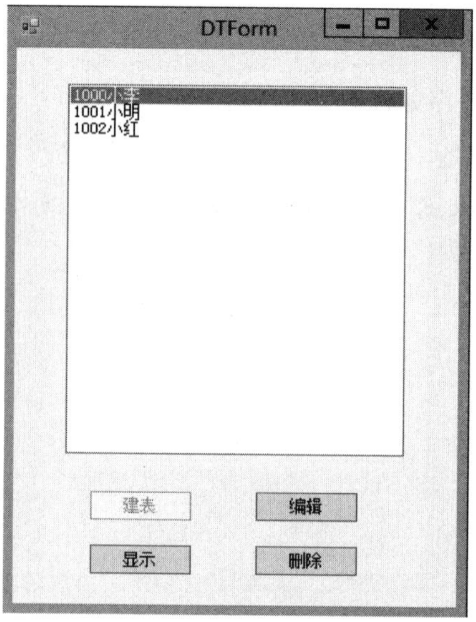

图 5-24 程序运行后的效果

3. 相关知识点

(1) DataRow 与 DataColumn 概述

DataRow 和 DataColumn 对象是 DataTable 的主要组件,使用 DataRow 对象及其属性和方法可以查询、插入、删除和更新 DataTable 的值。DataRowCollection 表示 DataTable 中的实际 DataRow 对象,DataColumnCollection 中包含用于描述 DataTable 结构的 DataColumn 对象,可以使用重载 Item 属性返回或设置 DataColumn 的值。

如果要创建新的 DataRow,可以调用 DataTable 对象的 NewRow()方法。创建新的 DataRow 之后,可以调用 Add()方法将新的 DataRow 添加到 DataRowCollection 中,最后调用 DataTable 的 AcceptChanges()方法以确定是否已添加。

可以通过调用 DataRowCollection 的 Remove()方法或调用 DataRow 对象的 Delete()方法,从 DataRowCollection 中删除 DataRow。Remove()方法将行从集合中删除。与此相反,Delete()方法标记要删除的 DataRow。

可以按照下面的步骤创建 DataRow,代码如下。

```
Dim drow As DataRow
Dim dt As DataTable = New DataTable
drow = dt.NewRow
drow("id") = "0001"
drow("name") = "张三"
dr.Rows.Add(drow)
```

(2) DataRow 对象常用的属性

HasError 属性:该属性确定行是否包含错误。

Item 属性:该属性通过指定行的列数、列的名称或 DataColumn 对象本身,访问列的内容。该方法有多种重载方式,格式如下。

```
Item(ColumnIndex As Integer) As Object
```

```
Item(ColumnName As String) As Object
Item(Column As DataColumn)As Object
```

RowError 属性：该属性获取或设置行的自定义错误信息的字符串。

RowState 属性：该属性返回 DataRowState 枚举中的值，表示行的当前状态。

Table 属性：该属性返回 DataRow 对象所在的 DataTable。

(3) DataRow 对象常用的方法

AcceptChanges()方法：该方法提交更改。

RejectChanges()方法：该方法放弃更改。

BeginEdit()方法：该方法使数据行进入编辑状态。

CancelEdit()方法：该方法取消行的编辑模式。

EndEdit()方法：该方法结束行的编辑模式。

ClearErrors()方法：该方法清除 DataRow 中所有的错误。

Delete()方法：该方法实际上并不从 DataRow 表的 Row 集合中删除该 DataRow。当调用 DataRow 对象的 Delete()方法时，ADO. NET 将该行标记为删除，之后调用 SqlDataAdapter 对象的 Update()方法删除其在数据库中对应的行。如果希望彻底删除 DataRow，可以先调用 Delete()方法，接着再调用 AcceptChanges()方法来删除 DataRow 对象，还可以调用 DataRowCollection 对象的 Remove()方法完成同样的操作。

IsNull()方法：该方法获取一个值，该值指示位于指定索引处的列是否包含空值，重载方法也有很多种，格式如下。

```
IsNull(columnIndex As Integer)As Boolean
IsNull(columnName As String)As Boolean
IsNull(column As DataColumn)As Boolean
```

任务5.3　设计个人信息管理系统

通过前面的学习，我们了解到 Visual Basic 具有强大的数据库操作功能。随着软件开发技术的发展，数据库的开发越来越重要，许多企业级的软件都应用了大型的数据库。其中 SQL Server 数据库应用较多。本实例将创建一个 Visual Basic. NET 数据库应用程序与 SQL Server 进行连接。

本书所使用的编程环境是 Microsoft Visual Studio。首先打开 Visual Studio 编程环境，创建一个 Visual Basic Windows 应用程序。在“名称”文本框中输入 MyDatabase，单击“确定”按钮，创建一个 Windows 应用程序。

(1) 打开窗体后首先选中 Form1 窗体，在项目菜单上选择“添加新项”。

在“添加新项”对话框中选择“SQL 数据库”。在“名称”文本框中输入 MyDatabase，再单击“添加”按钮，随后会出现“数据源配置向导”对话框，如图 5-25 所示。

(2) 在“数据源配置向导”中单击“取消”按钮。一个数据库 MyDatabase. mdf 将添加到项目中，并显示在“解决方案资源管理器”中。这里要说明一下，SQL Server 数据库中. mdf 是数据文件后缀名，而. ldf 是 SQL Server 数据库的日志文件。

图 5-25 “数据源配置向导”对话框

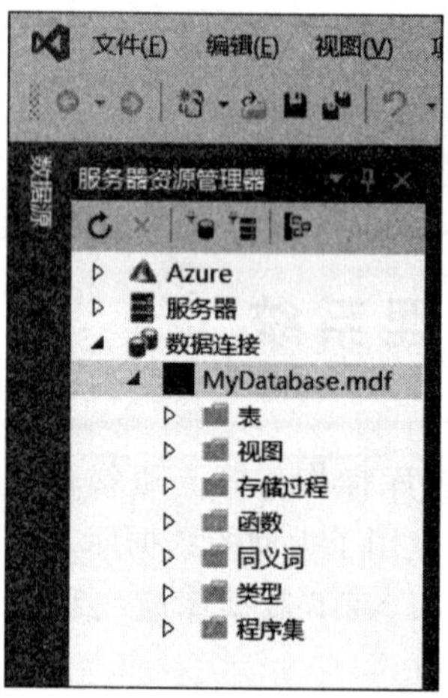

图 5-26 数据连接

现在已经为应用程序添加了一个数据库，但是现在数据库中没有任何信息，这时需要为数据库添加内容。在“视图”菜单上选择“服务器资源管理器”命令，展开数据连接，会看到 MyDatabase.mdf 文件，然后单击“+”号，全部展开节点，如图 5-26 所示。

然后选择“表”节点。在“数据”菜单上右击并选择“添加新表”命令，“表设计器”窗口随即被打开。在“属性”窗口中选择“名称”并输入 Mytable。在“表设计器”窗口中选择“列名”字段并输入姓名，数据类型为 nvarchar(50)，如图 5-27 所示。

现在已经定义了新表中的第一列。重复以上两步，用下面的值再添加以下几列。

“列名”：出生年月，数据类型为 nvarchar(50)。

“列名”：籍贯，数据类型为 nvarchar(50)。

“列名”：家庭地址，数据类型为 nvarchar(50)。

“列名”：部门，数据类型为 nvarchar(50)。

“列名”：工作职位，数据类型为 nvarchar(50)。

“列名”：联系电话，数据类型为 nvarchar(50)。

然后在“文件”菜单上选择“保存 Mytable”命令，这时表格创建完成，如图 5-28 所示。

现在已经建立了一张数据表，但是还没有添加一个主键，添加“主键”可以使记录不重复。步骤是：在“表设计器”中，清除“姓名”列的“允许空值”复选框。然后选中“姓名”列，右

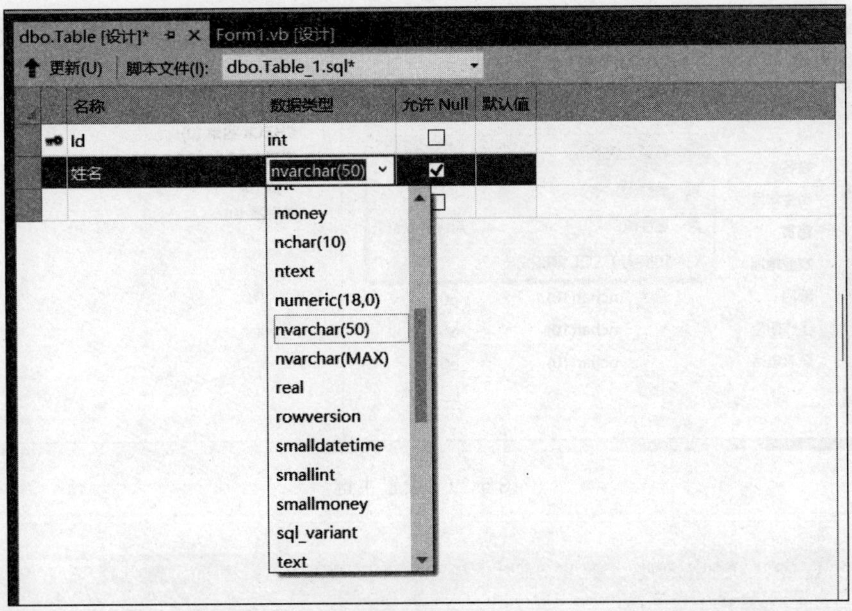

图 5-27　表设计器

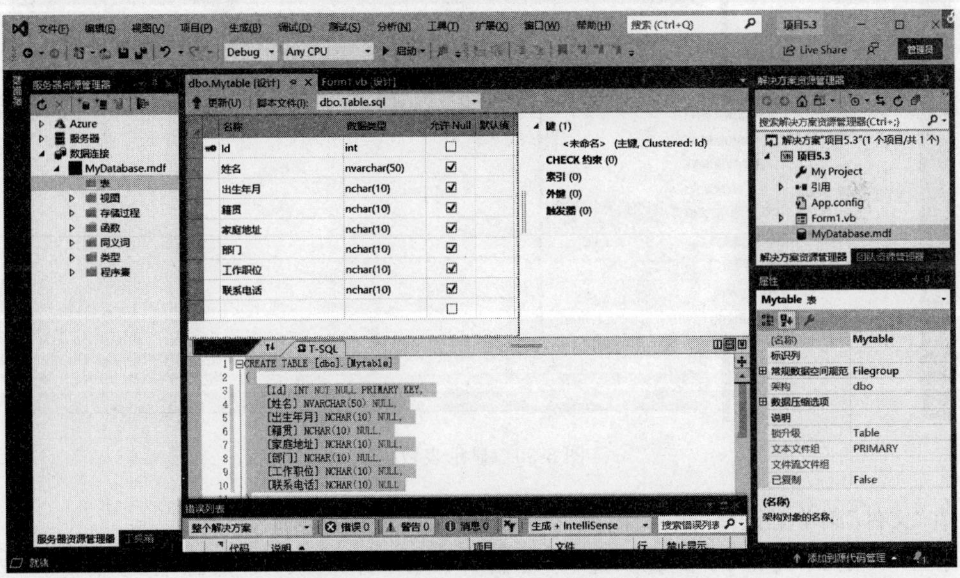

图 5-28　表格创建完成

击设置主键，左面将出现一个小的钥匙符号，该列将被设置为主键，如图 5-29 所示。

在“文件”菜单上选择“保存 Mytable”命令。现在已创建了一个包含 Mytable 表的数据库，当数据库有数据时才会有用。在“服务器资源管理器”中，展开“表”节点并选择 Mytable 节点，然后在“数据”菜单上选择“显示表数据”命令，该数据表窗口随即被打开，如图 5-30 所示。

在数据表窗口中，选择“姓名”字段并输入“张晓”，然后按以上步骤继续输入字段，如图 5-31 所示。

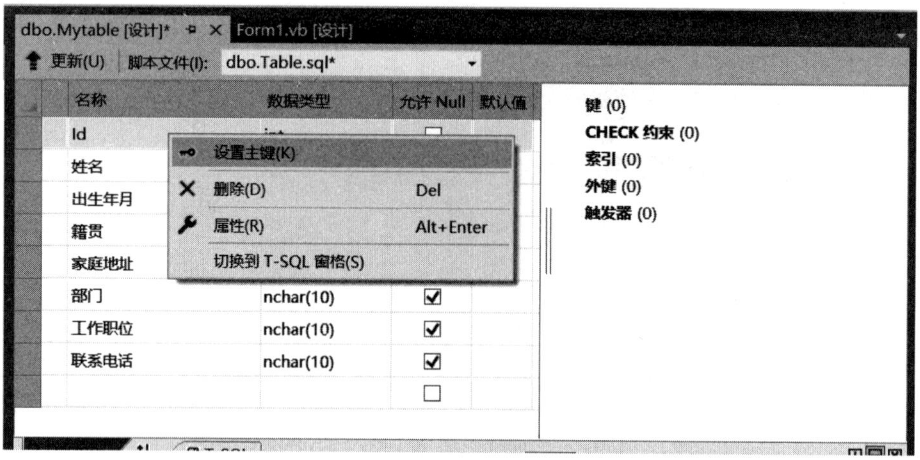

图 5-29　设置主键

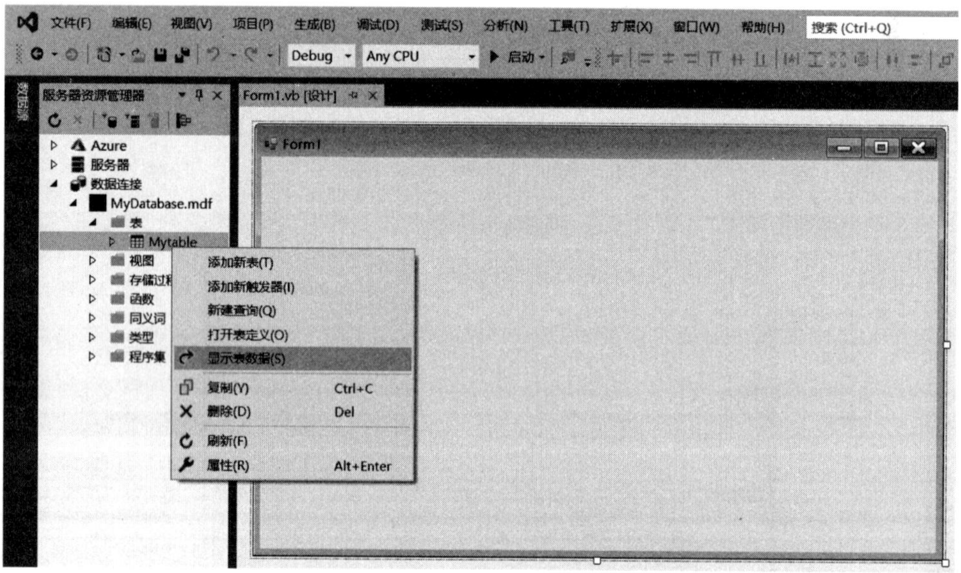

图 5-30　显示表数据

在“文件”菜单上选择“全部保存”命令，以保存项目和数据库。

接下来是最关键的步骤：连接数据库。在“解决方案资源管理器”中，选择 MyDatabase.mdf 节点，在“属性”窗口中选择“复制到输出目录”属性，然后将其值更改为“如果较新则复制”。在工具箱中单击“数据源”选项卡，在“数据源”窗口中单击“添加新数据源”选项，打开数据源配置向导对话框，如图 5-32 所示。选择“数据库”并单击“下一步”按钮，进入如图 5-33 所示的界面。在该界面中选择数据库模型为“数据集”，然后单击“下一步”按钮，进入如图 5-34 所示的界面。选择 MyDatabase.mdf，单击“下一步”按钮，进入如图 5-35 所示的界面，将连接字符串保存到应用程序配置文件，然后单击“下一步”按钮，进入如图 5-36 所示的界面。选择数据表，然后单击“完成”按钮。

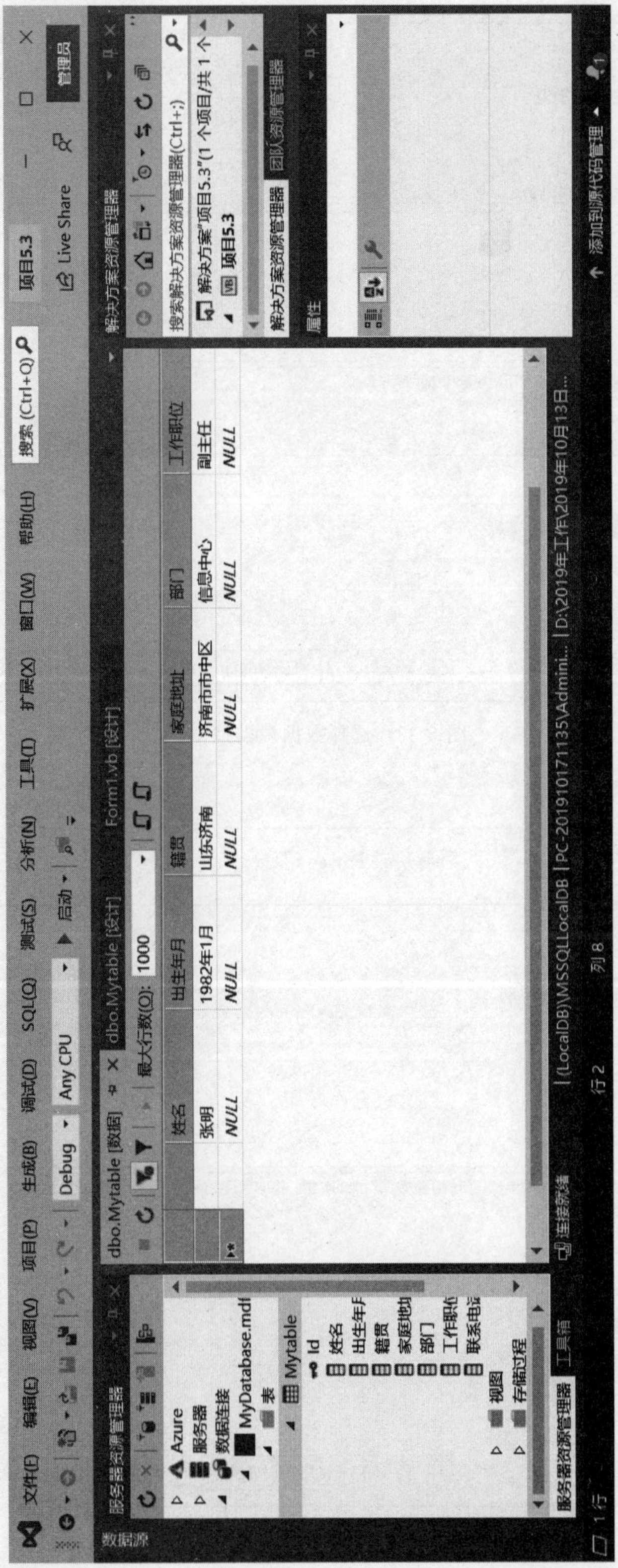
文件(F) 编辑(E) 视图(V) 项目(P) 生成(B) 调试(D) SQL(Q) 测试(S) 分析(N) 工具(T) 扩展(X) 窗口(W) 帮助(H)
搜索 (Ctrl+Q)
项目5.3
Live Share
管理员
Debug
Any CPU
启动
服务器资源管理器
Azure
服务器
数据连接
MyDatabase.mdf
表
Mytable
Id
姓名
籍贯
部门
视图
存储过程
dbo.Mytable [数据]
Form1.vb [设计]
最大行数(O): 1000
姓名
出生年月
籍贯
家庭地址
部门
工作职位
张明
1982年1月
山东济南
济南市市中区
信息中心
副主任
NULL
解决方案资源管理器
解决方案'项目5.3'(1 个项目/共 1 个)
项目5.3
团队资源管理器
属性
连接就绪
行 2
列 8
添加到源代码管理

图 5-31　输入字段

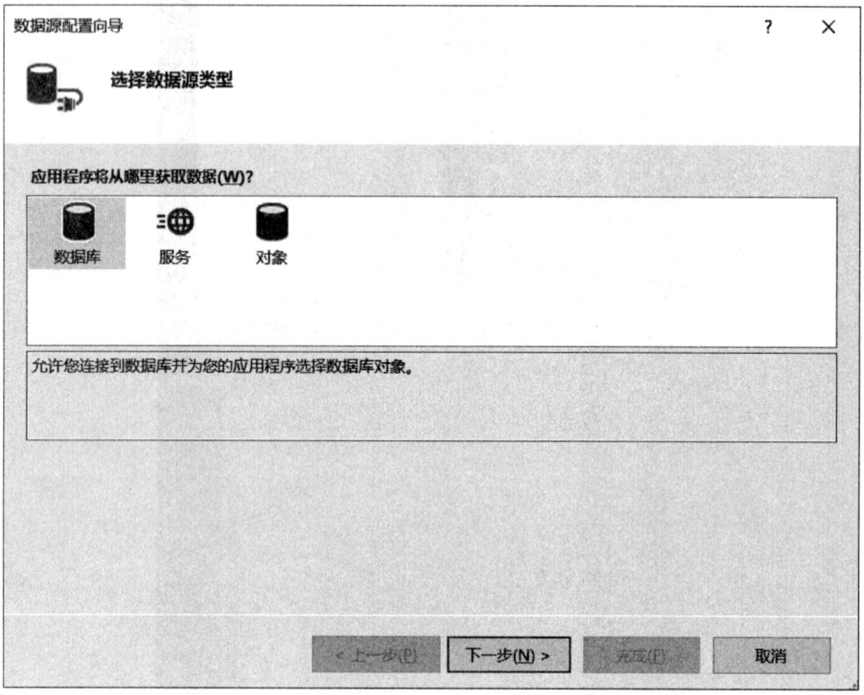

图 5-32　选择数据源类型

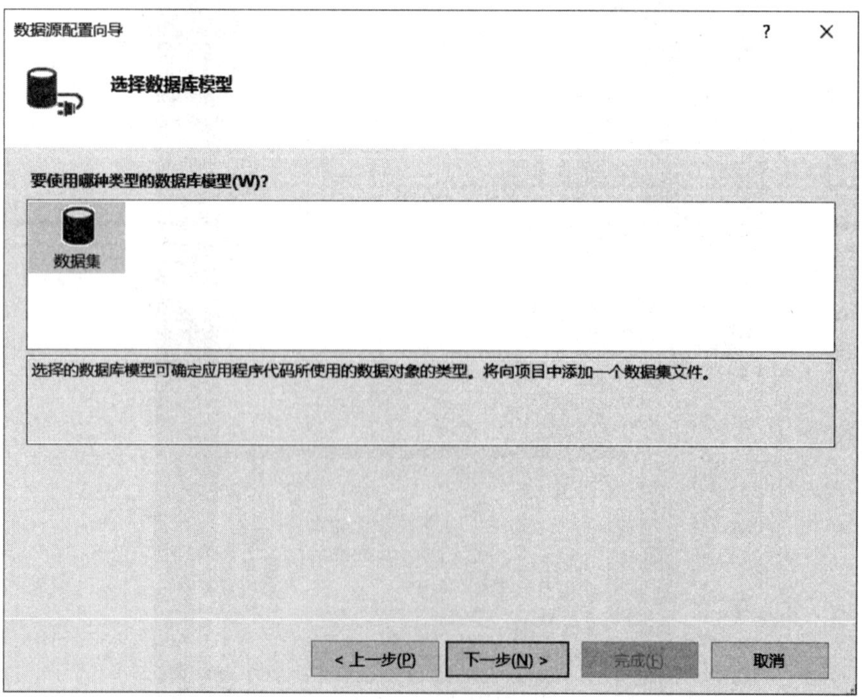

图 5-33　选择数据库模型

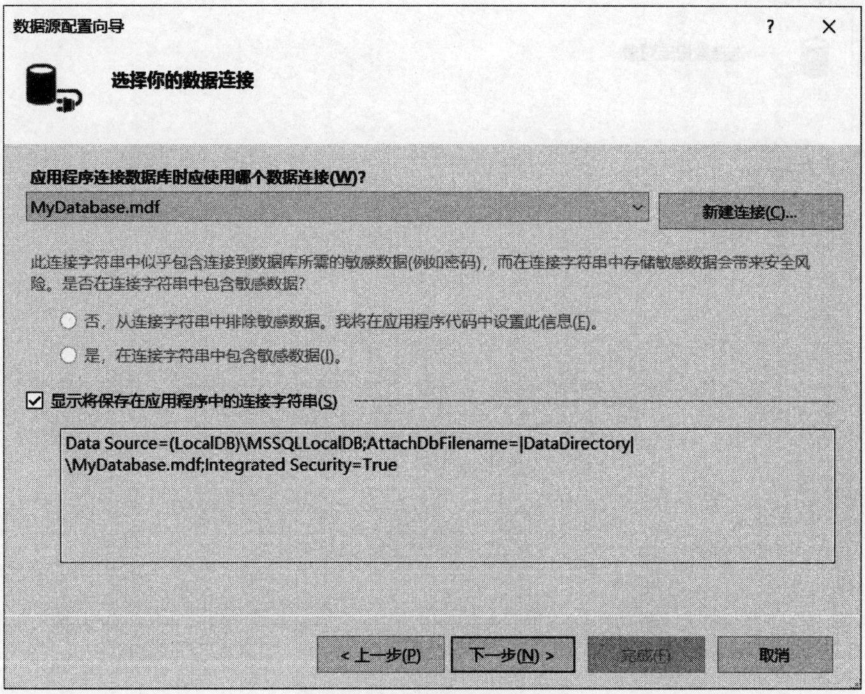

图 5-34 选择数据连接

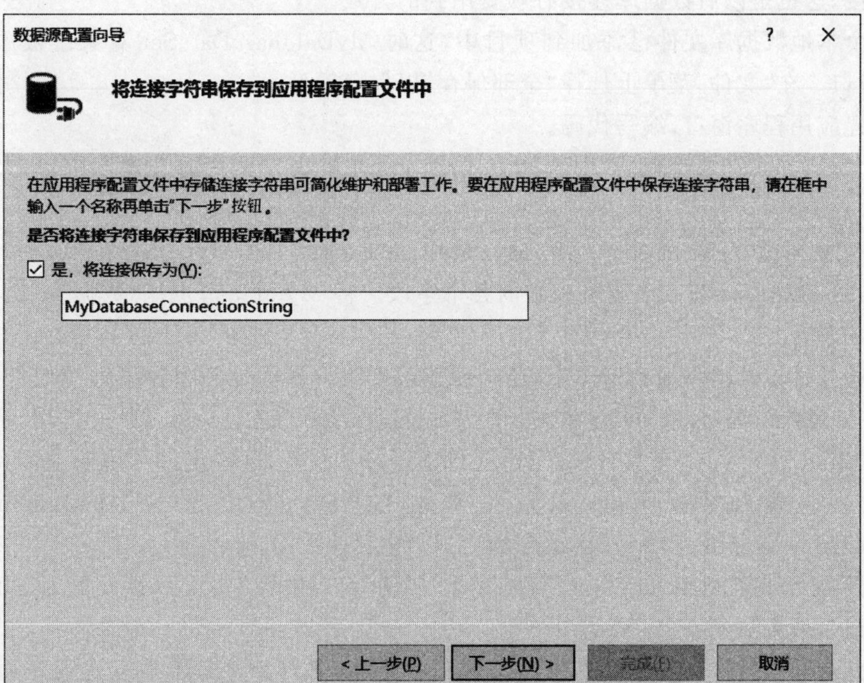

图 5-35 将连接字符串保存到应用程序配置文件

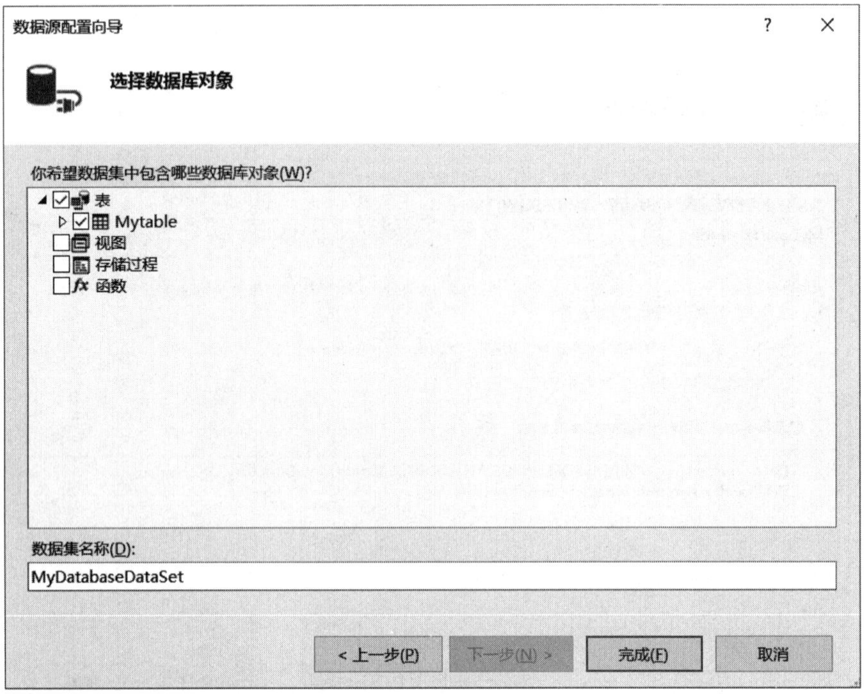

图 5-36　选择数据库对象

单击“新建连接”按钮,即可打开“添加连接”对话框,这时可以选择任意一种数据库类型进行连接,这也是以后数据库连接必须要用到的方式。

一个本地数据库文件已添加到项目中,这时 MyDatabaseDataSet 对象已被添加到“数据源”窗口。在“文件”菜单上选择“全部保存”以保存项目。

创建应用程序窗口,编写代码。

在“解决方案资源管理器”中选择 Form1. vb,在解决方案资源管理器中单击“数据源”选项卡。

在“数据源”窗口中打开 MyDatabaseDataSet 和 Mytable 节点。可以展开 MyDatabaseDataSet 节点以查看表中的各个字段。将 Mytable 节点从“数据源”窗口中拖到 Form1 窗体上。

一些控件将自动添加到窗体中,还会创建若干组件并添加到窗体下边的组件栏中。其中有一个将可显示表的行和列的 DataGridView 控件,还有一个用于定位的 MytableBindingNavigator 控件。此外,还创建了一些组件,这些组件可用于连接到数据库、管理数据检索和数据更新,以及在本地 DataSet(分别为 MytableBindingSource、MytableTableAdapter 和 MyDatabaseDataSet)中存储数据。

选择 MytableDataGridView 控件,并在“属性”窗口中将 Dock 属性设置为 Fill(单击中间的按钮),效果如图 5-37 所示。

到此为止,个人信息管理系统已经制作完成了,按 F5 键编译并运行程序,如图 5-38 所示。

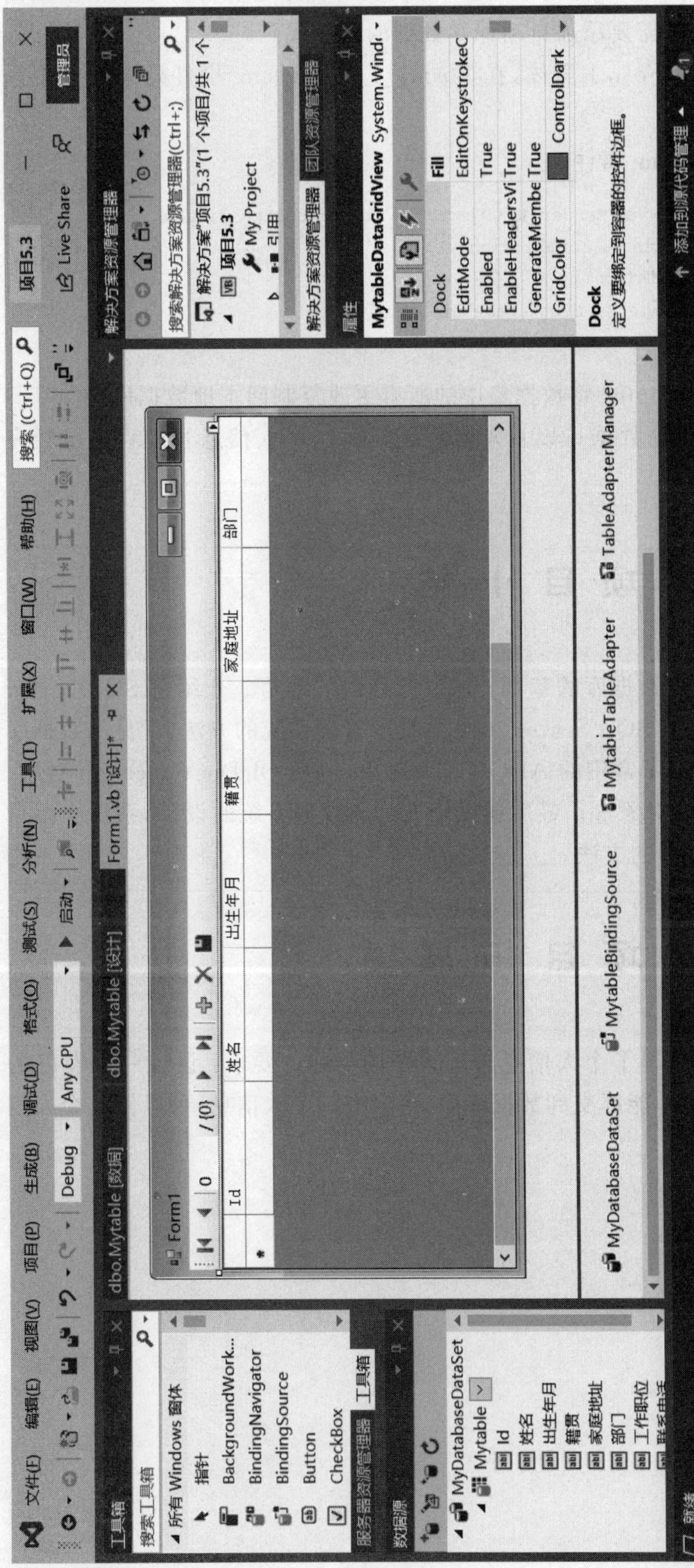

图 5-37 界面设计

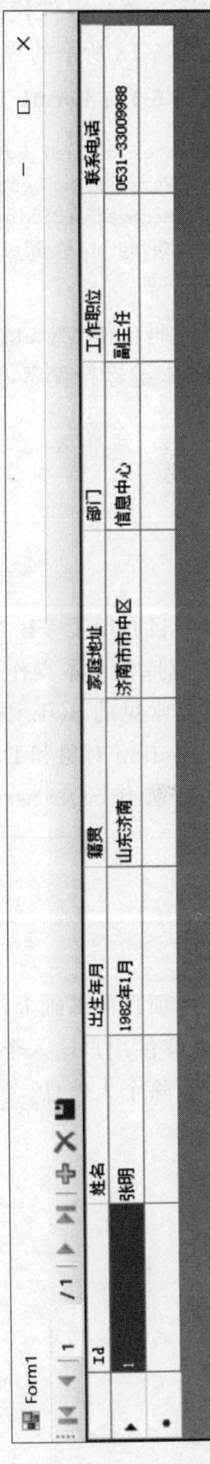

图 5-38 运行效果

本程序中,可以删除或者添加记录,但是应注意,每次关闭程序之前都必须单击上面的"保存"按钮才能够保存记录,所以需要添加自动保存数据的相应代码。

接下来添加事件代码。双击 Form1 窗体,在 Form1_FormClosing 事件处理程序中添加如代码 5-13 所示的程序。

代码 5-13：Form1 _FormClosing 事件

```
Private Sub Form1_FormClosing(ByVal sender As Object, ByVal e As System.Windows.Forms.
    FormClosingEventArgs) Handles Me.FormClosing
    Me.MytableBindingSource.EndEdit()
    Me.MytableTableAdapter.Update(Me.MyDatabaseDataSet.Mytable)
End Sub
```

该代码会使 MytableTableAdapter 将数据集中的所有更改复制回本地数据库中。

按 F5 键运行程序,这时输入的数据可以自动保存了,至此,个人信息管理程序已经完成了。

项 目 小 结

本项目介绍了 VB. NET 操作数据库的基本方法以及代码的编写。介绍了 SQL Server 2000 数据库的基本操作,以及安装 SQL Server 2000 数据库管理系统的方法,常见的数据库操作以及常见的 SQL 语句。介绍了常用的 ADO. NET 对象,包括 OleDbConnection 对象、SqlConnection 对象和 DataTable 对象等。最后通过个人信息管理系统的设计,系统介绍了 VB. NET 操作 SQL Server 数据库的方法。

项 目 拓 展

在本项目的基础上,进一步完善了个人信息管理系统的功能。要求：设计一个友好的界面,能够供用户输入个人信息,并能提交到数据库中,可以查询个人信息,可以修改个人信息以及删除个人信息。

项目6　设计制作销售信息管理系统

销售信息管理系统的基本功能是进行销售管理的基础设置、销售业务处理、销售账表的查询分析。销售业务处理包括报价、订货、发货、开票等业务；系统支持普通销售、委托代销、分期收款、直运、零售、销售调拨等多种类型的销售业务；可以进行现结业务、代垫费用、销售支出的业务处理；可以制订销售计划，对价格和信用进行实时监控。

任务6.1　销售信息管理系统的功能设计

本项目设计实现一个销售信息管理系统，包括以下功能：添加合同信息、管理合同信息、打印合同信息、统计合同信息、添加客户信息、管理客户信息、打印客户信息、添加成品信息、管理成品信息、系统设置、出入库管理。

任务6.2　项目工程文件一览

本项目的工程文件如图6-1所示。

该项目包含的界面如下。

(1) 关于信息界面 frmAbout. vb。

(2) 添加合同信息界面 frmConAdd. vb。

(3) 管理合同信息界面 frmConModify. vb。

(4) 打印合同信息界面 frmConPrint. vb。

(5) 统计合同信息界面 frmConSum. vb。

(6) 添加客户信息界面 frmCusAdd. vb。

(7) 管理客户信息界面 frmCusModify. vb。

(8) 打印客户信息界面 frmCusPrint. vb。

(9) 主管理界面 frmMain. vb。

(10) 添加成品信息界面 frmProAdd. vb。

(11) 管理成品信息界面 frmProModify. vb。

(12) 系统设置界面 frmSetting. vb。

(13) 出入库管理界面 frmStockInOut. vb。

(14) 缺货信息界面 frmStockLack. vb。

(15) 系统配置文件 modMain. vb。

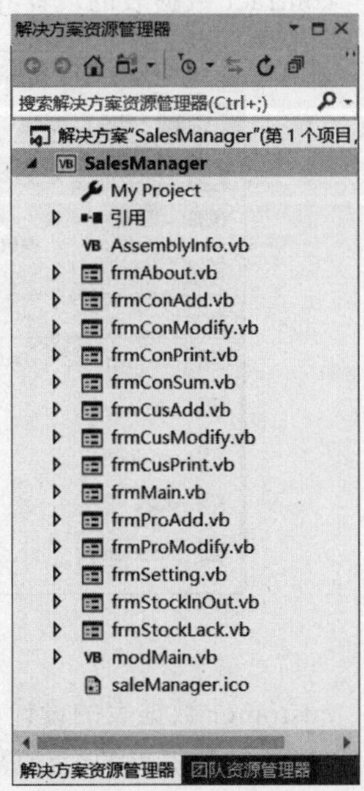

图6-1　工程文件一览

任务 6.3 数据库设计

本项目采用 Access 数据库管理系统，数据库名称为 mag. mdb。本数据库包括 5 个数据表，分别是 contract、customer、product、stock、stocktemp 数据表，如图 6-2 所示。

图 6-2 数据库设计

contract 数据表的设计界面如图 6-3 所示。

图 6-3 contract 数据表的设计界面

customer 数据表的设计界面如图 6-4 所示。
product 数据表的设计界面如图 6-5 所示。
stock 数据表的设计界面如图 6-6 所示。

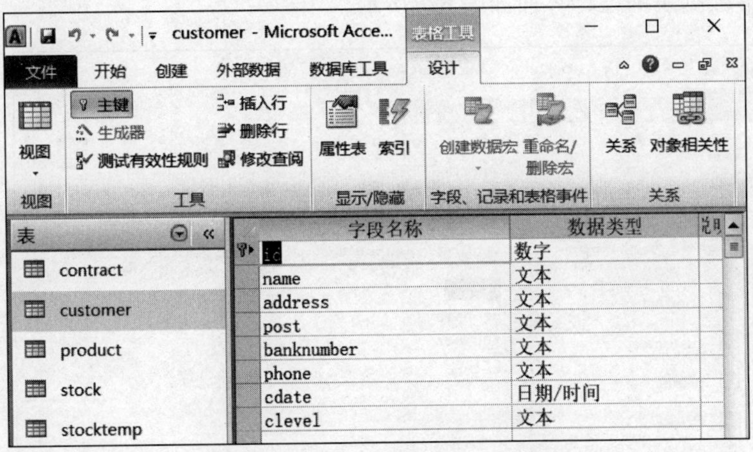

图 6-4　customer 数据表的设计界面

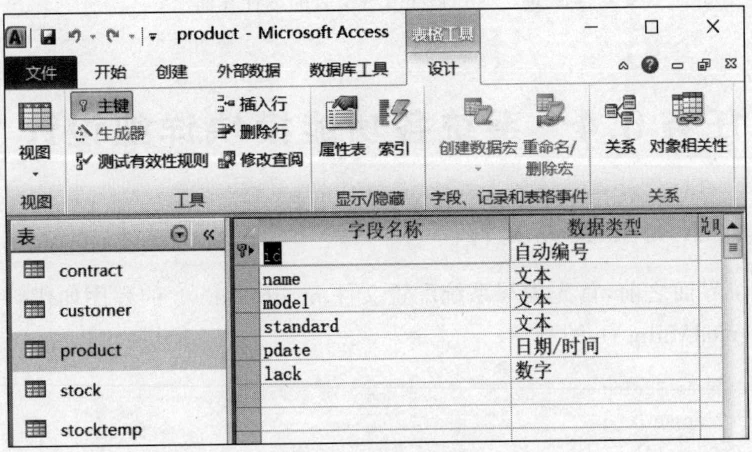

图 6-5　product 数据表的设计界面

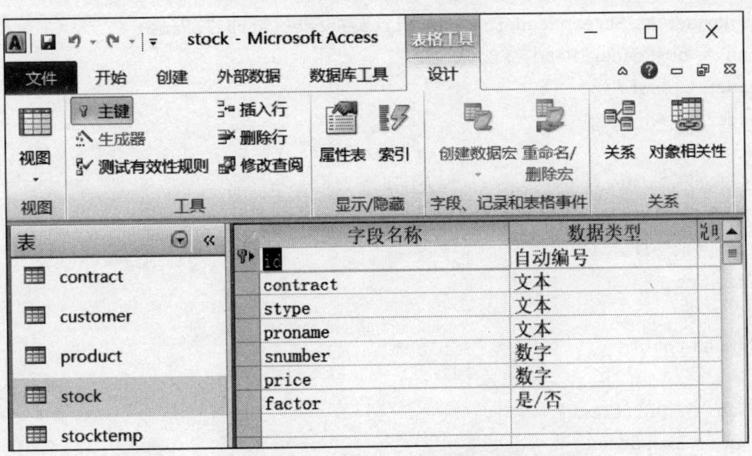

图 6-6　stock 数据表的设计界面

stocktemp 数据表的设计界面如图 6-7 所示。

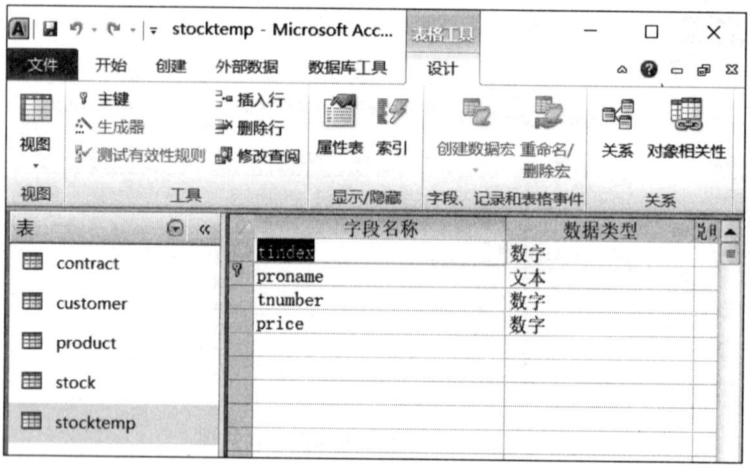

图 6-7 stocktemp 数据表的设计界面

任务 6.4 系统各功能模块详细设计

6.4.1 设计系统基础类文件

在设计系统界面之前，首先编写系统配置文件 modMain.vb 的程序如代码 6-1 所示。

代码 6-1：modMain.vb 的程序

```
Public strConn As String
Public stockTemp As Long
Public Sub GetConn()
    '从配置文件得到连接字符串
    Dim strFileName As String = "mag.ini"
    Dim objReader As StreamReader = New StreamReader(strFileName)
    strConn = objReader.ReadToEnd()
    objReader.Close()
    objReader = Nothing
End Sub
Public Sub checkNum(ByVal txtTemp As TextBox)
    Dim tText As String = txtTemp.Text
    If tText = "" Then
        Exit Sub
    End If
    Dim tNum As Double
    Try
        tNum = CDbl(tText)
    Catch ex As Exception
        MsgBox("请检查是否输入了其他字符!", MsgBoxStyle.Information, "提示信息:")
    End Try
End Sub
```

6.4.2　设计管理主界面

管理主界面的设计如图 6-8 所示。

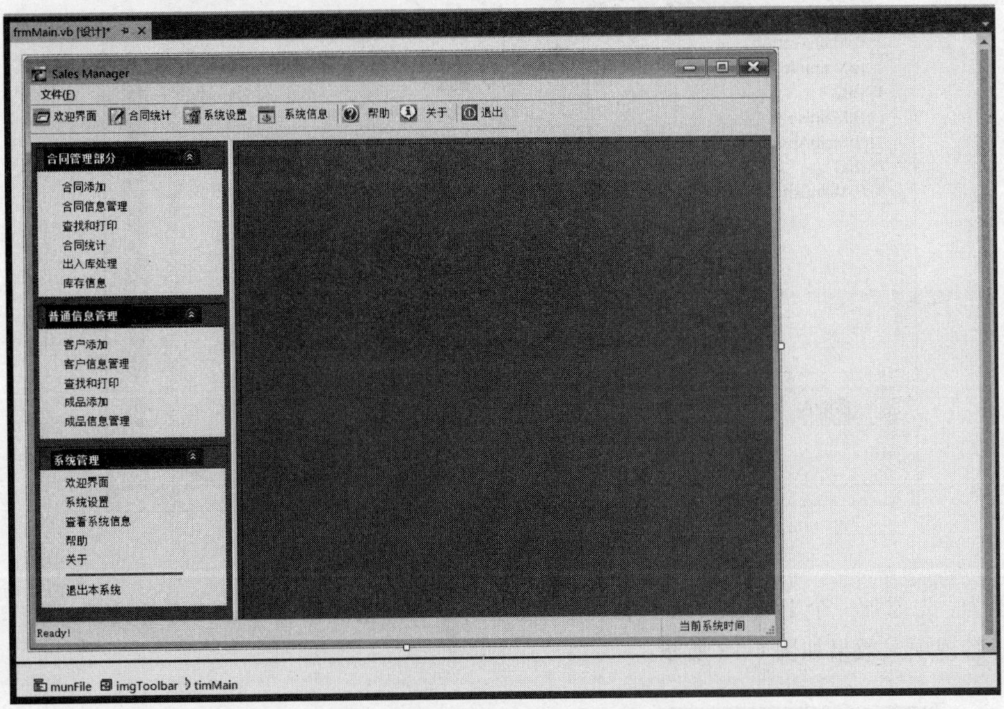

图 6-8　管理主界面

在界面上面依次添加一个菜单控件 MainMenu，并对菜单项进行设置，界面如图 6-9 所示。

然后在下面添加一个 ToolBar 控件，设计界面如图 6-10 所示。

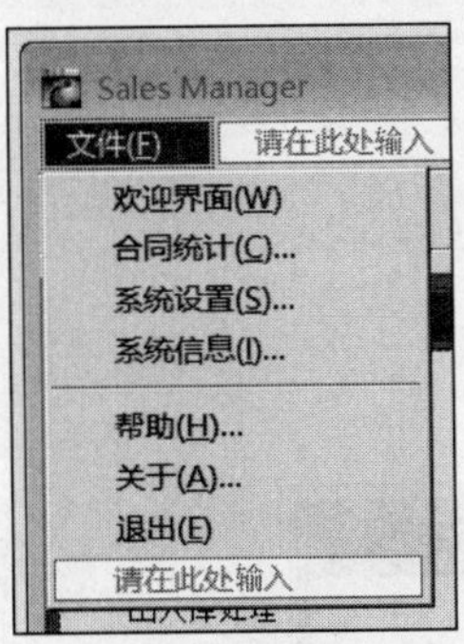

图 6-9　“文件”菜单

图 6-10　工具按钮

编辑该 ToolBar 控件的 Buttons 属性，设置功能按钮，界面如图 6-11 所示。

在左侧添加一个 Panel 控件，用于设计左侧管理目录部分，效果如图 6-12 所示。

依次添加三个 PictureBox 控件，用于管理目录标题的背景；再添加三个 Label 标签控件，用于显示“合同管理部分”“普通信息管理”“系统管理”文本。每一个管理子目录的设计

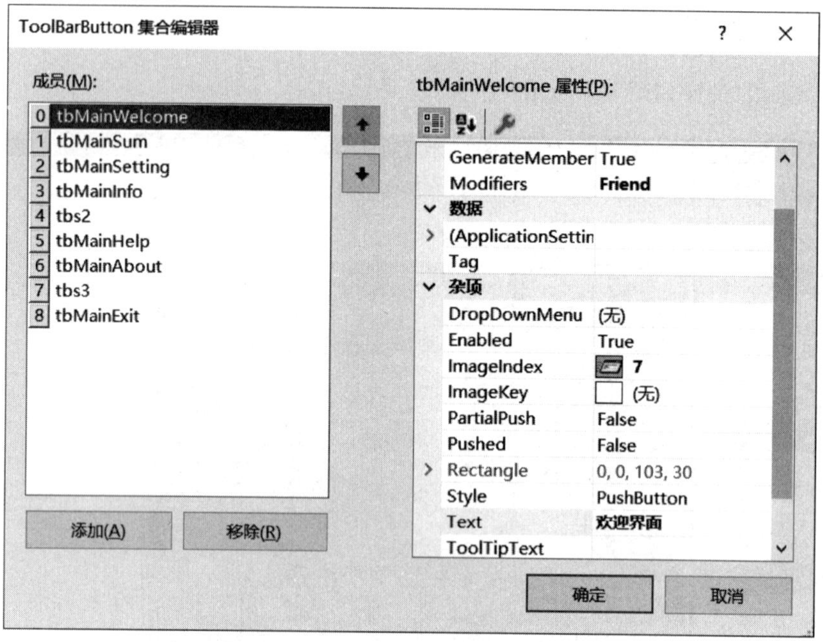

图 6-11　编辑工具按钮

步骤为：先添加一个 PictureBox 控件，用于显示背景；再依次添加 Label 标签控件，用于显示各管理项。效果如图 6-13 所示。

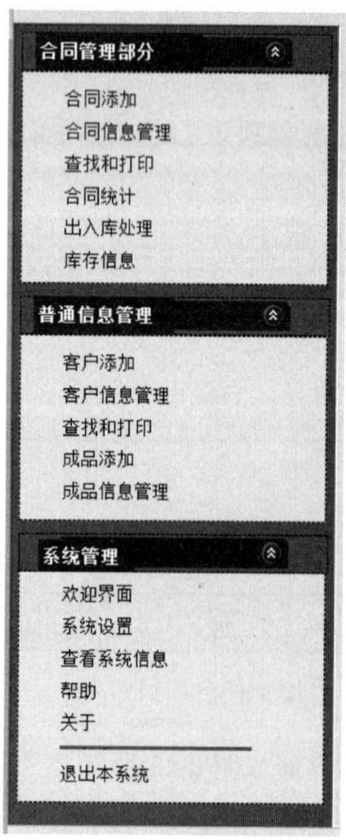

图 6-12　管理目录

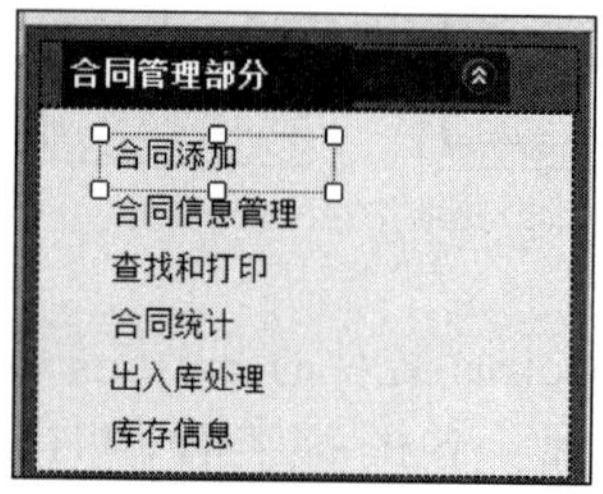

图 6-13　“合同管理部分”管理目录

在右下侧添加一个 Panel 控件。

再添加一个 Timer 控件,该控件是不可见控件,用于显示系统时间。

首先编写下拉菜单选项的单击事件,“欢迎界面”下拉菜单项的单击事件程序如代码 6-2 所示。

代码 6-2:“欢迎界面”下拉菜单项的单击事件

```
Private Sub mnuFileWelcom_Click(ByVal sender As System.Object, ByVal e As System.EventArgs)
Handles mnuFileWelcom.Click
    Me.palLogo.Visible = False
    Me.palCusFindPrint.Visible = False
    Me.palConFindPrint.Visible = False
    Me.palStock.Visible = False
    Me.palLogo.Top = 4
    Me.palLogo.Left = 4
    Me.palLogo.Visible = True
End Sub
```

编写“合同统计”下拉菜单项的单击事件程序如代码 6-3 所示。

代码 6-3:“合同统计”下拉菜单项的单击事件

```
Private Sub mnuFileSum_Click(ByVal sender As System.Object, ByVal e As System.EventArgs)
Handles mnuFileSum.Click
    Dim myConSum As New frmConSum
    myConSum.ShowDialog()
End Sub
```

编写“系统设置”下拉菜单项的单击事件程序如代码 6-4 所示。

代码 6-4:“系统设置”下拉菜单项的单击事件

```
Private Sub mnuFileSetting_Click(ByVal sender As System.Object, ByVal e As System.EventArgs)
Handles mnuFileSetting.Click
    Dim mySetting As New frmSetting
    mySetting.ShowDialog()
End Sub
```

编写“系统信息”下拉菜单项的单击事件程序如代码 6-5 所示。

代码 6-5:“系统信息”下拉菜单项的单击事件

```
Private Sub mnuFileSystemInfo_Click(ByVal sender As System.Object, ByVal e As System.
EventArgs) Handles mnuFileSystemInfo.Click
    Shell("C:\Program Files\Common Files\Microsoft Shared\MSInfo\msinfo32.exe",
    AppWinStyle.NormalFocus)
End Sub
```

编写“帮助”下拉菜单项的单击事件程序如代码 6-6 所示。

代码 6-6:“帮助”下拉菜单项的单击事件

```
Private Sub mnuFileHelp_Click(ByVal sender As System.Object, ByVal e As System.EventArgs)
Handles mnuFileHelp.Click
    Help.ShowHelpIndex(Me, "Help.chm")
End Sub
```

编写“关于”下拉菜单项的单击事件程序如代码 6-7 所示。

代码 6-7：“关于”下拉菜单项的单击事件

```
Private Sub mnuFileAbout_Click(ByVal sender As System.Object, ByVal e As System.EventArgs)
Handles mnuFileAbout.Click
    Dim myAbout As New frmAbout
    myAbout.ShowDialog()
End Sub
```

编写 ToolBar 控件的 ButtonClick 事件程序如代码 6-8 所示。

代码 6-8：ToolBar 控件的 ButtonClick 事件

```
Private Sub tbMain_ButtonClick(ByVal sender As System.Object, ByVal e As System.Windows.
Forms.ToolBarButtonClickEventArgs) Handles tbMain.ButtonClick
    If e.Button Is tbMainWelcome Then
        Me.palLogo.Visible = False
        Me.palCusFindPrint.Visible = False
        Me.palConFindPrint.Visible = False
        Me.palStock.Visible = False
        Me.palLogo.Top = 4
        Me.palLogo.Left = 4
        Me.palLogo.Visible = True
    End If
    If e.Button Is tbMainSum Then
        Dim myConSum As New frmConSum
        myConSum.ShowDialog()
    End If
    If e.Button Is tbMainInfo Then
        Shell("C:\Program Files\Common Files\Microsoft Shared\MSInfo\msinfo32.exe",
        AppWinStyle.NormalFocus)
    End If
    If e.Button Is tbMainSetting Then
        Dim mySetting As New frmSetting
        mySetting.ShowDialog()
    End If
    If e.Button Is tbMainHelp Then
        Help.ShowHelpIndex(Me, "Help.chm")
    End If
    If e.Button Is tbMainAbout Then
        Dim myAbout As New frmAbout
        myAbout.ShowDialog()
    End If
    If e.Button Is tbMainExit Then
        Me.Close()
    End If
End Sub
```

编写 Timer 控件的 Timer_Tick 事件程序如代码 6-9 所示。

代码 6-9：Timer 控件的 Timer_Tick 事件

```
Private Sub timMain_Tick(ByVal sender As System.Object, ByVal e As System.EventArgs) Handles
```

```
timMain.Tick
    sbMain.Panels(1).Text = Now
End Sub
```

6.4.3 设计关于信息界面 frmAbout.vb

关于信息界面的设计如图 6-14 所示。

图 6-14　关于信息界面

该界面的设计步骤为：首先添加一个 PictureBox 控件用于显示一张图片，然后添加一个 Label 控件用于显示文本。

双击"确定"按钮，进入该按钮的单击事件，编写程序如代码 6-10 所示。

代码 6-10："确定"按钮的单击事件

```
Private Sub btnOK_Click(ByVal sender As System.Object, ByVal e As System.EventArgs) Handles
btnOK.Click
    Me.Close()
End Sub
```

6.4.4 设计添加合同信息界面 frmConAdd.vb

添加合同信息界面的设计如图 6-15 所示。

该界面的设计步骤为：在左侧添加一个 PictureBox 控件用于显示图片，在右面依次添加两个 GroupBox 控件，分别用于显示"基本信息"模块和"订单信息"模块。

在"基本信息"模块中依次添加 Label 控件用于显示对应的文本，以及一个 TextBox 文本框控件、三个 ComboBox 下拉列表框控件和一个 DateTimePicker 日期时间选择控件，还有一个 Button 按钮作为"查看客户信息"按钮。

在"订单信息"模块中依次添加 Label 控件用于显示对应的文本，再添加一个 ComboBox 控件、一个 NumericUpDown 控件、三个 TextBox 单行文本框控件和一个 DataGrid 控件，最后再添加两个 Button 按钮控件，分别作为"添加"和"删除"按钮。

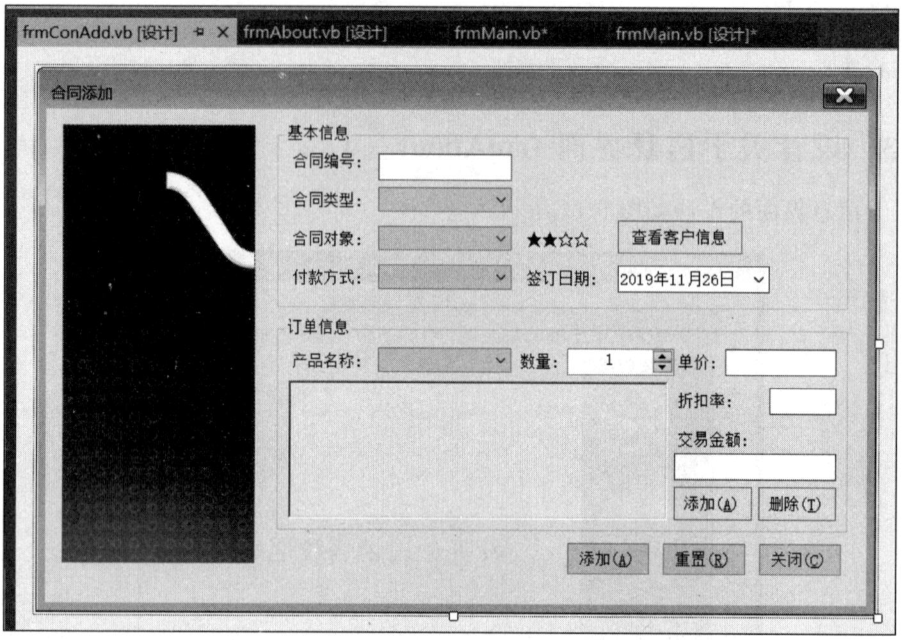

图 6-15 添加合同信息界面

在下面添加三个 Button 按钮，作为“添加”“重置”和“关闭”按钮。在最后添加一个 DataSet 控件，用于绑定上面的 DataGrid 控件。

进入该界面的代码文件，首先定义全局变量：

```
Dim changeAble As Boolean = False
```

编写该界面的 Form_Load 事件程序如代码 6-11 所示。

代码 6-11：Form_Load 事件

```
Private Sub frmConAdd_Load(ByVal sender As System.Object, ByVal e As System.EventArgs) Handles
MyBase.Load
    Me.txtConID.Enabled = False
    Me.txtConID.Text = "自动"
    Me.txtConInprice.Enabled = False
    Me.txtConSum.Enabled = False
    Me.txtConSum.Text = "0"
    Me.txtConInprice.Text = "0"
    Me.labConCustomerLevel.Text = ""
    '获取客户信息
    Dim myConn As OleDbConnection = New OleDbConnection(strConn)
    Dim myComm As OleDbCommand = New OleDbCommand
    myComm.Connection = myConn
    myComm.CommandText = "select name from customer"
    Dim myReader As OleDbDataReader
    myConn.Open()
    myReader = myComm.ExecuteReader()
    While myReader.Read
        cbConCustomer.Items.Add(myReader.GetString(0))
```

```
    End While
    myConn.Close()
    '获取成品信息
    Dim pmyConn As OleDbConnection = New OleDbConnection(strConn)
    Dim pmyComm As OleDbCommand = New OleDbCommand
    pmyComm.Connection = pmyConn
    pmyComm.CommandText = "select name from product"
    Dim pmyReader As OleDbDataReader
    pmyConn.Open()
    pmyReader = pmyComm.ExecuteReader()
    While pmyReader.Read
        cbStockProname.Items.Add(pmyReader.GetString(0))
    End While
    pmyConn.Close()
    '删除临时库存记录
    Dim tmyConn As OleDbConnection = New OleDbConnection(strConn)
    Dim tmyComm As OleDbCommand = New OleDbCommand
    tmyComm.Connection = tmyConn
    tmyComm.CommandText = "delete * from stocktemp"
    tmyConn.Open()
    tmyComm.ExecuteNonQuery()
    tmyConn.Close()
    '初始化订单信息
    Dim sqlStr As String = "select tindex,proname,tnumber,price from stocktemp"
    Dim conConn As New OleDbConnection(strConn)
    Dim conComm As New OleDbCommand(sqlStr, conConn)
    Dim myDa As New OleDbDataAdapter
    myDa.SelectCommand = conComm
    Dim myDs As New DataSet
    myDa.Fill(myDs, "stocktemp")
    dgCon.DataSource = myDs.Tables("stocktemp")
    conConn.Close()
End Sub
```

双击"关闭"按钮，进入该按钮的单击事件，编写程序如代码 6-12 所示。

代码 6-12："关闭"按钮的单击事件

```
Private Sub btnCancel_Click(ByVal sender As System.Object, ByVal e As System.EventArgs)
Handles btnCancel.Click
    If changeAble = True Then
        Dim temp As MsgBoxResult
    temp = MsgBox("输入的信息未保存,要关闭吗?", MsgBoxStyle.YesNo, "提示信息:")
        If temp = MsgBoxResult.No Then
            Exit Sub
        Else
        End If
    Else
        Me.Close()
    End If
    Me.Close()
End Sub
```

双击“重置”按钮，进入该按钮的单击事件，编写程序如代码 6-13 所示。

代码 6-13：“重置”按钮的单击事件

```
Private Sub btnReset_Click(ByVal sender As System.Object, ByVal e As System.EventArgs) Handles
btnReset.Click
    Me.cbConType.SelectedIndex = -1
    Me.cbConCustomer.SelectedIndex = -1
    Me.cbConPaytype.SelectedIndex = -1
    Me.cbStockProname.SelectedIndex = -1
    Me.nudStockNumber.Value = 1
    Me.txtStockPrice.Text = ""
    Me.txtConInprice.Text = "0"
    Me.txtConSum.Text = ""
    Me.labConCustomerLevel.Text = ""
    Me.dtpCon.Value = Date.Today
    '删除临时库存记录
    Dim tmyConn As OleDbConnection = New OleDbConnection(strConn)
    Dim tmyComm As OleDbCommand = New OleDbCommand
    tmyComm.Connection = tmyConn
    tmyComm.CommandText = "delete * from stocktemp"
    tmyConn.Open()
    tmyComm.ExecuteNonQuery()
    tmyConn.Close()
    '初始化订单信息
    Dim sqlStr As String = "select tindex,proname,tnumber,price from stocktemp"
    Dim conConn As New OleDbConnection(strConn)
    Dim conComm As New OleDbCommand(sqlStr, conConn)
    Dim myDa As New OleDbDataAdapter
    myDa.SelectCommand = conComm
    Dim myDs As New DataSet
    myDa.Fill(myDs, "stocktemp")
    dgCon.DataSource = myDs.Tables("stocktemp")
    conConn.Close()
End Sub
```

双击界面最下面的“添加”按钮，进入该按钮的单击事件，编写程序如代码 6-14 所示。

代码 6-14：“添加”按钮的单击事件(1)

```
Private Sub btnAdd_Click(ByVal sender As System.Object, ByVal e As System.EventArgs) Handles
btnAdd.Click
    If Me.cbConType.SelectedIndex = -1 Then
        MsgBox("合同类型不能为空!", MsgBoxStyle.Information, "提示信息")
        Exit Sub
    End If
    If Me.cbConCustomer.SelectedIndex = -1 Then
        MsgBox("合同对象不能为空!", MsgBoxStyle.Information, "提示信息")
        Exit Sub
    End If
    If Me.cbConPaytype.SelectedIndex = -1 Then
        MsgBox("付款方式不能为空!", MsgBoxStyle.Information, "提示信息")
        Exit Sub
```

```
End If
If CDbl(Me.txtConSum.Text) = 0 Then
    MsgBox("订单信息不能为空!", MsgBoxStyle.Information, "提示信息")
    Exit Sub
End If
'获取合同编号
Dim myConn As OleDbConnection = New OleDbConnection(strConn)
Dim myComm As OleDbCommand = New OleDbCommand
myComm.Connection = myConn
myComm.CommandText = "select max(id) from contract"
Dim myReader As OleDbDataReader
myConn.Open()
Dim maxIDTemp As Long
Dim maxId As Object = myComm.ExecuteScalar()
If maxId Is System.DBNull.Value Then
    maxIDTemp = 10000001
Else
    Dim strid As String
    strid = CStr(maxId)
    maxIDTemp = CInt(strid)
    maxIDTemp = maxIDTemp + 1
End If
myConn.Close()
'更新合同表
Dim saveComm As OleDbCommand = New OleDbCommand
saveComm.CommandText = "insert into contract (id,ctype,customer,csum,paytype,signdate)
    values (@id,@ctype,@customer,@csum,@paytype,@signdate)"
saveComm.Connection = myConn
saveComm.Parameters.AddWithValue("@id", maxIDTemp)
saveComm.Parameters.AddWithValue("@ctype", Me.cbConType.SelectedItem)
saveComm.Parameters.AddWithValue("@customer", Me.cbConCustomer.SelectedItem)
saveComm.Parameters.AddWithValue("@csum", CDbl(Me.txtConSum.Text))
saveComm.Parameters.AddWithValue("@paytype", Me.cbConPaytype.SelectedItem)
saveComm.Parameters.AddWithValue("@signdate", Me.dtpCon.Text)
myConn.Open()
Try
    saveComm.ExecuteNonQuery()
Catch ex As Exception
    MsgBox(Err.Description, MsgBoxStyle.Information)
End Try
myConn.Close()
'更新库存表
Dim tProname As String
Dim tNumber As Long
Dim tPrice As Double
Dim i As Integer
Dim g As Integer
Dim stockTempComm As OleDbCommand = New OleDbCommand
stockTempComm.Connection = myConn
stockTempComm.CommandText = "select count(tindex) from stocktemp"
myConn.Open()
```

```
        Dim count As Object = stockTempComm.ExecuteScalar()
        g = CInt(count)
        myConn.Close()
        Dim stockComm As OleDbCommand = New OleDbCommand
        stockComm.Connection = myConn
        stockComm.CommandText = "insert into stock (contract, stype, proname, snumber, price)
            values (@contract, @stype, @proname, @snumber, @price)"
        myConn.Open()
        For i = 0 To g - 1
            tProname = CStr(dgCon.Item(i, 1))
            tNumber = CLng(dgCon.Item(i, 2))
            tPrice = CSng(dgCon.Item(i, 3))
            stockComm.Parameters.AddWithValue("@contract", maxIDTemp)
            stockComm.Parameters.AddWithValue("@stype", Me.cbConType.SelectedItem)
            stockComm.Parameters.AddWithValue("@proname", tProname)
            stockComm.Parameters.AddWithValue("@snumber", tNumber)
            stockComm.Parameters.AddWithValue("@price", tPrice)
            Try
                stockComm.ExecuteNonQuery()
            Catch ex As Exception
                MsgBox(Err.Description)
            End Try
            stockComm.Parameters.Clear()
        Next
        myConn.Close()
        MsgBox("合同添加成功,合同号为: " & maxIDTemp, MsgBoxStyle.Information, "提示信息")
        Me.Close()
    End Sub
```

双击“订单信息”部分的“添加”按钮,进入该按钮的单击事件,编写程序如代码 6-15 所示。

代码 6-15:“添加”按钮的单击事件(2)

```
    Private Sub btnStockTempAdd_Click(ByVal sender As System.Object, ByVal e As System.EventArgs)
    Handles btnStockTempAdd.Click
        If Me.cbStockProname.SelectedIndex = -1 Then
            MsgBox("产品名称不能为空!", MsgBoxStyle.Information, "提示信息")
            Exit Sub
        End If
        If Me.txtStockPrice.Text = "" Then
            MsgBox("产品单价不能为空!", MsgBoxStyle.Information, "提示信息")
            Exit Sub
        End If
        changeAble = True
        stockTemp = stockTemp + 1
        Dim myConn As OleDbConnection = New OleDbConnection(strConn)
        Dim myComm As OleDbCommand = New OleDbCommand
        myComm.Connection = myConn
        myComm.CommandText = "insert into stocktemp (tindex, proname, tnumber, price) values (@
        tindex, @proname, @tnumber, @price)"
        myComm.Parameters.AddWithValue("@tindex", stockTemp)
```

```
    myComm.Parameters.AddWithValue("@proname", cbStockProname.SelectedItem)
    myComm.Parameters.AddWithValue("@tnumber", CLng(nudStockNumber.Value))
    myComm.Parameters.AddWithValue("@price", CSng(txtStockPrice.Text))
    myConn.Open()
    Try
        myComm.ExecuteNonQuery()
    Catch ex As Exception
    MsgBox("产品重复添加,请查看您输入的信息!", MsgBoxStyle.Information, "提示信息")
    End Try
    myConn.Close()
    '计算交易金额
    Dim tNumber As Long
    Dim tPrice As Single
    Dim tSum As Double = 0
    Dim tConn As New OleDbConnection(strConn)
    Dim tComm As New OleDbCommand
    tComm.Connection = tConn
    tComm.CommandText = "select tnumber,price from stocktemp"
    Dim tReader As OleDbDataReader
    tConn.Open()
    tReader = tComm.ExecuteReader
    While tReader.Read
        tNumber = tReader.GetInt32(0)
        tPrice = tReader.GetFloat(1)
        tSum = tSum + tNumber * tPrice
    End While
    Dim tDou As Double = (1 - CSng(txtConInprice.Text)) * tSum
    txtConSum.Text = Format(tDou, "0.00")
    tConn.Close()
    '更新订单信息
    Dim sqlStr As String = "select tindex,proname,tnumber,price from stocktemp"
    Dim conConn As New OleDbConnection(strConn)
    Dim conComm As New OleDbCommand(sqlStr, conConn)
    Dim myDa As New OleDbDataAdapter
    myDa.SelectCommand = conComm
    Dim myDs As New DataSet
    myDa.Fill(myDs, "stocktemp")
    dgCon.DataSource = myDs.Tables("stocktemp")
    conConn.Close()
End Sub
```

双击"查看客户信息"按钮,进入该按钮的单击事件,编写程序如代码 6-16 所示。

代码 6-16:"查看客户信息"按钮的单击事件

```
Private Sub btnConCustomerView_Click(ByVal sender As System.Object, ByVal e As System.EventArgs) Handles btnConCustomerView.Click
    If Me.cbConCustomer.SelectedIndex = -1 Then
        Exit Sub
    End If
    Try
        Dim myConn As OleDbConnection = New OleDbConnection(strConn)
```

```
            Dim myComm As OleDbCommand = New OleDbCommand
            myComm.Connection = myConn
            myComm.CommandText = "select id,address,phone,banknumber from customer where name = @
name"
            myComm.Parameters.AddWithValue("@name", Me.cbConCustomer.SelectedItem)
            Dim myReader As OleDbDataReader
            myConn.Open()
            Dim tID As Long
            Dim tPhone As String
            Dim tAddress As String
            Dim tBankNumber As Object
            myReader = myComm.ExecuteReader()
            While myReader.Read
                tID = myReader.GetInt32(0)
                tAddress = myReader.GetString(1)
                tPhone = myReader.GetString(2)
                tBankNumber = myReader.GetString(3)
            End While
            myConn.Close()
            MsgBox("客户编号: " & tID & Chr(10) & "客户姓名: " & Me.cbConCustomer.SelectedItem &
            Chr(10) & "客户电话: " & tPhone & Chr(10) & "客户地址: " & tAddress & Chr(10) & "银行
            账号: " & tBankNumber, MsgBoxStyle.Information, "提示信息")
        Catch ex As Exception
            MsgBox(Err.Description)
        End Try
    End Sub
```

编写"合同对象"下拉菜单的 SelectedIndexChanged 事件程序如代码 6-17 所示。

代码 6-17:"合同对象"下拉菜单的 SelectedIndexChanged 事件

```
Private Sub cbConCustomer_SelectedIndexChanged(ByVal sender As System.Object, ByVal e As
System.EventArgs) Handles cbConCustomer.SelectedIndexChanged
    If Me.cbConCustomer.SelectedIndex = -1 Then
        Exit Sub
    End If
    changeAble = True
    Try
        Dim myConn As OleDbConnection = New OleDbConnection(strConn)
        Dim myComm As OleDbCommand = New OleDbCommand
        myComm.Connection = myConn
        myComm.CommandText = "select clevel from customer where name = @name"
        Dim myReader As OleDbDataReader
        myConn.Open()
        myComm.Parameters.AddWithValue("@name", cbConCustomer.SelectedItem)
        myReader = myComm.ExecuteReader()
        While myReader.Read
            Me.labConCustomerLevel.Text = myReader.GetString(0)
        End While
        myConn.Close()
    Catch ex As Exception
        MsgBox(Err.Description)
```

```
        End Try
        If Me.labConCustomerLevel.Text = "★☆☆☆" Then
            Me.txtConInprice.Text = "0.05"
        ElseIf Me.labConCustomerLevel.Text = "★★☆☆" Then
            Me.txtConInprice.Text = "0.1"
        ElseIf Me.labConCustomerLevel.Text = "★★★☆" Then
            Me.txtConInprice.Text = "0.15"
        ElseIf Me.labConCustomerLevel.Text = "★★★★" Then
            Me.txtConInprice.Text = "0.2"
        End If
        '计算交易金额
        Dim tNumber As Long
        Dim tPrice As Single
        Dim tSum As Double = 0
        Dim tConn As New OleDbConnection(strConn)
        Dim tComm As New OleDbCommand
        tComm.Connection = tConn
        tComm.CommandText = "select tnumber,price from stocktemp"
        Dim tReader As OleDbDataReader
        tConn.Open()
        tReader = tComm.ExecuteReader
        While tReader.Read
            tNumber = tReader.GetInt32(0)
            tPrice = tReader.GetFloat(1)
            tSum = tSum + tNumber * tPrice
        End While
        Dim tDou As Double = (1 - CSng(txtConInprice.Text)) * tSum
        txtConSum.Text = Format(tDou, "0.00")
        tConn.Close()
End Sub
```

编写“合同类型”下拉菜单的 SelectedIndexChanged 事件程序如代码 6-18 所示。

代码 6-18：“合同类型”下拉菜单的 SelectedIndexChanged 事件

```
Private Sub cbConType_SelectedIndexChanged(ByVal sender As System.Object, ByVal e As System.
EventArgs) Handles cbConType.SelectedIndexChanged
    changeAble = True
End Sub
```

编写“付款方式”下拉菜单的 SelectedIndexChanged 事件程序如代码 6-19 所示。

代码 6-19：“付款方式”下拉菜单的 SelectedIndexChanged 事件

```
Private Sub cbConPaytype_SelectedIndexChanged(ByVal sender As System.Object, ByVal e As
System.EventArgs) Handles cbConPaytype.SelectedIndexChanged
    changeAble = True
End Sub
```

编写 NumebericUpDown 控件的 ValueChanged 事件程序如代码 6-20 所示。

代码 6-20：NumebericUpDown 控件的 ValueChanged 事件

```
Private Sub nudStockNumber_ValueChanged(ByVal sender As System.Object, ByVal e As System.
EventArgs) Handles nudStockNumber.ValueChanged
```

```
        If nudStockNumber.Value > 100000 Then
            MsgBox("超出数量限定!", MsgBoxStyle.Information, "提示信息")
            nudStockNumber.Value = 100000
        Else
            If nudStockNumber.Value < 1 Then
                MsgBox("低于数量限定!", MsgBoxStyle.Information, "提示信息")
                nudStockNumber.Value = 1
            End If
        End If
End Sub
```

编写"单价"的 TextBox 文本框控件的 TextChanged 事件程序如代码 6-21 所示。

代码 6-21："单价"的 TextBox 文本框控件的 TextChanged 事件

```
Private Sub txtStockPrice_TextChanged(ByVal sender As System.Object, ByVal e As System.
EventArgs) Handles txtStockPrice.TextChanged
    modMain.checkNum(txtStockPrice)
End Sub
```

双击"删除"按钮，进入该按钮的单击事件编写程序如代码 6-22 所示。

代码 6-22："删除"按钮的单击事件

```
Private Sub btnStockTempDelete_Click(ByVal sender As System.Object, ByVal e As System.
EventArgs) Handles btnStockTempDelete.Click
    If dgCon.CurrentRowIndex = -1 Then
        Exit Sub
    End If
    Dim tMsg As MsgBoxResult
    Dim numTemp As Integer
    numTemp = dgCon.CurrentRowIndex
    Dim numTemp2 As Integer
    numTemp = dgCon.Item(numTemp, 0)
    tMsg = MsgBox("确实要删除索引号为<" & numTemp & ">的订单记录?", MsgBoxStyle.YesNo,
    "提示信息")
    If tMsg = MsgBoxResult.No Then
        Exit Sub
    End If
    Dim myConn As OleDbConnection = New OleDbConnection(strConn)
    Dim myComm As OleDbCommand = New OleDbCommand
    myComm.Connection = myConn
    myComm.CommandText = "delete from stocktemp where tindex = @tindex"
    myComm.Parameters.AddWithValue("@tindex", numTemp)
    myConn.Open()
    myComm.ExecuteNonQuery()
    myConn.Close()
    '计算交易金额
    Dim tNumber As Long
    Dim tPrice As Single
    Dim tSum As Double = 0
    Dim tConn As New OleDbConnection(strConn)
    Dim tComm As New OleDbCommand
```

```
        tComm.Connection = tConn
        tComm.CommandText = "select tnumber,price from stocktemp"
        Dim tReader As OleDbDataReader
        tConn.Open()
        tReader = tComm.ExecuteReader
        While tReader.Read
            tNumber = tReader.GetInt32(0)
            tPrice = tReader.GetFloat(1)
            tSum = tSum + tNumber * tPrice
        End While
        Dim tDou As Double = (1 - CSng(txtConInprice.Text)) * tSum
        txtConSum.Text = Format(tDou, "0.00")
        tConn.Close()
        '更新订单信息
        Dim sqlStr As String = "select tindex,proname,tnumber,price from stocktemp"
        Dim conConn As New OleDbConnection(strConn)
        Dim conComm As New OleDbCommand(sqlStr, conConn)
        Dim myDa As New OleDbDataAdapter
        myDa.SelectCommand = conComm
        Dim myDs As New DataSet
        myDa.Fill(myDs, "stocktemp")
        dgCon.DataSource = myDs.Tables("stocktemp")
        conConn.Close()
    End Sub
```

6.4.5　设计管理合同信息界面 frmConModify.vb

管理合同信息界面的设计如图 6-16 所示。

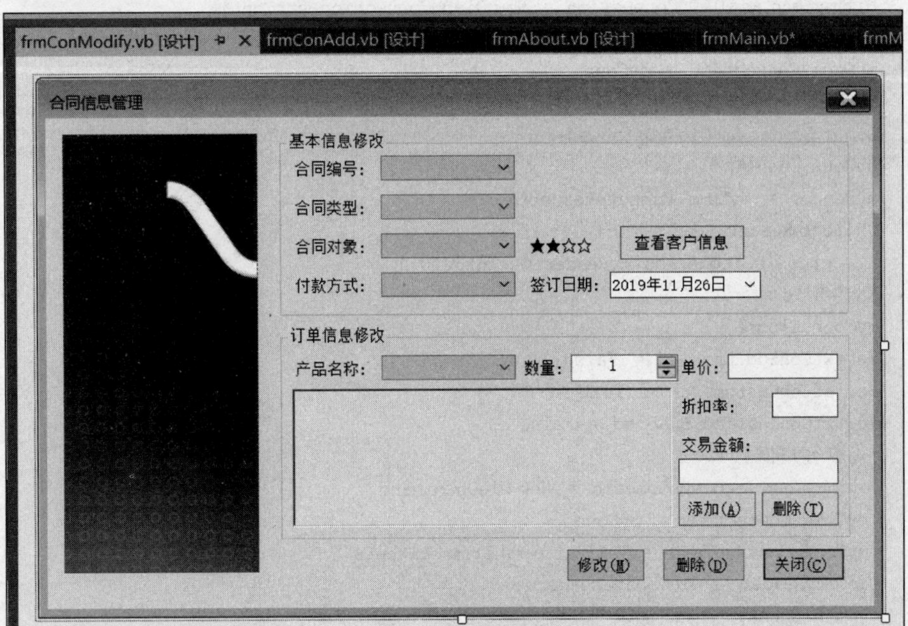

图 6-16　管理合同信息界面

该界面的设计步骤为：首先添加一个 PictureBox 控件，用于显示左侧的图片；然后添加两个 GroupBox 控件，分别用于显示“基本信息修改”和“订单信息修改”；在最下面添加三个 Button 按钮，分别用于显示“修改”“删除”和“关闭”按钮。

“基本信息修改”部分的设计步骤：首先添加 Label 控件，用于显示对应的文本；再依次添加四个 ComboBox 控件，分别用于显示“合同编号”“合同类型”“合同对象”和“付款方式”；接着添加一个 DateTimePicker 控件，用于选择时间；最后添加一个 Button 按钮控件，用于显示“查看客户信息”按钮。

“订单信息修改”部分的设计步骤：首先添加 Label 控件，用于显示对应的文本；再添加一个 ComboBox 控件，用于显示“产品名称”；再添加一个 NumericUpDown 控件，用于选择“数量”；再依次添加三个文本框控件，分别用于显示“单价”“折扣率”和“交易金额”；再添加一个 DataGrid 控件，用于绑定数据；最后添加两个 Button 按钮控件，分别用于显示“添加”和“删除”按钮。

进入该界面的代码文件，首先编写 Form_Load 事件程序如代码 6-23 所示。

代码 6-23：Form_Load 事件

```
Private Sub frmConModify_Load(ByVal sender As System.Object, ByVal e As System.EventArgs)
Handles MyBase.Load
    '删除临时库存记录
    Dim tmyConn As OleDbConnection = New OleDbConnection(strConn)
    Dim tmyComm As OleDbCommand = New OleDbCommand
    tmyComm.Connection = tmyConn
    tmyComm.CommandText = "delete * from stocktemp"
    tmyConn.Open()
    tmyComm.ExecuteNonQuery()
    tmyConn.Close()
    Dim myConn As OleDbConnection = New OleDbConnection(strConn)
    Dim myComm As OleDbCommand = New OleDbCommand
    myComm.Connection = myConn
    myComm.CommandText = "select id from contract where factor = false"
    Dim myReader As OleDbDataReader
    myConn.Open()
    myReader = myComm.ExecuteReader()
    While myReader.Read
        cbConID.Items.Add(myReader.GetInt32(0))
    End While
    myConn.Close()
    Me.txtConSum.Enabled = False
    Me.labConCustomerLevel.Text = ""
    Me.txtConInprice.Enabled = False
    '获取客户信息
    Dim cmyComm As OleDbCommand = New OleDbCommand
    cmyComm.Connection = myConn
    cmyComm.CommandText = "select name from customer"
    Dim cmyReader As OleDbDataReader
    myConn.Open()
    cmyReader = cmyComm.ExecuteReader()
    While cmyReader.Read
```

```
        cbConCustomer.Items.Add(cmyReader.GetString(0))
    End While
    myConn.Close()
    '获取成品名称
    Dim pmyConn As OleDbConnection = New OleDbConnection(strConn)
    Dim pmyComm As OleDbCommand = New OleDbCommand
    pmyComm.Connection = pmyConn
    pmyComm.CommandText = "select name from product"
    Dim pmyReader As OleDbDataReader
    pmyConn.Open()
    pmyReader = pmyComm.ExecuteReader()
    While pmyReader.Read
        cbStockProname.Items.Add(pmyReader.GetString(0))
    End While
    pmyConn.Close()
End Sub
```

编写"合同编号"下拉菜单的 SelectedIndexChanged 事件程序如代码 6-24 所示。

代码 6-24："合同编号"下拉菜单的 SelectedIndexChanged 事件

```
Private Sub cbConID_SelectedIndexChanged(ByVal sender As System.Object, ByVal e As System.
EventArgs) Handles cbConID.SelectedIndexChanged
    If cbConID.SelectedIndex = -1 Then
        Exit Sub
    End If
    '删除临时库存记录
    Dim tmyConn As OleDbConnection = New OleDbConnection(strConn)
    Dim tmyComm As OleDbCommand = New OleDbCommand
    tmyComm.Connection = tmyConn
    tmyComm.CommandText = "delete * from stocktemp"
    tmyConn.Open()
    tmyComm.ExecuteNonQuery()
    tmyConn.Close()
    Dim myConn As OleDbConnection = New OleDbConnection(strConn)
    Dim myComm As OleDbCommand = New OleDbCommand
    myComm.Connection = myConn
    myComm.CommandText = "select * from contract where id = " & cbConID.SelectedItem
    Dim myReader As OleDbDataReader
    myConn.Open()
    myReader = myComm.ExecuteReader()
    While myReader.Read
        cbConType.SelectedItem = myReader.GetString(1)
        cbConCustomer.SelectedItem = myReader.GetString(2)
        txtConSum.Text = myReader.GetDouble(3)
        cbConPaytype.SelectedItem = myReader.GetString(4)
        dtpCon.Text = myReader.GetDateTime(6)
    End While
    myConn.Close()
    '订单信息
    Dim sqlStr As String = "select proname, snumber, price from stock where contract = " & "'" &
    Me.cbConID.SelectedItem & "'"
```

```
        Dim conConn As New OleDbConnection(strConn)
        Dim conComm As New OleDbCommand(sqlStr, conConn)
        Dim myDa As New OleDbDataAdapter
        myDa.SelectCommand = conComm
        Dim myDs As New DataSet
        myDa.Fill(myDs, "stock")
        dgCon.DataSource = myDs.Tables("stock")
        conConn.Close()
        '将订单信息加入临时库存
        Dim tProname As String
        Dim tNumber As Long
        Dim tPrice As Double
        Dim i As Integer
        Dim g As Integer
        Dim stockTempComm As OleDbCommand = New OleDbCommand
        stockTempComm.Connection = myConn
        stockTempComm.CommandText = "select count(proname) from stock where contract = " & "'" &
        Me.cbConID.SelectedItem & "'"
        myConn.Open()
        Dim count As Object = stockTempComm.ExecuteScalar()
        g = CInt(count)
        myConn.Close()
        Dim stockComm As OleDbCommand = New OleDbCommand
        stockComm.Connection = myConn
        stockComm.CommandText = "insert into stocktemp (tindex,proname,tnumber,price) values
        (@tindex,@proname,@tnumber,@price)"
        myConn.Open()
        For i = 0 To g - 1
            stockTemp = stockTemp + 1
            tProname = CStr(dgCon.Item(i, 0))
            tNumber = CLng(dgCon.Item(i, 1))
            tPrice = CSng(dgCon.Item(i, 2))
            stockComm.Parameters.AddWithValue("@tindex", stockTemp)
            stockComm.Parameters.AddWithValue("@proname", tProname)
            stockComm.Parameters.AddWithValue("@tnumber", tNumber)
            stockComm.Parameters.AddWithValue("@price", tPrice)
            Try
                stockComm.ExecuteNonQuery()
            Catch ex As Exception
                MsgBox(Err.Description)
            End Try
            stockComm.Parameters.Clear()
        Next
        myConn.Close()
    End Sub
```

编写“合同对象”下拉菜单的 SelectedIndexChanged 事件程序如代码 6-25 所示。

代码 6-25：“合同对象”下拉菜单的 SelectedIndexChanged 事件

```
Private Sub cbConCustomer_SelectedIndexChanged(ByVal sender As System.Object, ByVal e As
System.EventArgs) Handles cbConCustomer.SelectedIndexChanged
```

```
    If Me.cbConCustomer.SelectedIndex = -1 Then
        Exit Sub
    End If
    Try
        Dim myConn As OleDbConnection = New OleDbConnection(strConn)
        Dim myComm As OleDbCommand = New OleDbCommand
        myComm.Connection = myConn
        myComm.CommandText = "select clevel from customer where name = @name"
        Dim myReader As OleDbDataReader
        myConn.Open()
        myComm.Parameters.AddWithValue("@name", cbConCustomer.SelectedItem)
        myReader = myComm.ExecuteReader()
        While myReader.Read
            Me.labConCustomerLevel.Text = myReader.GetString(0)
        End While
        myConn.Close()
    Catch ex As Exception
        MsgBox(Err.Description)
    End Try
    If Me.labConCustomerLevel.Text = "★☆☆☆" Then
        Me.txtConInprice.Text = "0.05"
    ElseIf Me.labConCustomerLevel.Text = "★★☆☆" Then
        Me.txtConInprice.Text = "0.1"
    ElseIf Me.labConCustomerLevel.Text = "★★★☆" Then
        Me.txtConInprice.Text = "0.15"
    ElseIf Me.labConCustomerLevel.Text = "★★★★" Then
        Me.txtConInprice.Text = "0.2"
    End If
End Sub
```

双击“查看客户信息”按钮，进入该按钮的单击事件，编写程序如代码 6-26 所示。

代码 6-26：“查看客户信息”按钮的单击事件

```
Private Sub btnConCustomerView_Click(ByVal sender As System.Object, ByVal e As System.
EventArgs) Handles btnConCustomerView.Click
    If Me.cbConCustomer.SelectedIndex = -1 Then
        Exit Sub
    End If
    Try
        Dim myConn As OleDbConnection = New OleDbConnection(strConn)
        Dim myComm As OleDbCommand = New OleDbCommand
        myComm.Connection = myConn
        myComm.CommandText = "select id,address,phone,banknumber from customer where name =
        @name"
        myComm.Parameters.AddWithValue("@name", Me.cbConCustomer.SelectedItem)
        Dim myReader As OleDbDataReader
        myConn.Open()
        Dim tID As Long
        Dim tPhone As String
        Dim tAddress As String
        Dim tBankNumber As Object
```

```
            myReader = myComm.ExecuteReader()
            While myReader.Read
                tID = myReader.GetInt32(0)
                tAddress = myReader.GetString(1)
                tPhone = myReader.GetString(2)
                tBankNumber = myReader.GetString(3)
            End While
            myConn.Close()
            MsgBox("客户编号: " & tID & Chr(10) & "客户姓名: " & Me.cbConCustomer.SelectedItem &
            Chr(10) & "客户电话: " & tPhone & Chr(10) & "客户地址: " & tAddress & Chr(10) & "银行
            账号: " & tBankNumber, MsgBoxStyle.Information, "提示信息")
        Catch ex As Exception
            MsgBox(Err.Description)
        End Try
End Sub
```

编写“数量”的 NumericUpDown 控件的 ValueChanged 事件程序如代码 6-27 所示。

代码 6-27：“数量”的 NumericUpDown 控件的 ValueChanged 事件

```
Private Sub nudStockNumber_ValueChanged(ByVal sender As System.Object, ByVal e As System.
EventArgs) Handles nudStockNumber.ValueChanged
    If nudStockNumber.Value > 100000 Then
        MsgBox("超出数量限定!", MsgBoxStyle.Information, "提示信息")
        nudStockNumber.Value = 100000
    Else
        If nudStockNumber.Value < 1 Then
            MsgBox("低于数量限定!", MsgBoxStyle.Information, "提示信息")
            nudStockNumber.Value = 1
        End If
    End If
End Sub
```

编写“单价”的 TextBox 文本框控件的 TextChanged 事件程序如代码 6-28 所示。

代码 6-28：“单价”的 TextBox 文本框控件的 TextChanged 事件

```
Private Sub txtStockPrice_TextChanged(ByVal sender As System.Object, ByVal e As System.
EventArgs) Handles txtStockPrice.TextChanged
    modMain.checkNum(txtStockPrice)
End Sub
```

双击“订单信息修改”部分的“添加”按钮，进入该按钮的单击事件，编写程序如代码 6-29 所示。

代码 6-29：“添加”按钮的单击事件

```
Private Sub btnStockTempAdd_Click(ByVal sender As System.Object, ByVal e As System.EventArgs)
Handles btnStockTempAdd.Click
    If Me.cbStockProname.SelectedIndex = -1 Then
        MsgBox("产品名称不能为空!", MsgBoxStyle.Information, "提示信息")
        Exit Sub
    End If
    If Me.txtStockPrice.Text = "" Then
```

```
            MsgBox("产品单价不能为空!", MsgBoxStyle.Information, "提示信息")
        Exit Sub
    End If
    stockTemp = stockTemp + 1
    Dim myConn As OleDbConnection = New OleDbConnection(strConn)
    Dim myComm As OleDbCommand = New OleDbCommand
    myComm.Connection = myConn
    myComm.CommandText = "insert into stocktemp (tindex,proname,tnumber,price) values (@
    tindex,@proname,@tnumber,@price)"
    myComm.Parameters.AddWithValue("@tindex", stockTemp)
    myComm.Parameters.AddWithValue("@proname", cbStockProname.SelectedItem)
    myComm.Parameters.AddWithValue("@tnumber", CLng(nudStockNumber.Value))
    myComm.Parameters.AddWithValue("@price", CSng(txtStockPrice.Text))
    myConn.Open()
    Try
        myComm.ExecuteNonQuery()
    Catch ex As Exception
        MsgBox("产品重复添加,请查看您输入的信息!", MsgBoxStyle.Information, "提示信息")
    End Try
    myConn.Close()
    '计算交易金额
    Dim tNumber As Long
    Dim tPrice As Single
    Dim tSum As Double = 0
    Dim tConn As New OleDbConnection(strConn)
    Dim tComm As New OleDbCommand
    tComm.Connection = tConn
    tComm.CommandText = "select tnumber,price from stocktemp"
    Dim tReader As OleDbDataReader
    tConn.Open()
    tReader = tComm.ExecuteReader
    While tReader.Read
        tNumber = tReader.GetInt32(0)
        tPrice = tReader.GetFloat(1)
        tSum = tSum + tNumber * tPrice
    End While
    Dim tDou As Double = (1 - CSng(txtConInprice.Text)) * tSum
    txtConSum.Text = Format(tDou, "0.00")
    tConn.Close()
    '更新订单信息
    Dim sqlStr As String = "select proname,tnumber,price from stocktemp"
    Dim conConn As New OleDbConnection(strConn)
    Dim conComm As New OleDbCommand(sqlStr, conConn)
    Dim myDa As New OleDbDataAdapter
    myDa.SelectCommand = conComm
    Dim myDs As New DataSet
    myDa.Fill(myDs, "stocktemp")
    dgCon.DataSource = myDs.Tables("stocktemp")
    conConn.Close()
End Sub
```

双击"订单信息修改"部分的"删除"按钮,进入该按钮的单击事件,编写程序如代码 6-30 所示。

代码 6-30:"删除"按钮的单击事件(1)

```
Private Sub btnStockTempDelete_Click(ByVal sender As System.Object, ByVal e As System.
EventArgs) Handles btnStockTempDelete.Click
    If dgCon.CurrentRowIndex = -1 Then
        Exit Sub
    End If
    Dim tMsg As MsgBoxResult
    Dim numTemp As Integer
    Dim pronameTemp As String
    numTemp = dgCon.CurrentRowIndex
    Dim numTemp2 As Integer
    pronameTemp = dgCon.Item(numTemp, 0)
    tMsg = MsgBox("确实要删除产品名称为<" & pronameTemp & ">的订单记录?", MsgBoxStyle.
YesNo, "提示信息")
    If tMsg = MsgBoxResult.No Then
        Exit Sub
    End If
    Dim myConn As OleDbConnection = New OleDbConnection(strConn)
    Dim myComm As OleDbCommand = New OleDbCommand
    myComm.Connection = myConn
    myComm.CommandText = "delete from stocktemp where proname = @proname"
    myComm.Parameters.AddWithValue("proname", pronameTemp)
    myConn.Open()
    myComm.ExecuteNonQuery()
    myConn.Close()
    '计算交易金额
    Dim tNumber As Long
    Dim tPrice As Single
    Dim tSum As Double = 0
    Dim tConn As New OleDbConnection(strConn)
    Dim tComm As New OleDbCommand
    tComm.Connection = tConn
    tComm.CommandText = "select tnumber,price from stocktemp"
    Dim tReader As OleDbDataReader
    tConn.Open()
    tReader = tComm.ExecuteReader
    While tReader.Read
        tNumber = tReader.GetInt32(0)
        tPrice = tReader.GetFloat(1)
        tSum = tSum + tNumber * tPrice
    End While
    Dim tDou As Double = (1 - CSng(txtConInprice.Text)) * tSum
    txtConSum.Text = Format(tDou, "0.00")
    tConn.Close()
    '更新订单信息
    Dim sqlStr As String = "select tindex,proname,tnumber,price from stocktemp"
    Dim conConn As New OleDbConnection(strConn)
```

```
        Dim conComm As New OleDbCommand(sqlStr, conConn)
        Dim myDa As New OleDbDataAdapter
        myDa.SelectCommand = conComm
        Dim myDs As New DataSet
        myDa.Fill(myDs, "stocktemp")
        dgCon.DataSource = myDs.Tables("stocktemp")
        conConn.Close()
End Sub
```

双击界面下面的"修改"按钮,进入该按钮的单击事件,编写程序如代码 6-31 所示。

代码 6-31:"修改"按钮的单击事件

```
Private Sub btnConModify_Click(ByVal sender As System.Object, ByVal e As System.EventArgs)
Handles btnConModify.Click
    If CDbl(Me.txtConSum.Text) = 0 Then
        MsgBox("订单信息不能为空!", MsgBoxStyle.Information, "提示信息")
        Exit Sub
    End If
    '删除原有合同库存
    Dim myConn As OleDbConnection = New OleDbConnection(strConn)
    Dim myComm As OleDbCommand = New OleDbCommand
    myComm.Connection = myConn
    myComm.CommandText = " delete from stock where contract = " & "'" & Me.cbConID.
    SelectedItem & "'"
    myConn.Open()
    myComm.ExecuteNonQuery()
    myConn.Close()
    '更新合同表
    Dim saveComm As OleDbCommand = New OleDbCommand
    saveComm.CommandText = "update contract set ctype = @ctype, customer = @customer, csum =
    @csum, paytype = @paytype, signdate = @signdate where id = " & Me.cbConID.SelectedItem
    saveComm.Connection = myConn
    saveComm.Parameters.AddWithValue("@ctype", Me.cbConType.SelectedItem)
    saveComm.Parameters.AddWithValue("@customer", Me.cbConCustomer.SelectedItem)
    saveComm.Parameters.AddWithValue("@csum", CDbl(Me.txtConSum.Text))
    saveComm.Parameters.AddWithValue("@paytype", Me.cbConPaytype.SelectedItem)
    saveComm.Parameters.AddWithValue("@signdate", Me.dtpCon.Text)
    myConn.Open()
    Try
        saveComm.ExecuteNonQuery()
    Catch ex As Exception
        MsgBox(Err.Description, MsgBoxStyle.Information)
    End Try
    myConn.Close()
    '更新库存表
    Dim tProname As String
    Dim tNumber As Long
    Dim tPrice As Double
    Dim i As Integer
    Dim g As Integer
    Dim stockTempComm As OleDbCommand = New OleDbCommand
```

```
        stockTempComm.Connection = myConn
        stockTempComm.CommandText = "select count(proname) from stocktemp"
        myConn.Open()
        Dim count As Object = stockTempComm.ExecuteScalar()
        g = CInt(count)
        myConn.Close()
        Dim stockComm As OleDbCommand = New OleDbCommand
        stockComm.Connection = myConn
        stockComm.CommandText = "insert into stock (contract,stype,proname,snumber,price)
        values (@contract,@stype,@proname,@snumber,@price)"
        myConn.Open()
        For i = 0 To g - 1
            tProname = CStr(dgCon.Item(i, 0))
            tNumber = CLng(dgCon.Item(i, 1))
            tPrice = CSng(dgCon.Item(i, 2))
            stockComm.Parameters.AddWithValue("@contract", cbConID.SelectedItem)
            stockComm.Parameters.AddWithValue("@stype", Me.cbConType.SelectedItem)
            stockComm.Parameters.AddWithValue("@proname", tProname)
            stockComm.Parameters.AddWithValue("@snumber", tNumber)
            stockComm.Parameters.AddWithValue("@price", tPrice)
            Try
                stockComm.ExecuteNonQuery()
            Catch ex As Exception
                MsgBox(Err.Description)
            End Try
            stockComm.Parameters.Clear()
        Next
        myConn.Close()
        MsgBox("合同修改成功!", MsgBoxStyle.Information, "提示信息")
    End Sub
```

双击界面下面的“删除”按钮，进入该按钮的单击事件，编写程序如代码 6-32 所示。

代码 6-32：“删除”按钮的单击事件(2)

```
Private Sub btnConDelete_Click(ByVal sender As System.Object, ByVal e As System.EventArgs)
Handles btnConDelete.Click
    If cbConID.SelectedIndex = -1 Then
        Exit Sub
    End If
    Dim t As String
    Dim temp As MsgBoxResult
    temp = MsgBox("确实要删除此条记录吗?", MsgBoxStyle.YesNo, "提示信息:")
    If temp = MsgBoxResult.Yes Then
        Dim myConn As OleDbConnection = New OleDbConnection(strConn)
        Dim myComm As OleDbCommand = New OleDbCommand
        myComm.Connection = myConn
        myComm.CommandText = "delete from contract where id = @id"
        myComm.Parameters.AddWithValue("@id", CLng(cbConID.SelectedItem))
        t = cbConID.SelectedItem
        cbConID.Items.RemoveAt(cbConID.SelectedIndex)
        myConn.Open()
```

```
            myComm.ExecuteNonQuery()
            myConn.Close()
            cbConID.SelectedIndex = -1
            cbConCustomer.SelectedIndex = -1
            cbConType.SelectedIndex = -1
            cbConPaytype.SelectedIndex = -1
            Me.dtpCon.Value = DateTime.Today
            Me.labConCustomerLevel.Text = ""
            '订单信息
            Dim sqlStr As String = "delete * from stock where contract = " & "'" & t & "'"
            Dim conConn As New OleDbConnection(strConn)
            Dim conComm As New OleDbCommand
            conComm.Connection = conConn
            conComm.CommandText = sqlStr
            conConn.Open()
            conComm.ExecuteNonQuery()
            conConn.Close()
            '订单信息
            Dim asqlStr As String = "select proname,snumber,price from stock where contract = "
            & "'" & Me.cbConID.SelectedItem & "'"
            Dim aconConn As New OleDbConnection(strConn)
            Dim aconComm As New OleDbCommand(asqlStr, aconConn)
            Dim myDa As New OleDbDataAdapter
            myDa.SelectCommand = aconComm
            Dim myDs As New DataSet
            myDa.Fill(myDs, "stock")
            dgCon.DataSource = myDs.Tables("stock")
            aconConn.Close()
            '删除临时库存记录
            Dim tmyConn As OleDbConnection = New OleDbConnection(strConn)
            Dim tmyComm As OleDbCommand = New OleDbCommand
            tmyComm.Connection = tmyConn
            tmyComm.CommandText = "delete * from stocktemp"
            tmyConn.Open()
            tmyComm.ExecuteNonQuery()
            tmyConn.Close()
        Else
            Exit Sub
        End If
    End Sub
```

6.4.6　设计统计合同信息界面 frmConSum.vb

统计合同信息界面的设计如图 6-17 所示。

该界面的设计步骤为：首先添加一个 PictureBox 控件，用于显示左侧的图片。依次添加 Label 控件，用于显示对应的文本信息。再添加三个 ComboBox 下拉菜单控件，分别用于“年销售额查询”“月销售额查询”和“合同统计”的选择。在右侧添加三个 Button 按钮控件，作为“查询”按钮。在窗体下面添加一个 Button 按钮控件，作为“关闭”按钮。

进入该界面的代码文件，首先编写该窗体的 Form_Load 事件程序如代码 6-33 所示。

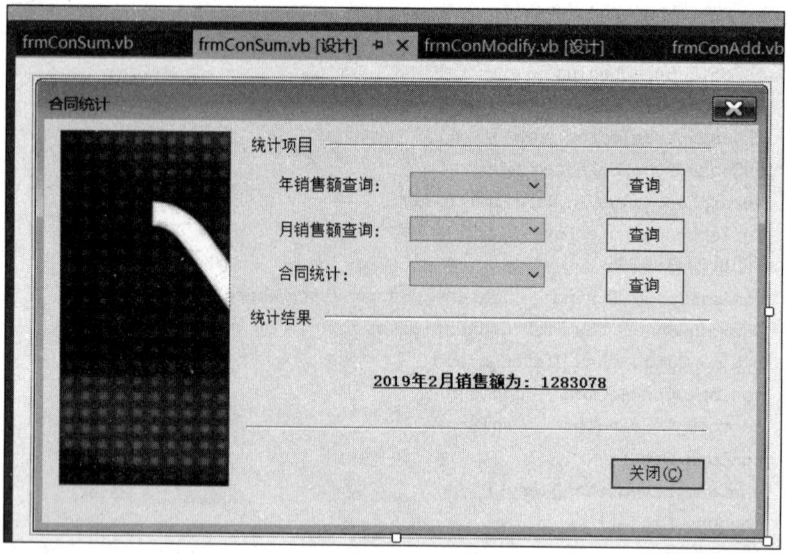

图 6-17　统计合同信息界面

代码 6-33：窗体的 Form_Load 事件

```
Private Sub frmConSum_Load(ByVal sender As System.Object, ByVal e As System.EventArgs) Handles
MyBase.Load
    Me.labConSum.Text = "统计结果"
    Me.cbConSumYear.Items.Clear()
    Dim beginYear As Integer
    Dim endYear As Integer
    Try
        Dim strTemp() As String
        Dim strFileSetting As String = "setting.ini"
        Dim YearReader As StreamReader = New StreamReader(strFileSetting)
        YearReader.ReadLine()
        YearReader.ReadLine()
        strTemp = YearReader.ReadLine().Split(" ")
        beginYear = strTemp(1).Trim
        strTemp = YearReader.ReadLine().Split(" ")
        endYear = strTemp(1).Trim
        YearReader.Close()
        YearReader = Nothing
    Catch ex As Exception
        MsgBox(Err.Description)
        MsgBox("读取起止统计年份失败!", MsgBoxStyle.Information, "提示信息")
    End Try
    Dim i As Integer
    For i = 0 To endYear - beginYear
        Me.cbConSumYear.Items.Add(beginYear + i)
    Next
End Sub
```

编写第一个“查询”按钮的单击事件程序如代码 6-34 所示。

代码 6-34："查询"按钮的单击事件(1)

```
Private Sub btnConSumYear_Click(ByVal sender As System.Object, ByVal e As System.EventArgs)
Handles btnConSumYear.Click
    If Me.cbConSumYear.SelectedIndex = -1 Then
        MsgBox("请选择年份!", MsgBoxStyle.Information, "提示信息")
        Exit Sub
    End If
    Dim conNum As Long
    Dim conSum As Double
    Dim myConn As New OleDbConnection(strConn)
    Dim myComm As New OleDbCommand
    myComm.Connection = myConn
    myComm.CommandText = "select count(id),sum(csum) from contract where factor = true and
    factdate>=#" & CDate(Me.cbConSumYear.SelectedItem & "-1-1") & "# and " & "factdate<=
    #" & CDate(Me.cbConSumYear.SelectedItem & "-12-31") & "#"
    Dim myReader As OleDbDataReader
    myConn.Open()
    myReader = myComm.ExecuteReader
    While myReader.Read
        conNum = myReader.GetInt32(0)
        If conNum = "0" Then
            conSum = 0
            Exit While
        Else
            conSum = myReader.GetDouble(1)
        End If
    End While
    myConn.Close()
    Me.labConSum.Text = "合同数目:" & conNum & " 交易金额:" & conSum
End Sub
```

编写第二个"查询"按钮的单击事件程序如代码 6-35 所示。

代码 6-35："查询"按钮的单击事件(2)

```
Private Sub btnConSumMonth_Click(ByVal sender As System.Object, ByVal e As System.EventArgs)
Handles btnConSumMonth.Click
    If Me.cbConSumYear.SelectedIndex = -1 Then
        MsgBox("请选择年份!", MsgBoxStyle.Information, "提示信息")
        Exit Sub
    End If
    If Me.cbConSumMonth.SelectedIndex = -1 Then
        MsgBox("请选择月份!", MsgBoxStyle.Information, "提示信息")
        Exit Sub
    End If
    Dim conNum As Long
    Dim conSum As Double
    Dim endDate As String
    Dim MonthTemp As Integer
    MonthTemp = Me.cbConSumMonth.SelectedIndex
    '1,3,5,7,8,10,12-31
```

```
        '0,2,4,6,7,9,11
        '4,6,9,11 - 30
        '3,5,8,10
        If MonthTemp = 0 Or MonthTemp = 2 Or MonthTemp = 4 Or MonthTemp = 6 Or MonthTemp = 7 Or
        MonthTemp = 9 Or MonthTemp = 11 Then
            endDate = " - 31"
        ElseIf MonthTemp = 1 Then
            endDate = " - 28"
        ElseIf MonthTemp = 3 Or MonthTemp = 5 Or MonthTemp = 8 Or MonthTemp = 10 Then
            endDate = " - 30"
        End If
        Dim myConn As New OleDbConnection(strConn)
        Dim myComm As New OleDbCommand
        myComm.Connection = myConn
        myComm.CommandText = "select count(id),sum(csum) from contract where factor = true and
        factdate> = #" & CDate(Me.cbConSumYear.SelectedItem & " - " & Me.cbConSumMonth.
        SelectedIndex + 1 & " - 1") & "# and " & "factdate < = #" & CDate(Me.cbConSumYear.
        SelectedItem & " - " & Me.cbConSumMonth.SelectedIndex + 1 & endDate) & "#"
        Dim myReader As OleDbDataReader
        myConn.Open()
        myReader = myComm.ExecuteReader
        While myReader.Read
            conNum = myReader.GetInt32(0)
            If conNum = "0" Then
                conSum = 0
                Exit While
            Else
                conSum = myReader.GetDouble(1)
            End If
        End While
        myConn.Close()
        Me.labConSum.Text = "合同数目: " & conNum & " 交易金额: " & conSum
    End Sub
```

编写第三个"查询"按钮的单击事件程序如代码 6-36 所示。

代码 6-36:"查询"按钮的单击事件(3)

```
Private Sub btnCon_Click(ByVal sender As System.Object, ByVal e As System.EventArgs) Handles
btnCon.Click
    If cbConFact.SelectedIndex = - 1 Then
        Exit Sub
    End If
    Dim factor As Boolean
    Dim conNum As Long
    Dim conSum As Double
    If cbConFact.SelectedIndex = 0 Then
        factor = True
    ElseIf cbConFact.SelectedIndex = 1 Then
        factor = False
    ElseIf cbConFact.SelectedIndex = 2 Then
        Dim myConn As New OleDbConnection(strConn)
```

```
        Dim myComm As New OleDbCommand
        myComm.Connection = myConn
        myComm.CommandText = "select count(id),sum(csum) from contract"
        Dim myReader As OleDbDataReader
        myConn.Open()
        myReader = myComm.ExecuteReader
        While myReader.Read
            conNum = myReader.GetInt32(0)
            conSum = myReader.GetDouble(1)
        End While
        myConn.Close()
        Me.labConSum.Text = "合同数目: " & conNum & " 交易金额: " & conSum
        Exit Sub
    End If
    Dim Conn As New OleDbConnection(strConn)
    Dim Comm As New OleDbCommand
    Comm.Connection = Conn
    Comm.CommandText = "select count(id),sum(csum) from contract where factor = @factor"
    Comm.Parameters.Add("@factor", factor)
    Dim Reader As OleDbDataReader
    Conn.Open()
    Reader = Comm.ExecuteReader
    While Reader.Read
        conNum = Reader.GetInt32(0)
        If conNum = 0 Then
            conSum = 0
            Exit While
        End If
        conSum = Reader.GetDouble(1)
    End While
    Conn.Close()
    Me.labConSum.Text = "合同数目: " & conNum & " 交易金额: " & conSum
End Sub
```

双击"关闭"按钮,进入该按钮的单击事件,编写代码如下:

```
Private Sub btnCancel_Click(ByVal sender As System.Object, ByVal e As System.EventArgs)
Handles btnCancel.Click
    Me.Close()
End Sub
```

6.4.7　设计添加客户信息界面 frmCusAdd.vb

添加客户信息界面的设计如图 6-18 所示。

该界面的设计步骤为:首先添加一个 PictureBox 控件,用于显示左面的图片。在右面添加一个 GroupBox 控件,然后依次添加 Label 控件,用于显示相应的文本。再依次添加 TextBox 控件,用于输入对应的内容。在窗体下面添加三个 Button 按钮控件,分别用于显示"添加""重置"和"关闭"按钮。

进入该界面的代码文件,首先编写该窗体的 Form_Load 事件程序如代码 6-37 所示。

图 6-18　添加客户信息界面

代码 6-37：窗体的 Form_Load 事件

```
Private Sub frmCusAdd_Load(ByVal sender As System.Object, ByVal e As System.EventArgs) Handles
MyBase.Load
    txtCusID.Text = "自动"
    txtCusName.Text = ""
    txtCusAddress.Text = ""
    txtCusPost.Text = ""
    txtCusPhone.Text = ""
    txtCusBankNumber.Text = ""
    txtCusDate.Text = "系统时间"
    labCusLevel.Text = ""
    txtCusID.Enabled = False
    txtCusDate.Enabled = False
End Sub
```

编写"联系电话"的 TextBox 文本框控件的 TextChanged 事件程序如代码 6-38 所示。

代码 6-38："联系电话"的 TextBox 文本框控件的 TextChanged 事件

```
Private Sub txtCusPhone_TextChanged(ByVal sender As System.Object, ByVal e As System.
EventArgs) Handles txtCusPhone.TextChanged
    modMain.checkNum(txtCusPhone)
End Sub
```

双击"添加"按钮，进入该按钮的单击事件，编写程序如代码 6-39 所示。

代码 6-39："添加"按钮的单击事件

```
Private Sub btnAdd_Click(ByVal sender As System.Object, ByVal e As System.EventArgs) Handles
btnAdd.Click
    '检查输入的各字段是否符合要求
    If txtCusName.Text = "" Then
        MsgBox("客户姓名不可为空!", MsgBoxStyle.Information, "提示信息:")
```

```
        Exit Sub
    End If
    If txtCusAddress.Text = "" Then
        MsgBox("客户地址不可为空!", MsgBoxStyle.Information, "提示信息:")
        Exit Sub
    End If
    If txtCusPost.Text = "" Then
        MsgBox("客户邮编不可为空!", MsgBoxStyle.Information, "提示信息:")
        Exit Sub
    End If
    If txtCusPhone.Text = "" Then
        MsgBox("客户电话不可为空!", MsgBoxStyle.Information, "提示信息:")
        Exit Sub
    End If
    If txtCusBankNumber.Text = "" Then
        MsgBox("银行账号不可为空!", MsgBoxStyle.Information, "提示信息:")
        Exit Sub
    End If
    Dim myConn As OleDbConnection = New OleDbConnection(strConn)
    Dim myComm As OleDbCommand = New OleDbCommand
    myComm.Connection = myConn
    myComm.CommandText = "select max(id) from customer"
    Dim myReader As OleDbDataReader
    myConn.Open()
    Dim maxIDTemp As Long
    Dim maxId As Object = myComm.ExecuteScalar()
    If maxId Is System.DBNull.Value Then
        maxIDTemp = 10000001
    Else
        Dim strid As String
        strid = CStr(maxId)
        maxIDTemp = CInt(strid)
        maxIDTemp = maxIDTemp + 1
    End If
    myConn.Close()
    Dim saveComm As OleDbCommand = New OleDbCommand
    saveComm.CommandText = "insert into customer (id, name, address, post, phone, banknumber, cdate,
    clevel) values (@id, @name, @address, @post, @phone, @banknumber, @cdate, @clevel)"
    saveComm.Connection = myConn
    saveComm.Parameters.AddWithValue("@id", maxIDTemp)
    saveComm.Parameters.AddWithValue("@name", txtCusName.Text)
    saveComm.Parameters.AddWithValue("@address", txtCusAddress.Text)
    saveComm.Parameters.AddWithValue("@post", txtCusPost.Text)
    saveComm.Parameters.AddWithValue("@phone", txtCusPhone.Text)
    saveComm.Parameters.AddWithValue("@banknumber", txtCusBankNumber.Text)
    saveComm.Parameters.AddWithValue("@cdate", DateTime.Today)
    saveComm.Parameters.AddWithValue("@clevel", "★☆☆☆")
    myConn.Open()
    Try
        saveComm.ExecuteNonQuery()
    Catch ex As Exception
```

```
            MsgBox(Err.Description)
        End Try
        MsgBox("客户信息添加成功,客户号为: " & maxIDTemp, MsgBoxStyle.Information, "提示信息")
        Me.Close()
    End Sub
```

双击"重置"按钮,进入该按钮的单击事件,编写程序如代码 6-40 所示。

代码 6-40: "重置"按钮的单击事件

```
Private Sub btnReset_Click(ByVal sender As System.Object, ByVal e As System.EventArgs) Handles
btnReset.Click
        txtCusID.Text = "自动"
        txtCusName.Text = ""
        txtCusAddress.Text = ""
        txtCusPost.Text = ""
        txtCusPhone.Text = ""
        txtCusBankNumber.Text = ""
        txtCusDate.Text = "系统日期"
        labCusLevel.Text = ""
End Sub
```

6.4.8 设计管理客户信息界面 frmCusModify.vb

管理客户信息界面的设计如图 6-19 所示。

图 6-19 管理客户信息界面

该界面的设计步骤为:首先在窗体左侧添加一个 PictureBox 控件,用于显示图片。在右侧添加一个 GroupBox 控件,然后依次添加 Label 控件,用于显示对应的文本。再添加一个 ComboBox 控件,用于显示客户编号。再依次添加 TextBox 文本框控件,用于显示和修改对应的内容。在窗体下面添加三个 Button 按钮控件,分别用于显示"删除""修改"和"关闭"按钮。

进入该界面的代码文件,首先编写该窗体的 Form_Load 事件程序如代码 6-41 所示。

代码 6-41：窗体的 Form_Load 事件

```
Private Sub frmCusModify_Load(ByVal sender As System.Object, ByVal e As System.EventArgs)
Handles MyBase.Load
    Dim myConn As OleDbConnection = New OleDbConnection(strConn)
    Dim myComm As OleDbCommand = New OleDbCommand
    myComm.Connection = myConn
    myComm.CommandText = "select id from customer"
    Dim myReader As OleDbDataReader
    myConn.Open()
    myReader = myComm.ExecuteReader()
    While myReader.Read
        cbCusID.Items.Add(myReader.GetInt32(0))
    End While
    myConn.Close()
    Me.txtCusDate.Enabled = False
End Sub
```

编写“客户编号”下拉菜单的 SelectedIndexChanged 事件程序如代码 6-42 所示。

代码 6-42：“客户编号”下拉菜单的 SelectedIndexChanged 事件

```
Private Sub cbCusID_SelectedIndexChanged(ByVal sender As System.Object, ByVal e As System.
EventArgs) Handles cbCusID.SelectedIndexChanged
    If cbCusID.SelectedIndex > -1 Then
        Dim myConn As OleDbConnection = New OleDbConnection(strConn)
        Dim myComm As OleDbCommand = New OleDbCommand
        myComm.Connection = myConn
        myComm.CommandText = "select * from customer where id = " & cbCusID.SelectedItem
        Dim myReader As OleDbDataReader
        myConn.Open()
        myReader = myComm.ExecuteReader()
        While myReader.Read
            txtCusName.Text = myReader.GetString(1)
            txtCusAddress.Text = myReader.GetString(2)
            txtCusPost.Text = myReader.GetString(3)
            txtCusBankNumber.Text = myReader.GetString(4)
            txtCusPhone.Text = myReader.GetString(5)
            txtCusDate.Text = myReader.GetDateTime(6)
            labCusLevel.Text = myReader.GetString(7)
        End While
        myConn.Close()
    End If
End Sub
```

编写“删除”按钮的单击事件程序如代码 6-43 所示。

代码 6-43：“删除”按钮的单击事件

```
Private Sub btnDelete_Click(ByVal sender As System.Object, ByVal e As System.EventArgs)
Handles btnDelete.Click
    If cbCusID.SelectedIndex = -1 Then
        Exit Sub
```

```
    End If
    Dim temp As MsgBoxResult
    temp = MsgBox("确实要删除此条记录吗?", MsgBoxStyle.YesNo, "提示信息:")
    If temp = MsgBoxResult.Yes Then
        Dim myConn As OleDbConnection = New OleDbConnection(strConn)
        Dim myComm As OleDbCommand = New OleDbCommand
        myComm.Connection = myConn
        myComm.CommandText = "delete from customer where id = @id"
        myComm.Parameters.AddWithValue("@id", CLng(cbCusID.SelectedItem))
        cbCusID.Items.RemoveAt(cbCusID.SelectedIndex)
        myConn.Open()
        myComm.ExecuteNonQuery()
        myConn.Close()
        cbCusID.SelectedIndex = -1
        txtCusName.Text = ""
        txtCusAddress.Text = ""
        txtCusPost.Text = ""
        txtCusPhone.Text = ""
        txtCusBankNumber.Text = ""
        txtCusDate.Text = ""
        labCusLevel.Text = ""
    Else
        Exit Sub
    End If
End Sub
```

编写“修改”按钮的单击事件程序如代码 6-44 所示。

代码 6-44:“修改”按钮的单击事件

```
Private Sub btnModify_Click(ByVal sender As System.Object, ByVal e As System.EventArgs)
Handles btnModify.Click
    If txtCusName.Text = "" Then
        MsgBox("客户姓名不可为空!", MsgBoxStyle.Information, "提示信息:")
        Exit Sub
    End If
    If txtCusAddress.Text = "" Then
        MsgBox("客户地址不可为空!", MsgBoxStyle.Information, "提示信息:")
        Exit Sub
    End If
    If txtCusPost.Text = "" Then
        MsgBox("客户邮编不可为空!", MsgBoxStyle.Information, "提示信息:")
        Exit Sub
    End If
    If txtCusPhone.Text = "" Then
        MsgBox("客户电话不可为空!", MsgBoxStyle.Information, "提示信息:")
        Exit Sub
    End If
    If txtCusBankNumber.Text = "" Then
        MsgBox("银行账号不可为空!", MsgBoxStyle.Information, "提示信息:")
        Exit Sub
    End If
```

```
    Dim myConn As OleDbConnection = New OleDbConnection(strConn)
    Dim myComm As OleDbCommand = New OleDbCommand
    myComm.Connection = myConn
    myComm.CommandText = "update customer set name = @name, address = @address, post = @post, phone = @phone, banknumber = @banknumber where id = " & cbCusID.SelectedItem
    myComm.Parameters.AddWithValue("@name", txtCusName.Text)
    myComm.Parameters.AddWithValue("@address", txtCusAddress.Text)
    myComm.Parameters.AddWithValue("@post", txtCusPost.Text)
    myComm.Parameters.AddWithValue("@phone", txtCusPhone.Text)
    myComm.Parameters.AddWithValue("@banknumber", txtCusBankNumber.Text)
    myConn.Open()
    myComm.ExecuteNonQuery()
    myConn.Close()
    MsgBox("客户信息修改成功!", MsgBoxStyle.Information, "提示信息")
End Sub
```

编写“关闭”按钮的单击事件程序如代码 6-45 所示。

代码 6-45：“关闭”按钮的单击事件

```
Private Sub btnCancel_Click(ByVal sender As System.Object, ByVal e As System.EventArgs)
Handles btnCancel.Click
    Me.Close()
End Sub
```

6.4.9 设计添加成品信息界面 frmProAdd.vb

添加成品信息界面的设计如图 6-20 所示。

图 6-20 添加成品信息界面

该界面的设计步骤为：首先添加一个 PictureBox 控件，用于显示左侧的图片。然后添加一个 GroupBox 控件。再依次添加 Label 标签控件，用于显示对应的文本。再添加 TextBox 文本框控件，用于输入内容。然后添加一个 ComboBox 控件，用于选择“成品标准”。最后在窗体下面添加三个 Button 按钮控件，分别用于显示“添加”“重置”和“关闭”按钮。

进入该界面的代码文件，首先编写该窗体的 Form_Load 事件程序如代码 6-46 所示。

代码 6-46：窗体的 Form_Load 事件

```
Private Sub frmProAdd_Load(ByVal sender As System.Object, ByVal e As System.EventArgs) Handles
MyBase.Load
    txtProID.Enabled = False
    txtProID.Text = "自动"
    txtProDate.Enabled = False
    txtProDate.Text = "系统日期"
End Sub
```

编写“添加”按钮的单击事件程序如代码 6-47 所示。

代码 6-47：“添加”按钮的单击事件

```
Private Sub btnAdd_Click(ByVal sender As System.Object, ByVal e As System.EventArgs) Handles
btnAdd.Click
    If txtProName.Text = "" Then
        MsgBox("成品名称不可为空!", MsgBoxStyle.Information, "提示信息:")
        Exit Sub
    End If
    If txtProModel.Text = "" Then
        MsgBox("成品型号不可为空!", MsgBoxStyle.Information, "提示信息:")
        Exit Sub
    End If
    If cbProStandard.SelectedItem = "" Then
        MsgBox("成品标准不可为空!", MsgBoxStyle.Information, "提示信息:")
        Exit Sub
    End If
    Dim myConn As OleDbConnection = New OleDbConnection(strConn)
    Dim myComm As OleDbCommand = New OleDbCommand
    myComm.Connection = myConn
    myComm.CommandText = "select max(id) from product"
    Dim myReader As OleDbDataReader
    myConn.Open()
    Dim maxIDTemp As Long
    Dim maxId As Object = myComm.ExecuteScalar()
    If maxId Is System.DBNull.Value Then
        maxIDTemp = 10000001
    Else
        Dim strid As String
        strid = CStr(maxId)
        maxIDTemp = CInt(strid)
        maxIDTemp = maxIDTemp + 1
    End If
    myConn.Close()
    Dim saveComm As OleDbCommand = New OleDbCommand
    saveComm.CommandText = "insert into product (id,name,model,standard,pdate) values (@
    id,@name,@model,@standard,@pdate)"
    saveComm.Connection = myConn
    saveComm.Parameters.AddWithValue("@id", maxIDTemp)
    saveComm.Parameters.AddWithValue("@name", txtProName.Text)
    saveComm.Parameters.AddWithValue("@model", txtProModel.Text)
    saveComm.Parameters.AddWithValue("@standard", cbProStandard.SelectedItem)
    saveComm.Parameters.AddWithValue("@pdate", DateTime.Today)
```

```
        myConn.Open()
        Try
            saveComm.ExecuteNonQuery()
            MsgBox("成品信息添加成功!", MsgBoxStyle.Information, "提示信息")
            Me.Close()
        Catch ex As Exception
            MsgBox(Err.Description)
        End Try
    End Sub
```

编写"重置"按钮的单击事件程序如代码 6-48 所示。

代码 6-48："重置"按钮的单击事件

```
Private Sub btnReset_Click(ByVal sender As System.Object, ByVal e As System.EventArgs) Handles
btnReset.Click
    txtProName.Text = ""
    txtProModel.Text = ""
    cbProStandard.SelectedIndex = -1
End Sub
```

编写"关闭"按钮的单击事件程序如代码 6-49 所示。

代码 6-49："关闭"按钮的单击事件

```
Private Sub btnCancel_Click(ByVal sender As System.Object, ByVal e As System.EventArgs)
Handles btnCancel.Click
    Me.Close()
End Sub
```

6.4.10　设计管理成品信息界面 frmProModify.vb

管理成品信息界面的设计如图 6-21 所示。

图 6-21　管理成品信息界面

该界面的设计步骤为：首先添加一个 PictureBox 控件，用于显示左侧的图片。再添加一个 GroupBox 控件。然后依次添加 Label 控件，用于显示对应的文本。再添加一个 ComboBox 控件，用于"成品编号"的选择。再添加三个 TextBox 控件，分别用于"成品名称""成品型号""添加日期"的内容编辑。再添加一个 ComboBox 控件，用于"成品标准"的选择。最后在窗体的下面添加三个 Button 按钮控件，分别用于显示"删除""修改"和"关闭"按钮。

进入该界面的代码文件，首先编写该窗体的 Form_Load 事件程序如代码 6-50 所示。

代码 6-50：窗体的 Form_Load 事件

```
Private Sub frmProModify_Load(ByVal sender As System.Object, ByVal e As System.EventArgs)
Handles MyBase.Load
    txtProDate.Enabled = False
    Dim myConn As OleDbConnection = New OleDbConnection(strConn)
    Dim myComm As OleDbCommand = New OleDbCommand
    myComm.Connection = myConn
    myComm.CommandText = "select id from product"
    Dim myReader As OleDbDataReader
    myConn.Open()
    myReader = myComm.ExecuteReader()
    While myReader.Read
        cbProID.Items.Add(myReader.GetInt32(0))
    End While
    myConn.Close()
End Sub
```

编写"成品编号"下拉菜单的 SelectedIndexChanged 事件程序如代码 6-51 所示。

代码 6-51："成品编号"下拉菜单的 SelectedIndexChanged 事件

```
Private Sub cbProID_SelectedIndexChanged(ByVal sender As System.Object, ByVal e As System.
EventArgs) Handles cbProID.SelectedIndexChanged
    If cbProID.SelectedIndex = -1 Then
        Exit Sub
    End If
    Dim myConn As OleDbConnection = New OleDbConnection(strConn)
    Dim myComm As OleDbCommand = New OleDbCommand
    myComm.Connection = myConn
    myComm.CommandText = "select * from product where id = " & cbProID.SelectedItem
    Dim myReader As OleDbDataReader
    myConn.Open()
    myReader = myComm.ExecuteReader()
    While myReader.Read
        txtProName.Text = myReader.GetString(1)
        txtProModel.Text = myReader.GetString(2)
        cbProStandard.Text = myReader.GetString(3)
        txtProDate.Text = myReader.GetDateTime(4)
    End While
    myConn.Close()
End Sub
```

编写“删除”按钮的单击事件程序如代码 6-52 所示。

代码 6-52：“删除”按钮的单击事件

```
Private Sub btnDelete_Click(ByVal sender As System.Object, ByVal e As System.EventArgs)
Handles btnDelete.Click
    If cbProID.SelectedIndex = -1 Then
        MsgBox("成品 ID 为空!", MsgBoxStyle.Information, "提示信息")
        Exit Sub
    End If
    Dim temp As MsgBoxResult
    temp = MsgBox("确实要删除此条记录吗?", MsgBoxStyle.YesNo, "提示信息:")
    If temp = MsgBoxResult.Yes Then
        Dim myConn As OleDbConnection = New OleDbConnection(strConn)
        Dim myComm As OleDbCommand = New OleDbCommand
        myComm.Connection = myConn
        myComm.CommandText = "delete from product where id = @id"
        myComm.Parameters.AddWithValue("@id", CLng(cbProID.SelectedItem))
        Dim myReader As OleDbDataReader
        myConn.Open()
        myComm.ExecuteNonQuery()
        myConn.Close()
        cbProID.Items.Remove(cbProID.SelectedItem)
        txtProName.Text = ""
        txtProModel.Text = ""
        cbProStandard.SelectedIndex = -1
        txtProDate.Text = ""
        MsgBox("成品记录已删除!", MsgBoxStyle.Information, "提示信息")
    Else
        Exit Sub
    End If
End Sub
```

编写“修改”按钮的单击事件程序如代码 6-53 所示。

代码 6-53：“修改”按钮的单击事件

```
Private Sub btnModify_Click(ByVal sender As System.Object, ByVal e As System.EventArgs)
Handles btnModify.Click
    If txtProName.Text = "" Then
        MsgBox("成品名称不可为空!", MsgBoxStyle.Information, "提示信息:")
        Exit Sub
    End If
    If txtProModel.Text = "" Then
        MsgBox("成品型号不可为空!", MsgBoxStyle.Information, "提示信息:")
        Exit Sub
    End If
    If cbProStandard.SelectedItem = "" Then
        MsgBox("成品标准不可为空!", MsgBoxStyle.Information, "提示信息:")
        Exit Sub
    End If
    Dim myConn As OleDbConnection = New OleDbConnection(strConn)
    Dim myComm As OleDbCommand = New OleDbCommand
```

```
    myComm.Connection = myConn
    myComm.CommandText = "update product set name = @name, model = @model, standard = @standard where id = " & cbProID.SelectedItem
    myComm.Parameters.AddWithValue("@name", txtProName.Text)
    myComm.Parameters.AddWithValue("@model", txtProModel.Text)
    myComm.Parameters.AddWithValue("@standard", cbProStandard.SelectedItem)
    myConn.Open()
    myComm.ExecuteNonQuery()
    myConn.Close()
    MsgBox("成品信息修改成功!", MsgBoxStyle.Information, "提示信息")
End Sub
```

编写“关闭”按钮的单击事件程序如代码 6-54 所示。

代码 6-54：“关闭”按钮的单击事件

```
Private Sub btnCancel_Click(ByVal sender As System.Object, ByVal e As System.EventArgs) Handles btnCancel.Click
    Me.Close()
End Sub
```

6.4.11 设计系统设置界面 frmSetting.vb

系统设置界面的设计如图 6-22 所示。

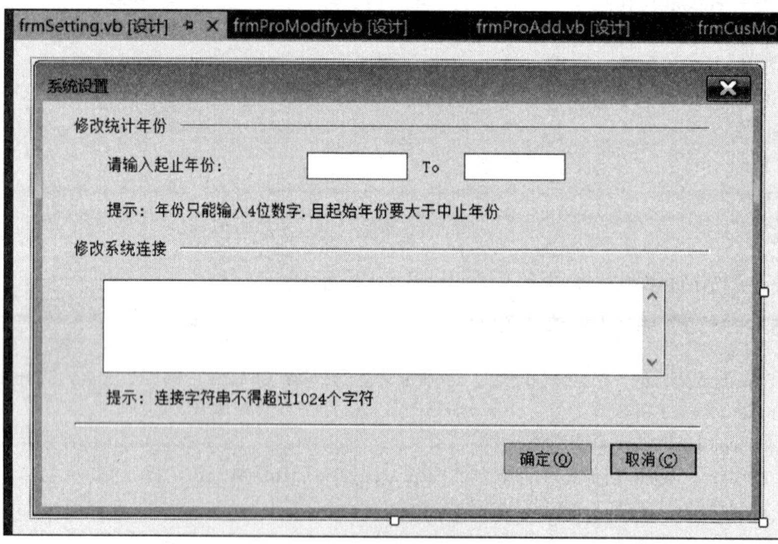

图 6-22　系统设置界面

该界面的设计步骤为：首先添加 Label 控件，分别用于显示相应位置的文本。然后添加三个 TextBox 控件，分别用于“起止年份”和“修改系统连接”。最后添加两个 Button 按钮控件，用于显示“确定”和“取消”按钮。

进入该界面的代码文件，首先编写该窗体的 Form_Load 事件程序如代码 6-55 所示。

代码 6-55：窗体的 Form_Load 事件

```
Private Sub frmSetting_Load(ByVal sender As System.Object, ByVal e As System.EventArgs)
```

```
Handles MyBase.Load
    Try
        Dim strFileName As String = "mag.ini"
        Dim objReader As StreamReader = New StreamReader(strFileName)
        txtString.Text = objReader.ReadToEnd()
        objReader.Close()
        objReader = Nothing
    Catch ex As Exception
        MsgBox("读取连接字符串失败!", MsgBoxStyle.Information, "提示信息")
    End Try
    Try
        Dim strTemp() As String
        Dim strFileSetting As String = "setting.ini"
        Dim YearReader As StreamReader = New StreamReader(strFileSetting)
        YearReader.ReadLine()
        YearReader.ReadLine()
        strTemp = YearReader.ReadLine().Split(" ")
        txtYearBegin.Text = strTemp(1).Trim
        strTemp = YearReader.ReadLine().Split(" ")
        txtYearEnd.Text = strTemp(1).Trim
        YearReader.Close()
        YearReader = Nothing
    Catch ex As Exception
        MsgBox(Err.Description)
        MsgBox("读取起止统计年份失败!", MsgBoxStyle.Information, "提示信息")
    End Try
End Sub
```

编写“起止年份”的第一个 TextBox 文本框控件的 TextChanged 事件程序如代码 6-56 所示。

代码 6-56：“起止年份”的 TextBox 文本框控件的 TextChanged 事件（1）

```
Private Sub txtYearBegin_TextChanged(ByVal sender As System.Object, ByVal e As System.
EventArgs) Handles txtYearBegin.TextChanged
    changeAble = True
    modMain.checkNum(txtYearBegin)
End Sub
```

编写“起止年份”的第二个 TextBox 文本框控件的 TextChanged 事件程序如代码 6-57 所示。

代码 6-57：“起止年份”的 TextBox 文本框控件的 TextChanged 事件（2）

```
Private Sub txtYearEnd_TextChanged(ByVal sender As System.Object, ByVal e As System.
EventArgs) Handles txtYearEnd.TextChanged
    changeAble = True
    modMain.checkNum(txtYearBegin)
End Sub
```

编写“修改系统连接”的 TextBox 文本框控件的 TextChanged 事件程序如代码 6-58 所示。

代码 6-58："修改系统连接"的 TextBox 文本框控件的 TextChanged 事件

```
Private Sub txtString_TextChanged(ByVal sender As System.Object, ByVal e As System.EventArgs)
Handles txtString.TextChanged
    changeAble = True
End Sub
```

编写"确定"按钮的单击事件程序如代码 6-59 所示。

代码 6-59："确定"按钮的单击事件

```
Private Sub btnOK_Click(ByVal sender As System.Object, ByVal e As System.EventArgs) Handles
btnOK.Click
    If changeAble = False Then
        Me.Close()
    End If
    If CInt(Me.txtYearBegin.Text) < CInt(Me.txtYearEnd.Text) Then
        Try
            Dim strTemp As String
            Dim strFileSetting As String = "setting.ini"
            Dim YearWriter As StreamWriter = New StreamWriter(strFileSetting, False)
            strTemp = "[setting]" & vbCrLf & "[SumYear]" & vbCrLf & "[Begin] "
            strTemp = strTemp & txtYearBegin.Text & vbCrLf & "[End] "
            strTemp = strTemp & txtYearEnd.Text & vbCrLf
            YearWriter.Write(strTemp)
            YearWriter.Close()
            YearWriter = Nothing
        Catch ex As Exception
            MsgBox(Err.Description)
          MsgBox("写入起止统计年份失败!", MsgBoxStyle.Information, "提示信息")
        End Try
    Else
        MsgBox("起始和终止年份不匹配!", MsgBoxStyle.Information, "提示信息")
        Exit Sub
    End If
    Try
        Dim strFileName As String = "manager.ini"
        Dim objWriter As StreamWriter = New StreamWriter(strFileName, False)
        objWriter.Write(txtString.Text)
        objWriter.Close()
        objWriter = Nothing
    Catch ex As Exception
        MsgBox("连接字符串写入失败!", MsgBoxStyle.Information, "提示信息")
        Exit Sub
    End Try
    MsgBox("修改系统设置成功!", MsgBoxStyle.Information, "提示信息")
    Me.Close()
End Sub
```

6.4.12 设计出入库管理界面 frmStockInOut.vb

出入库管理界面的设计如图 6-23 所示。

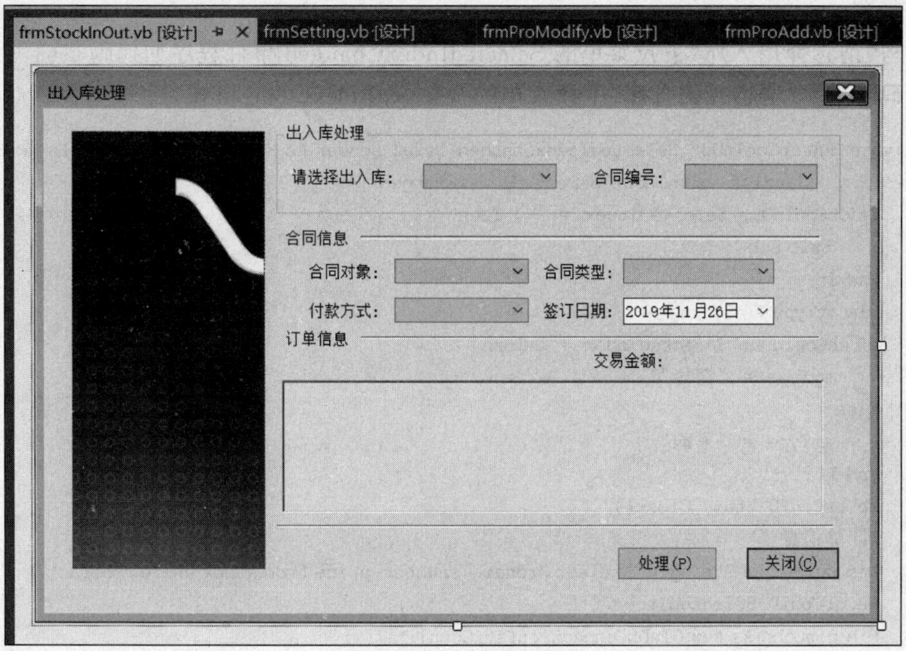

图 6-23　出入库管理界面

该界面的设计步骤为：首先添加一个 PictureBox 控件，用于显示左侧的图片。然后添加一个 GroupBox 控件，用于显示“出入库处理”部分。再添加多个 Label 控件，用于显示相应的文本。然后添加两个 ComboBox 控件，分别用于“请选择出入库”的选择和“合同编号”的选择。在“合同信息”位置依次添加三个 ComboBox 控件，分别用于“合同对象”“合同类型”“付款方式”的选择。再添加一个 DateTimePicker 控件，用于“签订日期”的时间选择。在下面添加一个 DataGrid 控件，用于绑定数据。在窗体的下面添加两个 Button 按钮控件，分别用于显示“处理”和“关闭”按钮。

进入该界面的代码文件，首先编写该窗体的 Form_Load 事件程序如代码 6-60 所示。

代码 6-60：窗体的 Form_Load 事件

```
Private Sub frmStockInOut_Load(ByVal sender As System.Object, ByVal e As System.EventArgs)
Handles MyBase.Load
    Me.cbConCustomer.Enabled = False
    Me.cbConPaytype.Enabled = False
    Me.cbConType.Enabled = False
    Me.dtpCon.Enabled = False
    Dim sqlStr As String = "select proname,snumber,price from stock where contract = " & "'" &
    Me.cbConID.SelectedItem & "'"
    Dim conConn As New OleDbConnection(strConn)
    Dim conComm As New OleDbCommand(sqlStr, conConn)
    Dim myDa As New OleDbDataAdapter
    myDa.SelectCommand = conComm
    Dim myDs As New DataSet
    myDa.Fill(myDs, "stock")
    dgCon.DataSource = myDs.Tables("stock")
```

```
End Sub
```

编写“请选择出入库”下拉菜单的 SelectedIndexChanged 事件程序如代码 6-61 所示。

代码 6-61：“请选择出入库”下拉菜单的 SelectedIndexChanged 事件

```
Private Sub cbConInOut_SelectedIndexChanged(ByVal sender As System.Object, ByVal e As System.
EventArgs) Handles cbConInOut.SelectedIndexChanged
    If cbConInOut.SelectedIndex = -1 Then
        Exit Sub
    End If
    Dim myType As String
    If cbConInOut.SelectedIndex = 0 Then
        myType = "销售"
    Else
        myType = "采购"
    End If
    Me.cbConID.Items.Clear()
    '订单信息
    Dim sqlStr As String = "select proname,snumber,price from stock where contract = " & "'" &
    Me.cbConID.SelectedItem & "'"
    Dim conConn As New OleDbConnection(strConn)
    Dim conComm As New OleDbCommand(sqlStr, conConn)
    Dim myDa As New OleDbDataAdapter
    myDa.SelectCommand = conComm
    Dim myDs As New DataSet
    myDa.Fill(myDs, "stock")
    dgCon.DataSource = myDs.Tables("stock")
    conConn.Close()
    Dim myConn As OleDbConnection = New OleDbConnection(strConn)
    Dim myComm As OleDbCommand = New OleDbCommand
    myComm.Connection = myConn
    myComm.CommandText = "select id from contract where factor = false and ctype = '" &
    myType & "'"
    Dim myReader As OleDbDataReader
    myConn.Open()
    myReader = myComm.ExecuteReader()
    While myReader.Read
        cbConID.Items.Add(myReader.GetInt32(0))
    End While
    myConn.Close()
    cbConType.SelectedIndex = -1
    cbConCustomer.SelectedIndex = -1
    labConSum.Text = ""
    cbConPaytype.SelectedIndex = -1
    dtpCon.Text = DateTime.Today
End Sub
```

编写“合同编号”下拉菜单的 SelectedIndexChanged 事件程序如代码 6-62 所示。

代码 6-62：“合同编号”下拉菜单的 SelectedIndexChanged 事件

```
Private Sub cbConID_SelectedIndexChanged(ByVal sender As System.Object, ByVal e As System.
```

```
EventArgs) Handles cbConID.SelectedIndexChanged
    If cbConID.SelectedIndex = -1 Then
        Exit Sub
    End If
    Dim myConn As OleDbConnection = New OleDbConnection(strConn)
    Dim myComm As OleDbCommand = New OleDbCommand
    myComm.Connection = myConn
    myComm.CommandText = "select * from contract where id = " & cbConID.SelectedItem
    Dim myReader As OleDbDataReader
    myConn.Open()
    myReader = myComm.ExecuteReader()
    While myReader.Read
        cbConType.SelectedItem = myReader.GetString(1)
        cbConCustomer.Items.Add(myReader.GetString(2))
        cbConCustomer.SelectedIndex = 0
        labConSum.Text = myReader.GetDouble(3)
        cbConPaytype.SelectedItem = myReader.GetString(4)
        dtpCon.Text = myReader.GetDateTime(6)
    End While
    myConn.Close()
    '订单信息
    Dim sqlStr As String = "select proname,snumber,price from stock where contract = " & "'" &
    Me.cbConID.SelectedItem & "'"
    Dim conConn As New OleDbConnection(strConn)
    Dim conComm As New OleDbCommand(sqlStr, conConn)
    Dim myDa As New OleDbDataAdapter
    myDa.SelectCommand = conComm
    Dim myDs As New DataSet
    myDa.Fill(myDs, "stock")
    dgCon.DataSource = myDs.Tables("stock")
    conConn.Close()
End Sub
```

编写“处理”按钮的单击事件程序如代码 6-63 所示。

代码 6-63：“处理”按钮的单击事件

```
Private Sub btnStock_Click(ByVal sender As System.Object, ByVal e As System.EventArgs) Handles
btnStock.Click
    If cbConID.SelectedIndex = -1 Then
        Exit Sub
    End If
    Dim temp As MsgBoxResult
    temp = MsgBox("您确定要处理此条出入库信息吗?", MsgBoxStyle.YesNo, "提示信息:")
    Dim lack As String
    Dim numTemp As Long
    Dim proIn As Long
    If temp = MsgBoxResult.Yes Then
        Dim t As String
        t = cbConType.SelectedItem
        Dim lackConn As OleDbConnection = New OleDbConnection(strConn)
        Dim lackComm As OleDbCommand = New OleDbCommand
```

```
lackComm.Connection = lackConn
lackComm.CommandText = "select proname, snumber from stock where contract = '" &
cbConID.SelectedItem & "'"
Dim lackReader As OleDbDataReader
lackConn.Open()
lackReader = lackComm.ExecuteReader
While lackReader.Read
    lack = lackReader.GetString(0)
    numTemp = lackReader.GetInt32(1)
    Dim inConn As OleDbConnection = New OleDbConnection(strConn)
    Dim inComm As OleDbCommand = New OleDbCommand
    inComm.Connection = inConn
    inComm.CommandText = "select lack from product where name = '" & lack & "'"
    inConn.Open()
    Dim inReader As OleDbDataReader
    inReader = inComm.ExecuteReader
    While inReader.Read
        proIn = inReader.GetInt32(0)
    End While
    inConn.Close()
    If t = "销售" Then
        '查看是否缺货
        If proIn - numTemp < 0 Then
            MsgBox("产品 < " & lack & " > 缺货,合同不能处理!", MsgBoxStyle.Information,
            "提示信息")
            lackConn.Close()
            Exit Sub
        End If
        proIn = proIn - numTemp
    ElseIf t = "采购" Then
        proIn = proIn + numTemp
    End If
End While
lackConn.Close()
Me.stockUpdate()
'更新合同信息
Dim myConn As OleDbConnection = New OleDbConnection(strConn)
Dim myComm As OleDbCommand = New OleDbCommand
myComm.Connection = myConn
myComm.CommandText = "update contract set factor = true , factdate = @factdate
where id = " & cbConID.SelectedItem
myComm.Parameters.AddWithValue("@factdate", DateTime.Today)
myConn.Open()
myComm.ExecuteNonQuery()
myConn.Close()
Dim sConn As OleDbConnection = New OleDbConnection(strConn)
Dim sComm As OleDbCommand = New OleDbCommand
sComm.Connection = sConn
sComm.CommandText = "update stock set factor = true where contract = '" & cbConID.
SelectedItem & "'"
sConn.Open()
```

```
sComm.ExecuteNonQuery()
sConn.Close()
'更新客户等级
Dim tt As String
tt = cbConCustomer.SelectedItem
Dim i As Double
Dim CusConn As OleDbConnection = New OleDbConnection(strConn)
Dim CusComm As OleDbCommand = New OleDbCommand
CusComm.Connection = CusConn
CusComm.CommandText = "select csum from contract where factor = true and customer =
'" & tt & "'"
Dim myReader As OleDbDataReader
CusConn.Open()
myReader = CusComm.ExecuteReader
While myReader.Read
    i = i + myReader.GetDouble(0)
End While
CusConn.Close()
If i < 50000 Then
    tt = "★☆☆☆"
ElseIf i < 150000 Then
    tt = "★★☆☆"
ElseIf i < 300000 Then
    tt = "★★★☆"
ElseIf i >= 300000 Then
    tt = "★★★★"
End If
Dim lmyConn As OleDbConnection = New OleDbConnection(strConn)
Dim lmyComm As OleDbCommand = New OleDbCommand
lmyComm.Connection = lmyConn
lmyComm.CommandText = "update customer set clevel = @clevel where name = '" &
cbConCustomer.SelectedItem & "'"
lmyComm.Parameters.AddWithValue("@clevel", tt)
lmyConn.Open()
lmyComm.ExecuteNonQuery()
lmyConn.Close()
cbConID.Items.Remove(cbConID.SelectedItem)
cbConType.SelectedIndex = -1
cbConCustomer.SelectedIndex = -1
labConSum.Text = ""
cbConPaytype.SelectedIndex = -1
dtpCon.Text = DateTime.Today
'更新库存表
Dim sqlStr As String = "select proname,snumber,price from stock where contract =
" & "'" & Me.cbConID.SelectedItem & "'"
Dim conConn As New OleDbConnection(strConn)
Dim conComm As New OleDbCommand(sqlStr, conConn)
Dim myDa As New OleDbDataAdapter
myDa.SelectCommand = conComm
Dim myDs As New DataSet
myDa.Fill(myDs, "stock")
```

```
        dgCon.DataSource = myDs.Tables("stock")
        MsgBox("处理成功!", MsgBoxStyle.Information, "提示信息")
    Else
        Exit Sub
    End If
End Sub
```

编写“关闭”按钮的单击事件程序如代码 6-64 所示。

代码 6-64：“关闭”按钮的单击事件

```
Private Sub btnCancel_Click(ByVal sender As System.Object, ByVal e As System.EventArgs)
Handles btnCancel.Click
    Me.Close()
End Sub
```

项 目 小 结

本项目设计制作了一个销售信息管理系统。从系统的需求分析、功能设计到数据库设计，展示了一个完整的项目设计流程，包括数据库的设计、基础类文件的编写以及各功能模块的界面编写和代码编写。

项 目 拓 展

在本项目的基础上，进一步完善项目的功能。要求：增加一个销售财务信息管理功能，销售人员可以输入销售价格等财务信息，管理人员可以查询财务信息。财务记录不可以删除信息，只提供查询功能。

项目 7　设计制作图书管理系统

自 20 世纪 70 年代以来，数据库技术得到迅速发展。目前世界上已经有数百万个数据库系统在运行，其应用已经深入社会生活的各个领域，从图书馆管理、银行管理、资源管理、经济预测一直到信息检索、档案管理、普查统计等。我国 20 世纪 90 年代初在全国范围内装备了 12 个以数据库为基础的大型计算机系统，这些系统分布在邮电、计委、银行、电力、铁路、气象、民航、情报、公安、军事、航天和财税行业。

本项目设计制作的是关于图书馆图书管理的数据库系统，通过这个系统管理员可以简洁、方便地对图书记录实现查阅、增加、删除等功能，而用户也可以通过这个系统实现图书查询、借阅、归还等功能。

任务 7.1　项目功能总体设计

本项目设计制作的图书管理系统具体包括以下功能：用户登录、添加图书类型、添加图书信息、添加图书索引号、添加书籍费用信息、添加用户信息、备份数据库、修改密码、删除书籍信息、删除读者信息、删除用户、编辑书籍信息、编辑读者信息、编辑用户信息、查找书籍信息、借阅书籍、添加读者信息、打印借阅条、归还书籍、今日借阅查询、解冻用户等功能模块。

任务 7.2　数据库设计

本项目使用 Access 数据库名称为 library. mdb，包括的数据表为 Backup、BookCode、BookDetails、BookType、Charges、IssueBook、ReaderDetails、SystemUsers。数据库的界面如图 7-1 所示。

Backup 数据表的设计界面如图 7-2 所示。

BookCode 数据表的设计界面如图 7-3 所示。

BookDetails 数据表的设计界面如图 7-4 所示。

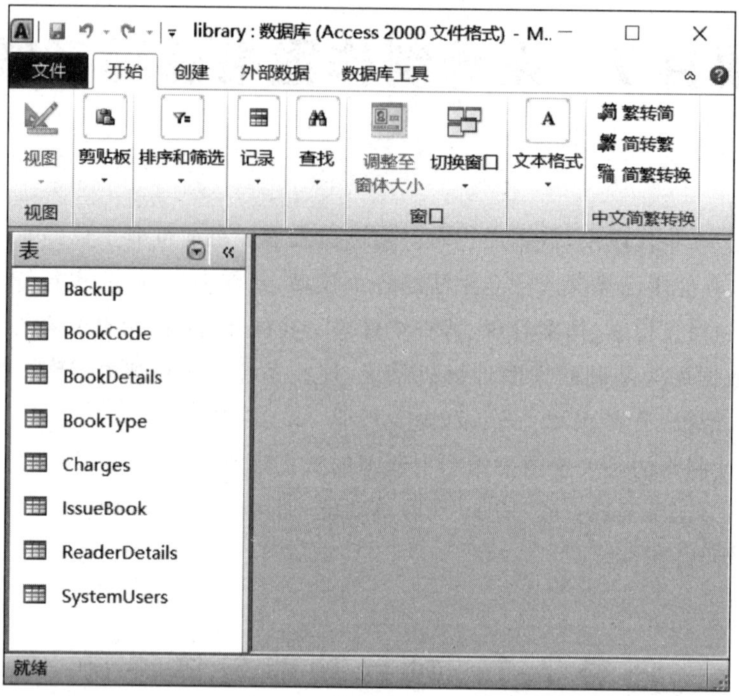

图 7-1 library. mdb 数据表设计

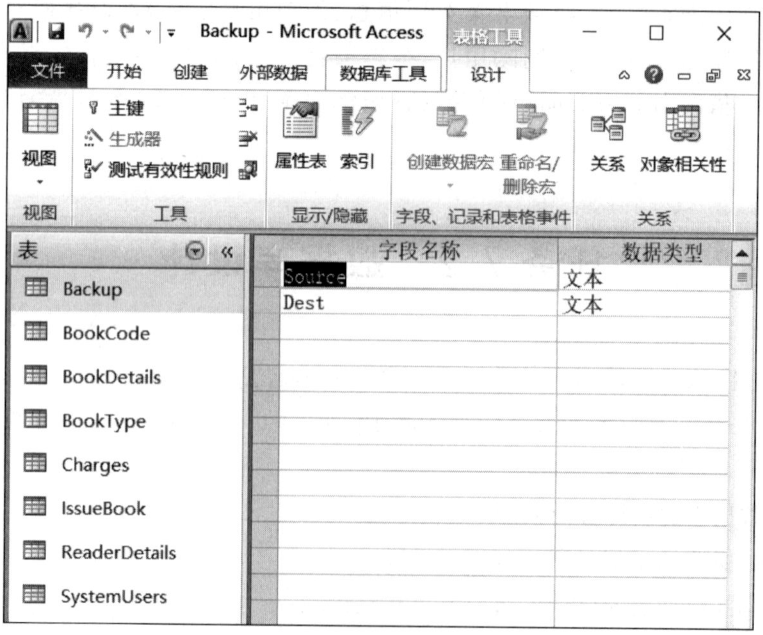

图 7-2 Backup 数据表的设计界面

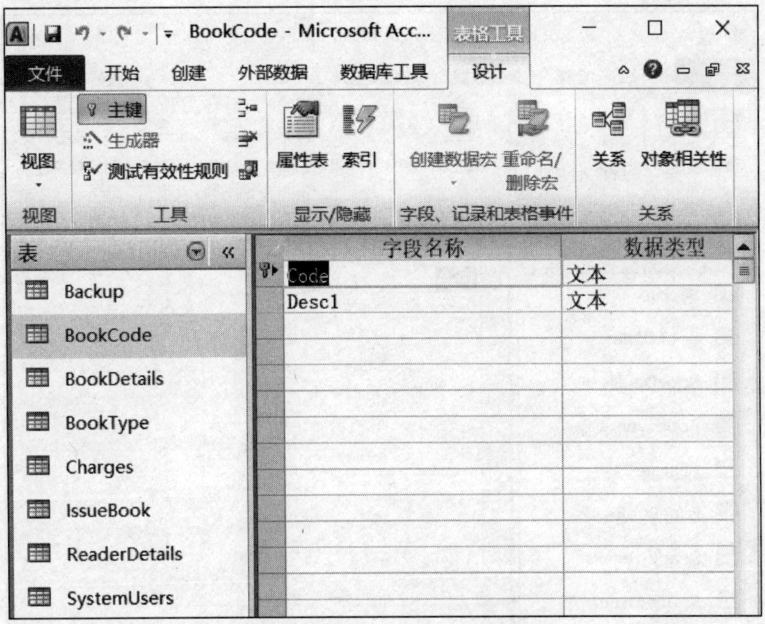

图 7-3　BookCode 数据表的设计界面

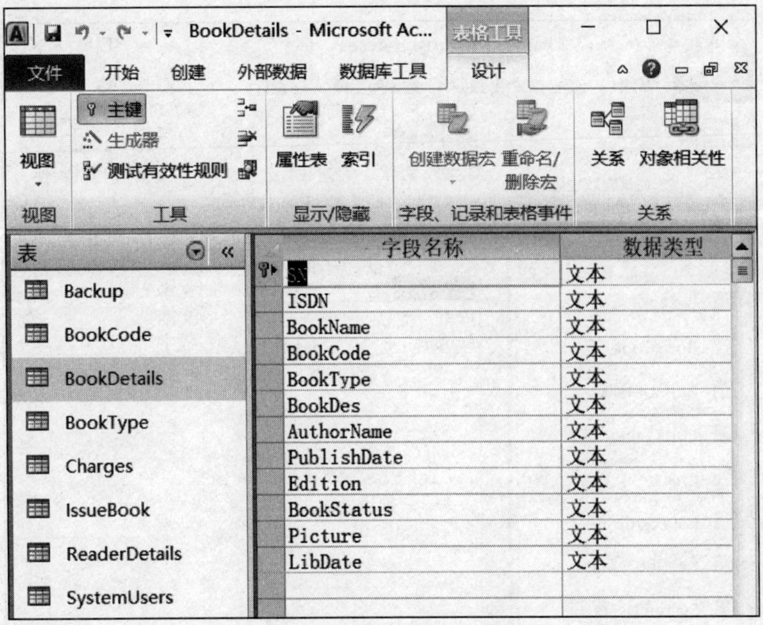

图 7-4　BookDetails 数据表的设计界面

BookType 数据表的设计界面如图 7-5 所示。

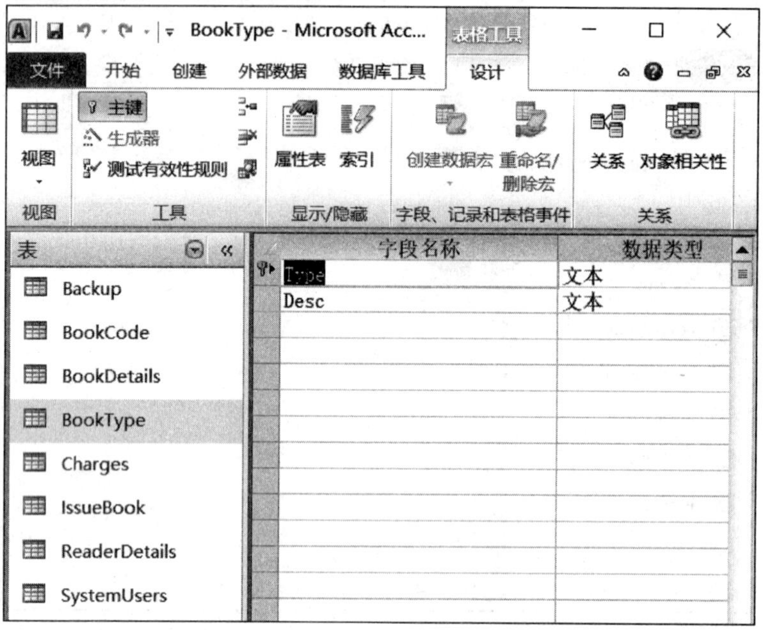

图 7-5 BookType 数据表的设计界面

Charges 数据表的设计界面如图 7-6 所示。

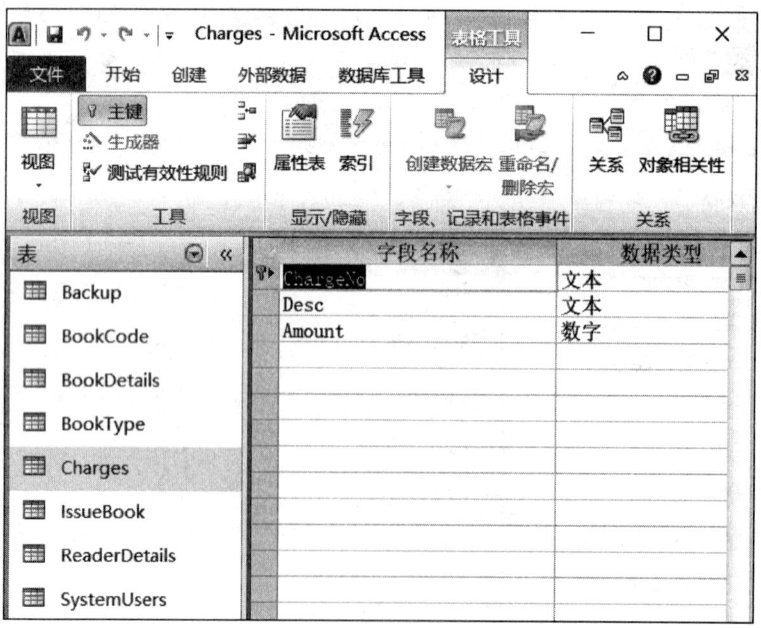

图 7-6 Charges 数据表的设计界面

IssueBook 数据表的设计界面如图 7-7 所示。

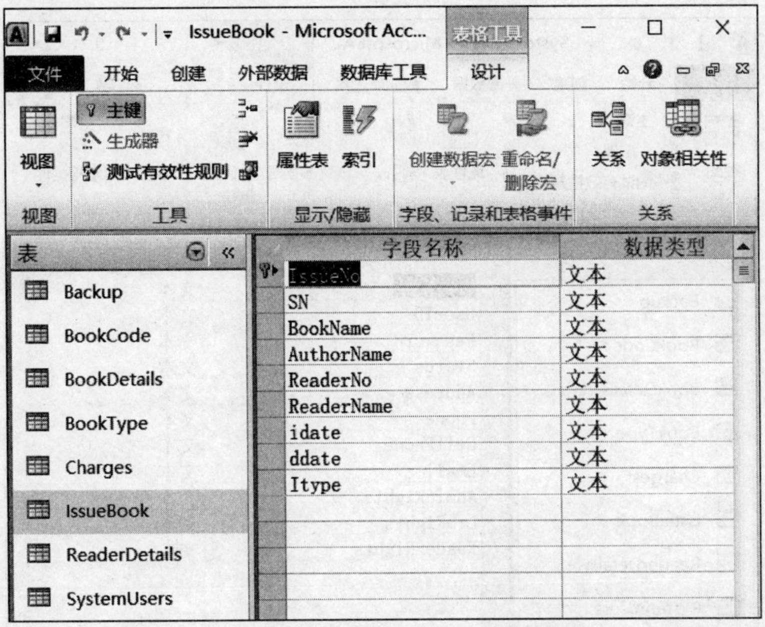

图 7-7　IssueBook 数据表的设计界面

ReaderDetails 数据表的设计界面如图 7-8 所示。

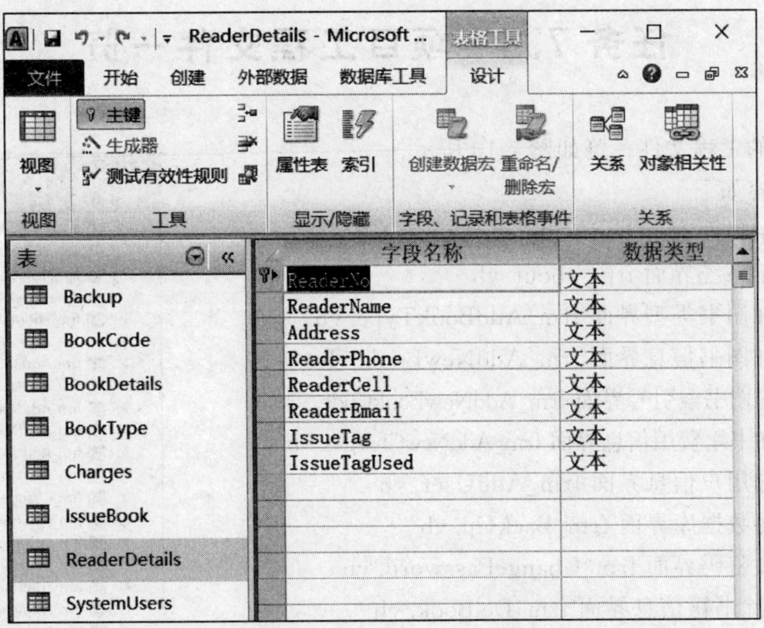

图 7-8　ReaderDetails 数据表的设计界面

SystemUsers 数据表的设计界面如图 7-9 所示。

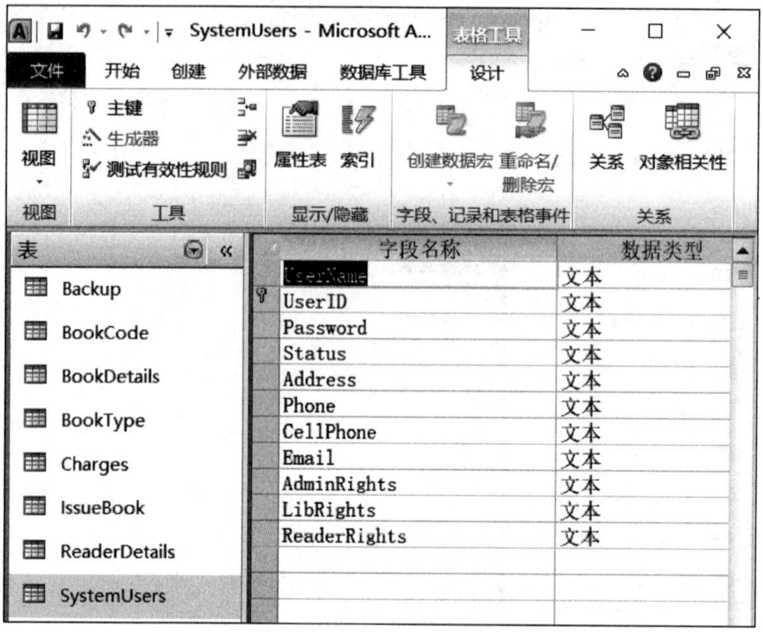

图 7-9　SystemUsers 数据表的设计界面

任务 7.3　项目工程文件一览

本项目的工程文件一览如图 7-10 所示。

具体内容如下。

(1) 登录界面 frm_login. vb

(2) 关于系统界面 frm_about. vb

(3) 添加图书类型界面 frm_AddBookType. vb

(4) 添加图书信息界面 frm_AddNewBook. vb

(5) 添加图书索引号界面 frm_AddNewBookCode. vb

(6) 添加书籍费用信息界面 frm_AddNewCharges. vb

(7) 添加用户信息界面 frm_AddUser. vb

(8) 备份数据库界面 frm_BackUp. vb

(9) 修改密码界面 frm_ChangePassword. vb

(10) 删除书籍信息界面 frm_DelBook. vb

(11) 删除读者信息界面 frm_DelReader. vb

(12) 删除用户界面 frm_DelUser. vb

(13) 编辑书籍信息界面 frm_EditBookDetails. vb

(14) 编辑读者信息界面 frm_EditReaderDetails. vb

(15) 编辑用户信息界面 frm_EditUser. vb

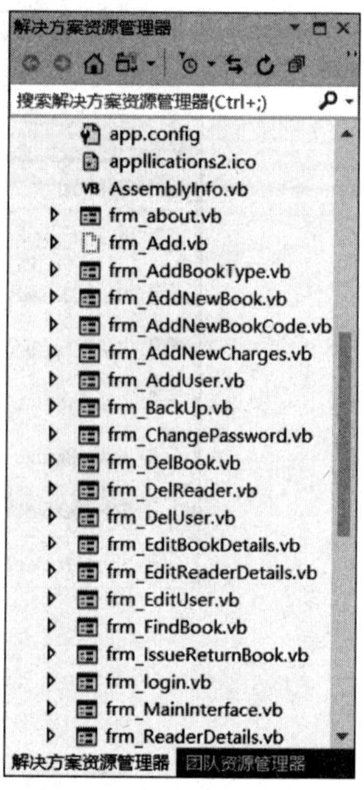

图 7-10　项目工程文件一览

(16) 查找书籍信息界面 frm_FindBook. vb
(17) 借阅书籍界面 frm_IssueReturnBook. vb
(18) 管理主界面 frm_MainInterface. vb
(19) 添加读者信息界面 frm_ReaderDetails. vb
(20) 打印借阅条界面 frm_ReceiptViewer. vb
(21) 归还书籍界面 frm_ReturnBook. vb
(22) 今日借阅查询界面 frm_TodayIssueView. vb
(23) 解冻用户界面 frm_UnlockUser. vb

任务 7.4　系统详细设计

7.4.1　设计登录界面 frm_login. vb

登录界面的设计如图 7-11 所示。

图 7-11　登录界面

该界面的设计步骤为：首先添加一个 GroupBox 控件，用于显示“登录信息”。然后添加两个 Label 控件，分别用于显示“用户账号”和“密码”。再添加两个 TextBox 控件。最后添加两个 Button 按钮控件，分别作为“登录”和“退出”按钮。

进入该界面的代码文件，首先定义全局变量，程序如代码 7-1 所示。

代码 7-1：定义全局变量

```
Inherits System.Windows.Forms.Form
Dim MyConnection As New OleDbConnection("Provider = Microsoft.Jet.OLEDB.4.0;Data Source = " &
    Application.StartupPath & "\Library.mdb")
Dim MyCommand as OleDbCommand
Dim MyReader As OleDbDataReader
Dim UserStatus As String
Dim LibStatus As String
Dim AdminStatus As String
Dim ReaderStatus As String
Dim passTry As Integer = 0
```

编写该窗体的 Form_Load 事件程序如代码 7-2 所示。

代码 7-2：窗体的 Form_Load 事件

```
Private Sub frm_login_Load(ByVal sender As System.Object, ByVal e As System.EventArgs) Handles
MyBase.Load
    Me.BringToFront()
    Me.Focus()
End Sub
```

编写“用户账号”的 TextBox 控件的 KeyPress 事件程序如代码 7-3 所示。

代码 7-3：“用户账号”的 TextBox 控件的 KeyPress 事件

```
Private Sub TextBox1_KeyPress(ByVal sender As Object, ByVal e As System.Windows.Forms.
KeyPressEventArgs) Handles TxtUserID.KeyPress
    Dim strChar As String
    strChar = e.KeyChar
    Select Case strChar
        Case ChrW(System.Windows.Forms.Keys.Enter)
            If TxtUserID.Text = "" Then
                MsgBox("Please Enter a User Name!", MsgBoxStyle.Information, "图书馆管理系统")
            Else
                If TxtUserID.Text <> "" Then
                    TxtPassword.Focus()
                End If
            End If
        Case Else
    End Select
End Sub
```

编写“密码”的 TextBox 控件的 KeyPress 事件程序如代码 7-4 所示。

代码 7-4：“密码”的 TextBox 控件的 KeyPress 事件

```
Private Sub TextBox2_KeyPress(ByVal sender As Object, ByVal e As System.Windows.Forms.
KeyPressEventArgs) Handles TxtPassword.KeyPress
    Dim strChar As String
    strChar = e.KeyChar
    Select Case strChar
        Case ChrW(System.Windows.Forms.Keys.Enter)
            If TxtUserID.Text = "" Then
                MsgBox("Please Enter Your Password!", MsgBoxStyle.Information, "图书馆管理
                系统")
            Else
                If TxtUserID.Text <> "" Then
                    BtnLogin.Focus()
                End If
            End If
        Case Else
    End Select
End Sub
```

双击“登录”按钮，进入该按钮的单击事件，编写程序如代码 7-5 所示。

代码 7-5："登录"按钮的单击事件

```
Private Sub BtnLogin_Click(ByVal sender As System.Object, ByVal e As System.EventArgs) Handles
BtnLogin.Click
    Dim main_frm = New frm_MainInterface
    getUserRights()
    If verifyUser() = True And getStatus() = "正常" And passTry < 3 Then
        If AdminStatus <> "是" Then
            main_frm.disadminlogin()
        End If
        If LibStatus <> "是" Then
            main_frm.disliblogin()
        End If
        If ReaderStatus <> "是" Then
            main_frm.disreaderlogin()
        End If
        clearfields()
        main_frm.show()
        Me.Finalize()
    Else
        If verifyUser() = False And passTry < 3 And getStatus() = "正常" Then
            passTry = passTry + 1
            display_MsgBox("请输入正确的密码!")
        Else
            If passTry = 3 Then
                updatestatus()
                passTry = 0
                display_MsgBox("三次尝试之后,你的账号将被冻结,请与系统管理员联系")
            Else
                If getStatus() <> "正常" Then
                    display_MsgBox("你的账号已被冻结,请与系统管理员联系")
                End If
            End If
        End If
    End If
End Sub
```

上面这段代码中调用了 verifyUser()、getStatus()、display_MsgBox()、getUserRights()、updatestatus()和 clearfields()方法。编写 verifyUser()方法的程序如代码 7-6 所示。

代码 7-6：verifyUser()方法

```
Function verifyUser() As Boolean
    MyConnection.Open()
    MyCommand = New OleDbCommand("SELECT * FROM SystemUsers WHERE UserID = '" & TxtUserID.
    Text & "'", MyConnection)
    MyReader = MyCommand.ExecuteReader()
    Dim TempString As String
    While MyReader.Read
        TempString = MyReader("Password")
    End While
    MyConnection.Close()
    MyReader.Close()
    MyCommand.dispose()
    If TxtPassword.Text = TempString Then
        Return True
    Else
```

```
        If TxtPassword.Text <> TempString Then
            Return False
        End If
    End If
End Function
```

编写 getStatus()方法的程序如代码 7-7 所示。

代码 7-7：getStatus()方法

```
Function getStatus() As String
    MyConnection.Open()
    MyCommand = New OleDbCommand("SELECT * FROM SystemUsers WHERE UserID = '" & TxtUserID.
    Text & "'", MyConnection)
    MyReader = MyCommand.ExecuteReader()
    While MyReader.Read
        UserStatus = MyReader("Status")
    End While
    MyConnection.Close()
    MyReader.Close()
    MyCommand.dispose()
    Return UserStatus
End Function
```

编写 display_MsgBox()方法的程序如代码 7-8 所示。

代码 7-8：display_MsgBox()方法

```
Function display_MsgBox(ByVal myMsg As String)
    MsgBox(myMsg, MsgBoxStyle.Information, "图书馆管理系统")
End Function
```

编写 getUserRights()方法的程序如代码 7-9 所示。

代码 7-9：getUserRights()方法

```
Function getUserRights()
    MyConnection.Open()
    MyCommand = New OleDbCommand("SELECT * FROM SystemUsers WHERE UserID = '" & TxtUserID.
    Text & "'", MyConnection)
    MyReader = MyCommand.ExecuteReader()
    While MyReader.Read
        AdminStatus = MyReader("AdminRights")
        LibStatus = MyReader("LibRights")
        ReaderStatus = MyReader("ReaderRights")
    End While
    MyConnection.Close()
    MyReader.Close()
    MyCommand.Dispose()
End Function
```

编写 updatestatus()方法的程序如代码 7-10 所示。

代码 7-10：updatestatus()方法

```
Function updatestatus()
    Dim okstatus As String
    okstatus = "冻结"
```

```
    MyConnection.Open()
    MyCommand = New OleDbCommand("UPDATE SystemUsers SET Status = '" & okstatus & "' WHERE
    UserID = '" & TxtUserID.Text & "'", MyConnection)
    Try
        MyCommand.ExecuteNonQuery()
    Catch c As Exception
        MsgBox(c.ToString)
    End Try
    MyConnection.Close()
    MyCommand.Dispose()
End Function
```

编写 clearfields()方法的程序如代码 7-11 所示。

代码 7-11：clearfields()方法

```
Function clearfields()
    TxtUserID.Text = ""
    TxtPassword.Text = ""
End Function
```

双击“退出”按钮，进入该按钮的单击事件，编写程序如代码 7-12 所示。

代码 7-12：“退出”按钮的单击事件

```
Private Sub Button2_Click(ByVal sender As System.Object, ByVal e As System.EventArgs) Handles
Button2.Click
    Application.Exit()
End Sub
```

7.4.2　设计管理主界面 frm_MainInterface.vb

管理主界面的设计如图 7-12 所示。

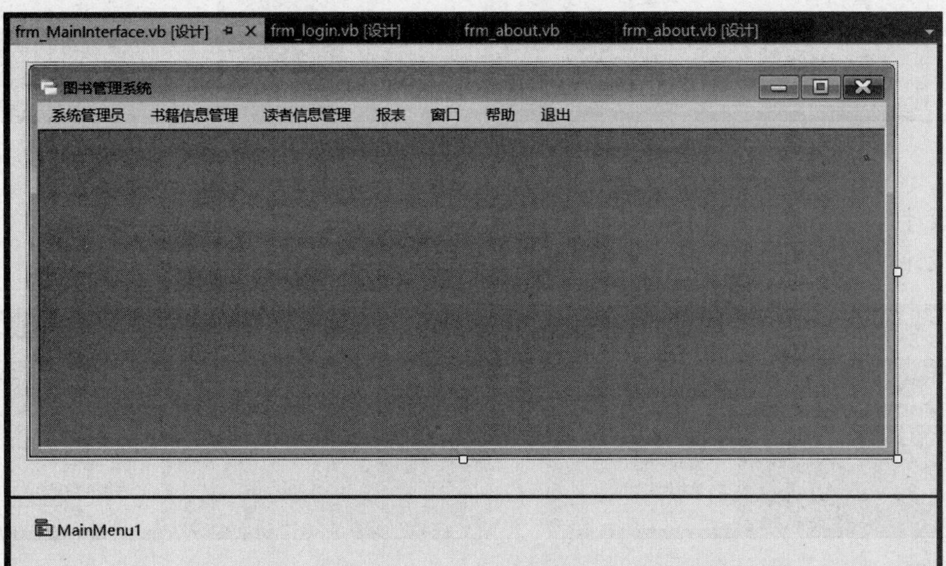

图 7-12　管理主界面

该界面的设计步骤为：首先在窗体中添加一个 MainMenu 菜单控件，分别设置为“系统管理员”“书籍信息管理”“读者信息管理”“报表”“窗口”“帮助”和“退出”菜单。

首先设计“系统管理员”的菜单项，设计界面如图 7-13 所示。

在“添加书籍参数”菜单项中添加子菜单，如图 7-14 所示。

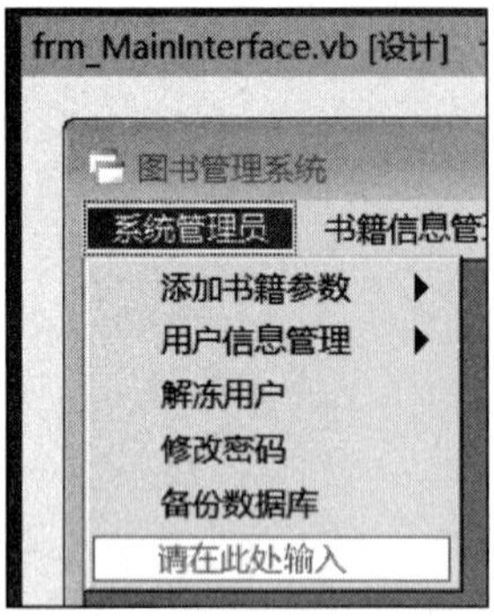

图 7-13 “系统管理员”菜单项

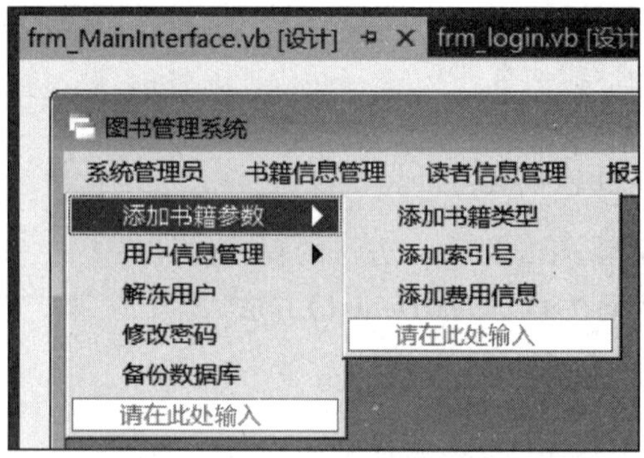

图 7-14 “添加书籍参数”子菜单项

在“用户信息管理”菜单项中添加子菜单，如图 7-15 所示。

设计“书籍信息管理”的菜单项，设计界面如图 7-16 所示。

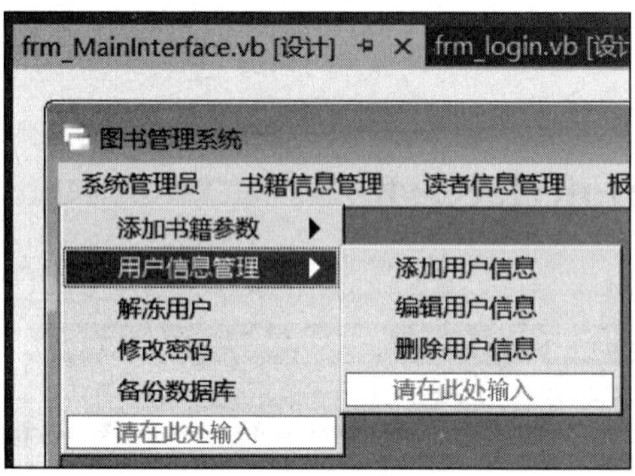

图 7-15 “用户信息管理”子菜单项

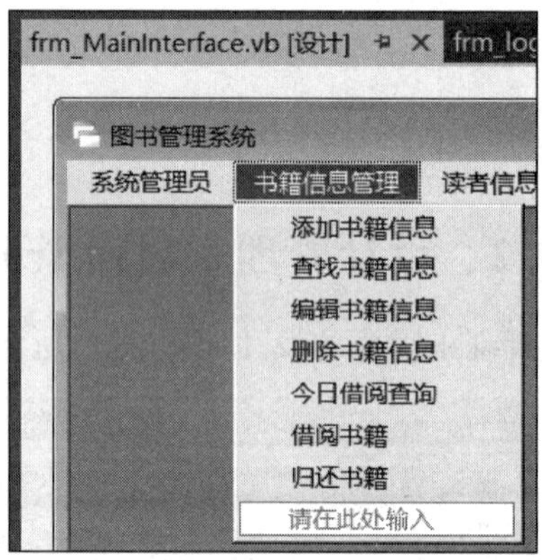

图 7-16 “书籍信息管理”菜单项

设计“读者信息管理”的菜单项，设计界面如图 7-17 所示。

设计“报表”的菜单项，设计界面如图 7-18 所示。

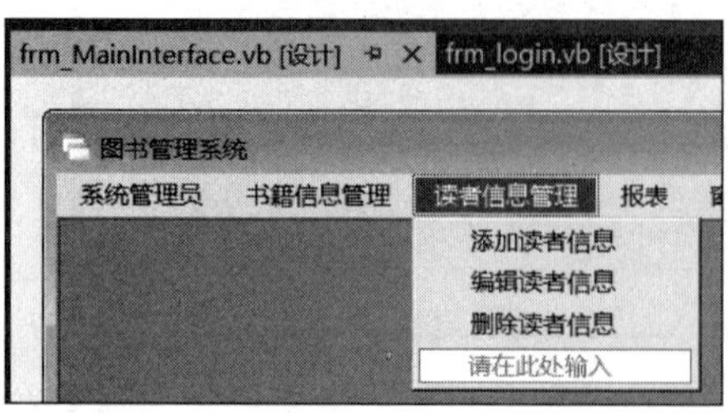

图 7-17 “读者信息管理”菜单项

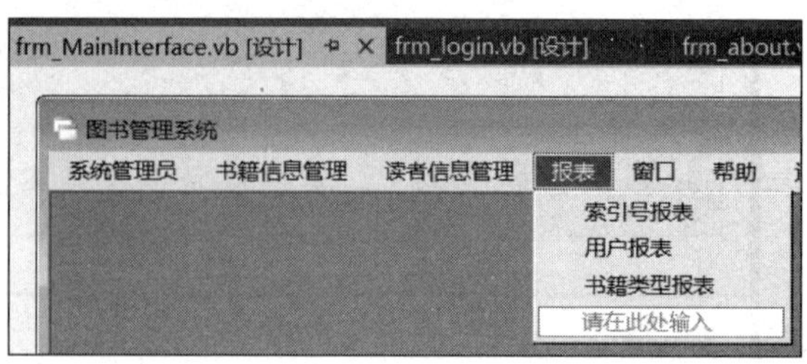

图 7-18 “报表”菜单项

设计“窗口”的菜单项，设计界面如图 7-19 所示。

图 7-19 “窗口”菜单项

进入该界面的代码文件，首先定义全局变量。

```
Dim myFrm
```

编写“添加书籍类型”菜单项的单击事件程序如代码 7-13 所示。

代码 7-13：“添加书籍类型”菜单项的单击事件

```
Private Sub MenuItem11_Click(ByVal sender As System.Object, ByVal e As System.EventArgs)
Handles MenuItem11.Click
    myFrm = New frm_AddBookType
    myFrm.mdiparent = Me
    myFrm.show()
End Sub
```

编写“添加索引号”菜单项的单击事件程序如代码 7-14 所示。

代码 7-14：“添加索引号” 菜单项的单击事件

```
Private Sub MenuItem12_Click(ByVal sender As System.Object, ByVal e As System.EventArgs)
Handles MenuItem12.Click
    myFrm = New frm_AddNewBookCode
    myFrm.mdiparent = Me
    myFrm.show()
End Sub
```

编写“添加费用信息”菜单项的单击事件程序如代码 7-15 所示。

代码 7-15：“添加费用信息”菜单项的单击事件

```
Private Sub MenuItem13_Click(ByVal sender As System.Object, ByVal e As System.EventArgs)
Handles MenuItem13.Click
    myFrm = New frm_AddNewCharges
    myFrm.mdiparent = Me
    myFrm.show()
End Sub
```

编写“添加用户信息”菜单项的单击事件程序如代码 7-16 所示。

代码 7-16：“添加用户信息”菜单项的单击事件

```
Private Sub MenuItem3_Click(ByVal sender As System.Object, ByVal e As System.EventArgs)
Handles MenuItem3.Click
```

```
        myFrm = New frm_AddUser
        myFrm.mdiparent = Me
        myFrm.show()
    End Sub
```

编写“编辑用户信息”菜单项的单击事件程序如代码 7-17 所示。

代码 7-17：“编辑用户信息”菜单项的单击事件

```
Private Sub MenuItem6_Click_1(ByVal sender As System.Object, ByVal e As System.EventArgs)
Handles MenuItem6.Click
    myFrm = New frm_EditUser
    myFrm.mdiparent = Me
    myFrm.show()
End Sub
```

编写“删除用户信息”菜单项的单击事件程序如代码 7-18 所示。

代码 7-18：“删除用户信息”菜单项的单击事件

```
Private Sub MenuItem9_Click_1(ByVal sender As System.Object, ByVal e As System.EventArgs)
Handles MenuItem9.Click
    myFrm = New frm_DelUser
    myFrm.mdiparent = Me
    myFrm.show()
End Sub
```

编写“解冻用户”菜单项的单击事件程序如代码 7-19 所示。

代码 7-19：“解冻用户”菜单项的单击事件

```
Private Sub MenuItem15_Click_1(ByVal sender As System.Object, ByVal e As System.EventArgs)
Handles MenuItem15.Click
    myFrm = New frm_UnlockUser
    myFrm.mdiparent = Me
    myFrm.show()
End Sub
```

编写“修改密码”菜单项的单击事件程序如代码 7-20 所示。

代码 7-20：“修改密码”菜单项的单击事件

```
Private Sub MenuItem16_Click_1(ByVal sender As System.Object, ByVal e As System.EventArgs)
Handles MenuItem16.Click
    myFrm = New frm_ChangePassword
    myFrm.mdiparent = Me
    myFrm.show()
End Sub
```

编写“备份数据库”菜单项的单击事件程序如代码 7-21 所示。

代码 7-21：“备份数据库”菜单项的单击事件

```
Private Sub MenuItem18_Click(ByVal sender As System.Object, ByVal e As System.EventArgs)
Handles MenuItem18.Click
    myFrm = New frm_BackUp
    myFrm.mdiparent = Me
```

```
    myFrm.show()
End Sub
```

编写“添加书籍信息”菜单项的单击事件程序如代码 7-22 所示。

代码 7-22：“添加书籍信息”菜单项的单击事件

```
Private Sub MenuItem14_Click(ByVal sender As System.Object, ByVal e As System.EventArgs)
Handles MenuItem14.Click
    myFrm = New frm_AddNewBook
    myFrm.mdiparent = Me
    myFrm.show()
End Sub
```

编写“查找书籍信息”菜单项的单击事件程序如代码 7-23 所示。

代码 7-23：“查找书籍信息”菜单项的单击事件

```
Private Sub MenuItem21_Click_1(ByVal sender As System.Object, ByVal e As System.EventArgs)
Handles MenuItem21.Click
    myFrm = New frm_FindBook
    myFrm.mdiparent = Me
    myFrm.show()
End Sub
```

编写“编辑书籍信息”菜单项的单击事件程序如代码 7-24 所示。

代码 7-24：“编辑书籍信息”菜单项的单击事件

```
Private Sub MenuItem22_Click_1(ByVal sender As System.Object, ByVal e As System.EventArgs)
Handles MenuItem22.Click
    myFrm = New frm_EditBookDetails
    myFrm.mdiparent = Me
    myFrm.show()
End Sub
```

编写“删除书籍信息”菜单项的单击事件程序如代码 7-25 所示。

代码 7-25：“删除书籍信息”菜单项的单击事件

```
Private Sub MenuItem29_Click(ByVal sender As System.Object, ByVal e As System.EventArgs)
Handles MenuItem29.Click
    myFrm = New frm_DelBook
    myFrm.mdiparent = Me
    myFrm.show()
End Sub
```

编写“今日借阅查询”菜单项的单击事件程序如代码 7-26 所示。

代码 7-26：“今日借阅查询”菜单项的单击事件

```
Private Sub MenuItem23_Click_1(ByVal sender As System.Object, ByVal e As System.EventArgs)
Handles MenuItem23.Click
    myFrm = New frm_TodayIssueView
    myFrm.mdiparent = Me
    myFrm.show()
End Sub
```

编写“借阅书籍”菜单项的单击事件程序如代码 7-27 所示。

代码 7-27："借阅书籍"菜单项的单击事件

```
Private Sub MenuItem26_Click_1(ByVal sender As System.Object, ByVal e As System.EventArgs)
Handles MenuItem26.Click
    myFrm = New frm_IssueReturnBook
    myFrm.mdiparent = Me
    myFrm.show()
End Sub
```

编写“归还书籍”菜单项的单击事件程序如代码 7-28 所示。

代码 7-28："归还书籍"菜单项的单击事件

```
Private Sub MenuItem27_Click_1(ByVal sender As System.Object, ByVal e As System.EventArgs)
Handles MenuItem27.Click
    myFrm = New frm_ReturnBook
    myFrm.mdiparent = Me
    myFrm.show()
End Sub
```

编写“添加读者信息”菜单项的单击事件程序如代码 7-29 所示。

代码 7-29："添加读者信息"菜单项的单击事件

```
Private Sub MenuItem8_Click(ByVal sender As System.Object, ByVal e As System.EventArgs)
Handles MenuItem8.Click
    myFrm = New frm_ReaderDetails
    myFrm.mdiparent = Me
    myFrm.show()
End Sub
```

编写“编辑读者信息”菜单项的单击事件程序如代码 7-30 所示。

代码 7-30："编辑读者信息"菜单项的单击事件

```
Private Sub MenuItem24_Click_1(ByVal sender As System.Object, ByVal e As System.EventArgs)
Handles MenuItem24.Click
    myFrm = New frm_EditReaderDetails
    myFrm.mdiparent = Me
    myFrm.show()
End Sub
```

编写“删除读者信息”菜单项的单击事件程序如代码 7-31 所示。

代码 7-31："删除读者信息"菜单项的单击事件

```
Private Sub MenuItem25_Click_1(ByVal sender As System.Object, ByVal e As System.EventArgs)
Handles MenuItem25.Click
    myFrm = New frm_DelReader
    myFrm.mdiparent = Me
    myFrm.show()
End Sub
```

编写“索引号报表”菜单项的单击事件程序如代码 7-32 所示。

代码 7-32："索引号报表"菜单项的单击事件

```
Private Sub MenuItem5_Click(ByVal sender As System.Object, ByVal e As System.EventArgs)
Handles MenuItem5.Click
    myFrm = New view_Userlisting
    myFrm.mdiparent = Me
    myFrm.show()
End Sub
```

编写"用户报表"菜单项的单击事件程序如代码 7-33 所示。

代码 7-33："用户报表"菜单项的单击事件

```
Private Sub MenuItem32_Click(ByVal sender As System.Object, ByVal e As System.EventArgs)
Handles MenuItem32.Click
    myFrm = New view_BookCodes
    myFrm.mdiparent = Me
    myFrm.show()
End Sub
```

编写"书籍类型报表"菜单项的单击事件程序如代码 7-34 所示。

代码 7-34："书籍类型报表"菜单项的单击事件

```
Private Sub MenuItem33_Click(ByVal sender As System.Object, ByVal e As System.EventArgs)
Handles MenuItem33.Click
    myFrm = New view_BookType
    myFrm.mdiparent = Me
    myFrm.show()
End Sub
```

编写"窗口层叠"菜单项的单击事件程序如代码 7-35 所示。

代码 7-35："窗口层叠"菜单项的单击事件

```
Private Sub MenuItem28_Click(ByVal sender As System.Object, ByVal e As System.EventArgs)
Handles MenuItem28.Click
    Me.LayoutMdi(MdiLayout.Cascade)
End Sub
```

编写"水平平铺"菜单项的单击事件程序如代码 7-36 所示。

代码 7-36："水平平铺"菜单项的单击事件

```
Private Sub MenuItem34_Click(ByVal sender As System.Object, ByVal e As System.EventArgs)
Handles MenuItem34.Click
    Me.LayoutMdi(MdiLayout.TileHorizontal)
End Sub
```

编写"垂直平铺"菜单项的单击事件程序如代码 7-37 所示。

代码 7-37："垂直平铺"菜单项的单击事件

```
Private Sub MenuItem38_Click(ByVal sender As System.Object, ByVal e As System.EventArgs)
Handles MenuItem38.Click
    Me.LayoutMdi(MdiLayout.TileVertical)
End Sub
```

编写"排列图标"菜单项的单击事件程序如代码 7-38 所示。

代码 7-38："排列图标"菜单项的单击事件

```
Private Sub MenuItem39_Click(ByVal sender As System.Object, ByVal e As System.EventArgs)
Handles MenuItem39.Click
    Me.LayoutMdi(MdiLayout.ArrangeIcons)
End Sub
```

7.4.3 设计管理系统界面 frm_about.vb

管理系统界面的设计如图 7-20 所示。

图 7-20 管理系统界面

该界面的设计步骤为：在界面中添加一个 Label 控件，用于显示文本。

7.4.4 设计添加图书类型界面 frm_AddBookType.vb

添加图书类型界面的设计如图 7-21 所示。

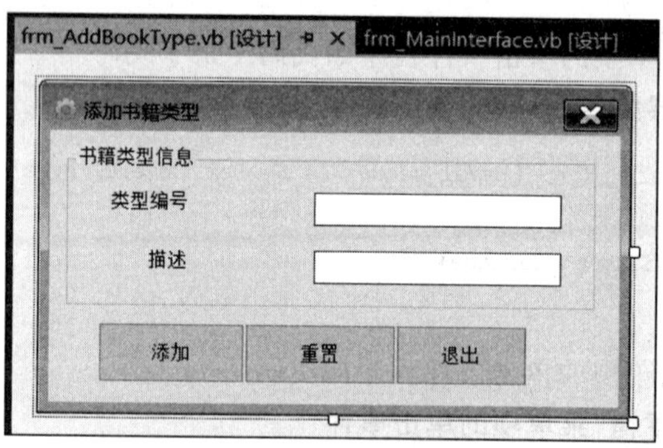

图 7-21 添加图书类型界面

该界面的设计步骤为：首先添加一个 GroupBox 控件作为"书籍类型信息"，然后添加两个 Label 控件用于显示文本信息，再添加两个 TextBox 文本框控件。最后添加三个 Button 按钮控件，分别作为"添加""重置""退出"按钮。

进入该界面的代码文件，首先定义全局变量。

```
Dim MyConnection As New OleDbConnection("Provider = Microsoft.Jet.OLEDB.4.0;Data Source = " &
Application.StartupPath & "\library.mdb")
Dim MyCommand As OleDbCommand
Dim MyReader As OleDbDataReader
```

编写"添加"按钮的单击事件程序如代码 7-39 所示。

代码 7-39:"添加"按钮的单击事件

```
Private Sub BtnAdd_Click(ByVal sender As System.Object, ByVal e As System.EventArgs) Handles
BtnAdd.Click
    If checkTextbox(TxtTypeNo) = False Then
        displayMsg("请输入新的书籍类型编号")
    Else
        If checkIfAlreadyExists() = True Then
            displayMsg("书籍类型编号已经存在,请重新输入")
            Exit Sub
        Else
            If checkTextbox(TxtTypeNo) = True Then
                TxtDescript.Focus()
            End If
        End If
    End If
    If checkTextbox(TxtDescript) = False Then
        displayMsg("请输入类型描述信息")
        Exit Sub
    Else
        If checkTextbox(TxtDescript) = True Then
            BtnAdd.Focus()
        End If
    End If
    addBookType()
    displayMsg("新的书籍类型信息已被添加到数据库中")
    clearfields()
    TxtTypeNo.Focus()
End Sub
```

代码 7-39 中调用了 displayMsg()、addBookType()、checkIfAlreadyExists()、clearfields()、checkTextbox()方法。

编写 displayMsg()方法的程序如代码 7-40 所示。

代码 7-40:displayMsg()方法

```
Function displayMsg(ByVal myMsgText As String)
    MsgBox(myMsgText, MsgBoxStyle.Information, "图书馆管理系统")
End Function
```

编写 addBookType()方法的程序如代码 7-41 所示。

代码 7-41:addBookType()方法

```
Function addBookType ()
    MyConnection.Open()
    MyCommand = New OleDbCommand("INSERT INTO BookType VALUES('" & TxtTypeNo.Text & "','" &
    TxtDescript.Text & "')", MyConnection)
    MyCommand.ExecuteNonQuery()
    MyConnection.Close()
    MyCommand.dispose()
End Function
```

编写 checkIfAlreadyExists()方法的程序如代码 7-42 所示。

代码 7-42：checkIfAlreadyExists()方法

```
Function checkIfAlreadyExists () As Boolean
    Dim temp As String
    MyConnection.Open()
    MyCommand = New OleDbCommand("SELECT * FROM BookType WHERE Type = '" & TxtTypeNo.Text & "'",
    MyConnection)
    MyReader = MyCommand.ExecuteReader()
    While MyReader.Read
        temp = MyReader("Type")
    End While
    MyConnection.Close()
    MyReader.Close()
    MyCommand.dispose()
    If temp = TxtTypeNo.Text Then
        Return True
    Else
        If temp <> TxtTypeNo.Text Then
            Return False
        End If
    End If
End Function
```

编写 clearfields()方法的程序如代码 7-43 所示。

代码 7-43：clearfields()方法

```
Function clearfields()
    TxtTypeNo.Text = ""
    TxtDescript.Text = ""
End Function
```

编写 checkTextbox()方法的程序如代码 7-44 所示。

代码 7-44：checkTextbox()方法

```
Function checkTextbox (ByVal t As TextBox) As Boolean
    If t.Text = "" Then
        Return (False)
    Else
        Return True
    End If
End Function
```

编写“重置”按钮的单击事件程序如代码 7-45 所示。

代码 7-45：“重置”按钮的单击事件

```
Private Sub BtnClear_Click(ByVal sender As System.Object, ByVal e As System.EventArgs) Handles
BtnClear.Click
    clearfields()
End Sub
```

编写“退出”按钮的单击事件程序如代码 7-46 所示。

代码 7-46："退出"按钮的单击事件

```
Private Sub Button3_Click(ByVal sender As System.Object, ByVal e As System.EventArgs) Handles
Button3.Click
    Me.Close()
End Sub
```

7.4.5 设计添加图书信息界面 frm_AddNewBook.vb

添加图书信息界面的设计如图 7-22 所示。

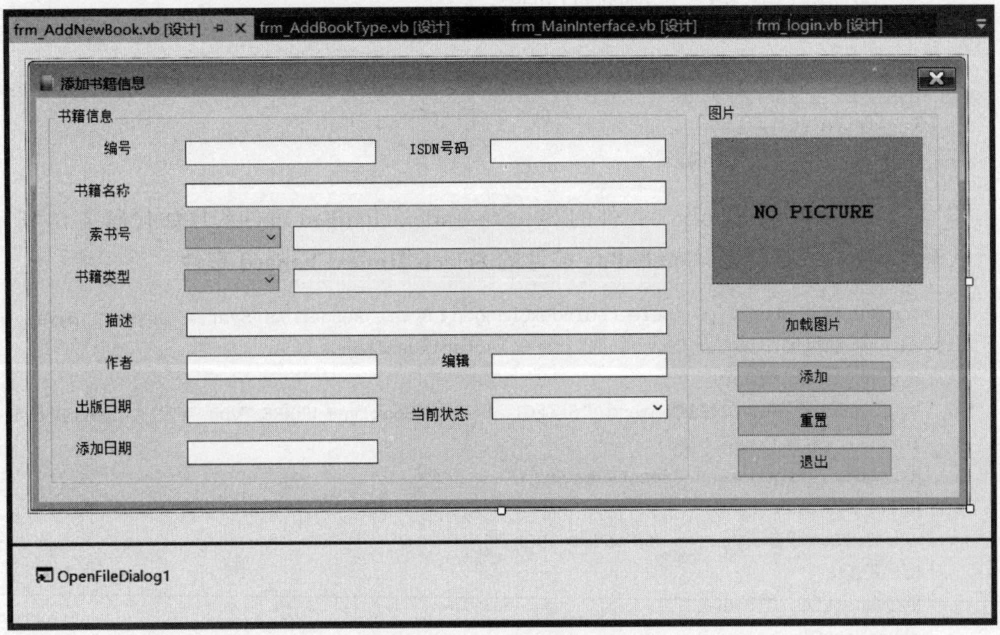

图 7-22 添加图书信息界面

该界面的设计步骤为：首先添加一个 GroupBox 控件，用于显示"书籍信息"部分。再添加 Label 控件，显示对应的文本信息。然后依次添加多个 TextBox 控件，用于"编号""ISBN 号码""书籍名称""索引号""书籍类型""描述""作者""编辑""出版日期""添加日期"的输入和显示。再添加一个 ComboBox 控件，用于"当前状态"的选择。在右侧添加一个 GroupBox 控件，用于显示"图片"部分。然后添加一个 PictureBox 控件，再添加四个 Button 按钮控件，依次作为"加载图片""添加""重置"和"退出"按钮。最后添加一个 OpenFileDialog 打开文件对话框控件，用于在单击"加载图片"按钮时浏览文件。

进入该界面的代码文件，编写全局变量的定义如下。

```
Dim picPath As String = "C:\pictures\nopic.jpg"
Dim bookPicture As System.Drawing.Bitmap
Dim MyConnection As New OleDbConnection("Provider = Microsoft.Jet.OLEDB.4.0;Data Source = " &
Application.StartupPath & "\Library.mdb")
Dim MyCommand As OleDbCommand
Friend WithEvents OpenFileDialog1 As System.Windows.Forms.OpenFileDialog
Dim MyReader As OleDbDataReader
```

编写“索引号”ComboBox 控件的 SelectedIndexChanged 事件程序如代码 7-47 所示。

代码 7-47：“索引号”ComboBox 控件的 SelectedIndexChanged 事件

```
Private Sub ComboBookCode_SelectedIndexChanged(ByVal sender As System.Object, ByVal e As System.EventArgs) Handles ComboBookCode.SelectedIndexChanged
    MyConnection.Open()
    MyCommand = New OleDbCommand("SELECT * FROM BookCode WHERE Code = '" & ComboBookCode.Text & "'", MyConnection)
    MyReader = MyCommand.ExecuteReader()
    While MyReader.Read
        TxtBookCode.Text = MyReader("Desc1")
    End While
    MyConnection.Close()
    MyReader.Close()
    MyCommand.Dispose()
End Sub
```

编写“书籍类型”ComboBox 控件的 SelectedIndexChanged 事件程序如代码 7-48 所示。

代码 7-48：“书籍类型”ComboBox 控件的 SelectedIndexChanged 事件

```
Private Sub ComboBookType_SelectedIndexChanged(ByVal sender As System.Object, ByVal e As System.EventArgs) Handles ComboBookType.SelectedIndexChanged
    MyConnection.Open()
    MyCommand = New OleDbCommand("SELECT * FROM BookType WHERE Type = '" & ComboBookType.Text & "'", MyConnection)
    MyReader = MyCommand.ExecuteReader()
    While MyReader.Read
        TxtBookType.Text = MyReader("Desc")
    End While
    MyConnection.Close()
    MyReader.Close()
    MyCommand.Dispose()
End Sub
```

编写“当前状态”ComboBox 控件的 KeyPress 事件程序如代码 7-49 所示。

代码 7-49：“当前状态”ComboBox 控件的 KeyPress 事件

```
Private Sub ComboboxBox3_KeyPress(ByVal sender As Object, ByVal e As System.Windows.Forms.KeyPressEventArgs) Handles ComboStatus.KeyPress
    Dim strChar As String
    strChar = e.KeyChar
    Select Case strChar
        Case ChrW(System.Windows.Forms.Keys.Enter)
            If checkCombobox(ComboStatus) = False Then
                display_MsgBox("请在文本框中输入信息")
            Else
                If checkCombobox(ComboStatus) = True Then
                    TxtAdditionDate.Focus()
                End If
            End If
        Case Else
```

```
            '什么也不做
    End Select
End Sub
```

编写“加载图片”按钮的单击事件程序如代码 7-50 所示。

代码 7-50：“加载图片”按钮的单击事件

```
Private Sub BtnLoad_Click(ByVal sender As System.Object, ByVal e As System.EventArgs) Handles
BtnLoad.Click
    MsgBox("The Image should not be greater than " + PictureBox1.Width.ToString + " X" +
    PictureBox1.Height.ToString, MsgBoxStyle.Information, "图书馆管理系统")
    OpenFileDialog1.Filter = "Picture Files| *.jpg| *.bmp| *.gif"
    OpenFileDialog1.ShowDialog()
End Sub
```

编写“添加”按钮的单击事件程序如代码 7-51 所示。

代码 7-51：“添加”按钮的单击事件

```
Private Sub BtnAdd_Click(ByVal sender As System.Object, ByVal e As System.EventArgs) Handles
BtnAdd.Click
    If checkSpecificFields() = False Then
        display_MsgBox("请在相应的文本框中添加书籍信息")
    Else
        If checkSpecificFields() = True Then
            add_BookIntoDatabase()
            Beep()
            TxtSN.Focus()
            display_MsgBox("书籍信息已被添加到数据库")
            clearFields()
        End If
    End If
End Sub
```

编写“重置”按钮的单击事件程序如代码 7-52 所示。

代码 7-52：“重置”按钮的单击事件

```
Private Sub Button3_Click(ByVal sender As System.Object, ByVal e As System.EventArgs) Handles
BtnClear.Click
    clearFields()
    TxtSN.Focus()
    Beep()
End Sub
```

编写“编号”TextBox 文本框控件的 KeyPress 事件程序如代码 7-53 所示。

代码 7-53：“编号”TextBox 文本框控件的 KeyPress 事件

```
Private Sub TxtSN_KeyPress(ByVal sender As Object, ByVal e As System.Windows.Forms.
KeyPressEventArgs) Handles TxtSN.KeyPress
    Dim strChar As String
    strChar = e.KeyChar
    Select Case strChar
        Case ChrW(System.Windows.Forms.Keys.Enter)
```

```
            If checkTextbox(TxtSN) = False Then
                display_MsgBox("请在文本框中输入信息")
            Else
                If checkIfAlreadyExists() = True Then
                    display_MsgBox("书籍的编号已经存在!")
                Else
           If checkTextbox(TxtSN) = True And checkIfAlreadyExists() = False Then
                        TxtISBN.Focus()
                    End If
                End If
            End If
        Case Else
            '什么也不做
    End Select
End Sub
```

编写“ISBN 号码”TextBox 文本框控件的 KeyPress 事件程序如代码 7-54 所示。

代码 7-54:“ISBN 号码”TextBox 文本框控件的 KeyPress 事件

```
Private Sub TxtISBN_KeyPress(ByVal sender As Object, ByVal e As System.Windows.Forms.
KeyPressEventArgs) Handles TxtISBN.KeyPress
    Dim strChar As String
    strChar = e.KeyChar
    Select Case strChar
        Case ChrW(System.Windows.Forms.Keys.Enter)
            If checkTextbox(TxtISBN) = False Then
                display_MsgBox("请在文本框中输入信息")
            Else
                If checkTextbox(TxtISBN) = True Then
                    TxtBookName.Focus()
                End If
            End If
        Case Else
            '什么也不做
    End Select
End Sub
```

编写“书籍名称”TextBox 文本框控件的 KeyPress 事件程序如代码 7-55 所示。

代码 7-55:“书籍名称”TextBox 文本框控件的 KeyPress 事件

```
Private Sub TextBox3_KeyPress(ByVal sender As Object, ByVal e As System.Windows.Forms.
KeyPressEventArgs) Handles TxtBookName.KeyPress
    Dim strChar As String
    strChar = e.KeyChar
    Select Case strChar
        Case ChrW(System.Windows.Forms.Keys.Enter)
            If checkTextbox(TxtBookName) = False Then
                display_MsgBox("Please Fill in the field")
            Else
                If checkTextbox(TxtBookName) = True Then
                    ComboBookCode.Focus()
```

```
                End If
            End If
        Case Else
            '什么也不做
    End Select
End Sub
```

编写"描述"TextBox 文本框控件的 KeyPress 事件程序如代码 7-56 所示。

代码 7-56："描述"TextBox 文本框控件的 KeyPress 事件

```
Private Sub TextBox6_KeyPress(ByVal sender As Object, ByVal e As System.Windows.Forms.
KeyPressEventArgs) Handles TxtBookDes.KeyPress
    Dim strChar As String
    strChar = e.KeyChar
    Select Case strChar
        Case ChrW(System.Windows.Forms.Keys.Enter)
            If checkTextbox(TxtBookDes) = False Then
                display_MsgBox("Please Fill in the field")
            Else
                If checkTextbox(TxtBookDes) = True Then
                    TxtBookAuthor.Focus()
                End If
            End If
        Case Else
            '什么也不做
    End Select
End Sub
```

编写"作者"TextBox 文本框控件的 KeyPress 事件程序如代码 7-57 所示。

代码 7-57："作者"TextBox 文本框控件的 KeyPress 事件

```
Private Sub TextBox7_KeyPress(ByVal sender As Object, ByVal e As System.Windows.Forms.
KeyPressEventArgs) Handles TxtBookAuthor.KeyPress
    Dim strChar As String
    strChar = e.KeyChar
    Select Case strChar
        Case ChrW(System.Windows.Forms.Keys.Enter)
            If checkTextbox(TxtBookAuthor) = False Then
                display_MsgBox("Please Fill in the field")
            Else
                If checkTextbox(TxtBookAuthor) = True Then
                    TxtEdition.Focus()
                End If
            End If
        Case Else
            '什么也不做
    End Select
End Sub
```

编写"编辑"TextBox 文本框控件的 KeyPress 事件，程序如代码 7-58 所示。

代码 7-58："编辑"TextBox 文本框控件的 KeyPress 事件

```
Private Sub TextBox8_KeyPress(ByVal sender As Object, ByVal e As System.Windows.Forms.
KeyPressEventArgs) Handles TxtEdition.KeyPress
    Dim strChar As String
    strChar = e.KeyChar
    Select Case strChar
        Case ChrW(System.Windows.Forms.Keys.Enter)
            If checkTextbox(TxtEdition) = False Then
                display_MsgBox("Please Fill in the field")
            Else
                If checkTextbox(TxtEdition) = True Then
                    TxtPublishdate.Focus()
                End If
            End If
        Case Else
            '什么也不做
    End Select
End Sub
```

编写"出版日期"TextBox 文本框控件的 KeyPress 事件程序如代码 7-59 所示。

代码 7-59："出版日期"TextBox 文本框控件的 KeyPress 事件

```
Private Sub TextBox9_KeyPress(ByVal sender As Object, ByVal e As System.Windows.Forms.
KeyPressEventArgs) Handles TxtPublishdate.KeyPress
    Dim strChar As String
    strChar = e.KeyChar
    Select Case strChar
        Case ChrW(System.Windows.Forms.Keys.Enter)
            If checkTextbox(TxtPublishdate) = False Then
                display_MsgBox("Please Fill in the field")
            Else
                If checkTextbox(TxtPublishdate) = True Then
                    Dim myText As String = TxtPublishdate.Text
                    ComboStatus.Focus()
                End If
            End If
        Case Else
            '什么也不做
    End Select
End Sub
```

编写"添加日期"TextBox 文本框控件的 KeyPress 事件程序如代码 7-60 所示。

代码 7-60："添加日期"TextBox 文本框控件的 KeyPress 事件

```
Private Sub TextBox10_KeyPress(ByVal sender As Object, ByVal e As System.Windows.Forms.
KeyPressEventArgs) Handles TxtAdditionDate.KeyPress
    Dim strChar As String
    strChar = e.KeyChar
    Select Case strChar
        Case ChrW(System.Windows.Forms.Keys.Enter)
            If checkTextbox(TxtAdditionDate) = False Then
```

```
                display_MsgBox("Please Fill in the field")
            Else
                If checkTextbox(TxtAdditionDate) = True Then
                    Dim myText2 = TxtAdditionDate.Text
                    BtnAdd.Focus()
                End If
            End If
        Case Else
            '什么也不做
    End Select
End Sub
```

7.4.6 设计添加书籍费用信息界面 frm_AddNewCharges.vb

添加书籍费用信息界面的设计如图 7-23 所示。

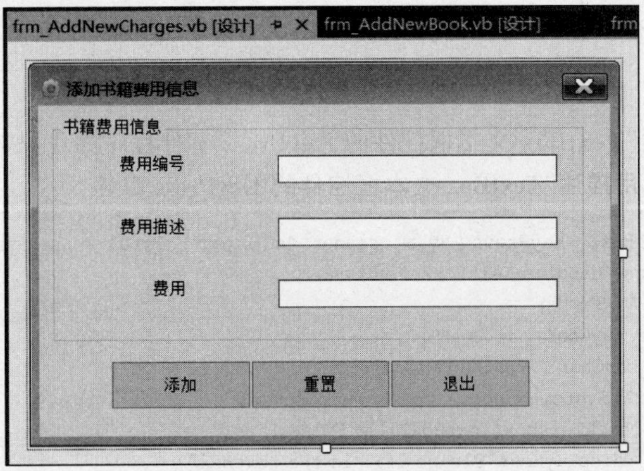

图 7-23 添加书籍费用信息界面

该界面的设计步骤为：首先添加一个 GroupBox 控件，用于显示“书籍费用信息”部分。再添加 Label 控件，用于显示相应的文本。依次添加三个 TextBox 文本框控件，分别用作“费用编号”“费用描述”和“费用”的输入框。最后添加三个 Button 按钮控件，分别作为“添加”“重置”和“退出”按钮。

进入该界面的代码文件，首先定义全局变量的程序，如代码 7-61 所示。

代码 7-61：定义全局变量

```
Dim MyConnection As New OleDbConnection("Provider = Microsoft.Jet.OLEDB.4.0;Data Source = " &
Application.StartupPath & "\Library.mdb")
Dim MyCommand
Dim e As Exception
Dim MyCommand2
Dim MyReader As OleDbDataReader
Dim MyReader2 As OleDbDataReader
Dim dbset As New DataSet
Dim dataA
Dim currentDate As Date
Dim lockedUser As String
```

编写“费用编号”TextBox 文本框控件的 KeyPress 事件程序如代码 7-62 所示。

代码 7-62：“费用编号”TextBox 文本框控件的 KeyPress 事件

```
Private Sub TextBox1_KeyPress(ByVal sender As Object, ByVal e As System.Windows.Forms.
KeyPressEventArgs) Handles TextBox1.KeyPress
    Dim strChar As String
    strChar = e.KeyChar
    Select Case strChar
        Case ChrW(System.Windows.Forms.Keys.Enter)
            If checkTextbox(TextBox1) = False Then
                displayMsg("Please fill in the textbox")
            Else
                If checkTextbox(TextBox1) = True Then
                    TextBox2.Focus()
                End If
            End If
        Case Else
            'do nothing
    End Select
End Sub
```

编写“费用描述”TextBox 文本框控件的 KeyPress 事件程序如代码 7-63 所示。

代码 7-63：“费用描述”TextBox 文本框控件的 KeyPress 事件

```
Private Sub TextBox2_KeyPress(ByVal sender As Object, ByVal e As System.Windows.Forms.
KeyPressEventArgs) Handles TextBox2.KeyPress
    Dim strChar As String
    strChar = e.KeyChar
    Select Case strChar
        Case ChrW(System.Windows.Forms.Keys.Enter)
            If checkTextbox(TextBox2) = False Then
                displayMsg("Please fill in the textbox")
            Else
                If checkTextbox(TextBox2) = True Then
                    TextBox3.Focus()
                End If
            End If
        Case Else
            'do nothing
    End Select
End Sub
```

编写“费用”TextBox 文本框控件的 KeyPress 事件程序如代码 7-64 所示。

代码 7-64：“费用”TextBox 文本框控件的 KeyPress 事件

```
Private Sub TextBox3_KeyPress(ByVal sender As Object, ByVal e As System.Windows.Forms.
KeyPressEventArgs) Handles TextBox3.KeyPress
    Dim strChar As String
    strChar = e.KeyChar
    Select Case strChar
        Case ChrW(System.Windows.Forms.Keys.Enter)
            If checkTextbox(TextBox3) = False Then
                displayMsg("Please fill in the textbox")
            Else
```

```
                If checkTextbox(TextBox3) = True Then
                    Button1.Focus()
                End If
            End If
        Case Else
            'do nothing
    End Select
End Sub
```

编写“添加”按钮的单击事件程序如代码 7-65 所示。

代码 7-65：“添加”按钮的单击事件

```
Private Sub Button1_Click(ByVal sender As System.Object, ByVal e As System.EventArgs)
    If checkIfAlreadyExists() = False Then
         displayMsg("The Entered Data Already Exists in the Database, Please Enter Another
         Charge No")
        TextBox1.Focus()
        clearfields()
    Else
        If checkIfAlreadyExists() = True Then
            addCharges()
            displayMsg("The Data has been added into the database")
            clearfields()
            TextBox1.Focus()
        End If
    End If
End Sub
```

代码 7-65 中调用了 displayMsg()、clearfields()、checkIfAlreadyExists()和 addCharges()方法。

编写 displayMsg()方法的程序如代码 7-66 所示。

代码 7-66：displayMsg()方法

```
Function displayMsg(ByVal myMsgText As String)
    MsgBox(myMsgText, MsgBoxStyle.Information, "图书馆管理系统")
End Function
```

编写 clearfields()方法的程序如代码 7-67 所示。

代码 7-67：clearfields()方法

```
Function clearfields()
    TextBox1.Text = ""
    TextBox2.Text = ""
    TextBox3.Text = ""
    TextBox4.Text = ""
End Function
```

编写 checkIfAlreadyExists()方法的程序如代码 7-68 所示。

代码 7-68：checkIfAlreadyExists()方法

```
Function checkIfAlreadyExists() As Boolean
    getbyname()
    If TextBox4.Text = TextBox1.Text Then
```

```
            Return False
        Else
            Return True
        End If
    End Function
```

编写 addCharges()方法的程序如代码 7-69 所示。

代码 7-69：addCharges()方法

```
Function addCharges()
    MyConnection.Open()
    MyCommand = New OleDbCommand("INSERT INTO Charges VALUES('" & TextBox1.Text & "','" &
    TextBox2.Text & "', '" & TextBox3.Text & "')", MyConnection)
    MyCommand.ExecuteNonQuery()
    MyConnection.Close()
    MyCommand.dispose()
End Function
```

编写“重置”按钮的单击事件程序如代码 7-70 所示。

代码 7-70：“重置”按钮的单击事件

```
Private Sub Button2_Click(ByVal sender As System.Object, ByVal e As System.EventArgs) Handles
Button2.Click, Button1.Click
    clearfields()
End Sub
```

代码 7-70 调用了 clearfields()方法。

7.4.7 设计添加用户信息界面 frm_AddUser.vb

添加用户信息界面的设计如图 7-24 所示。

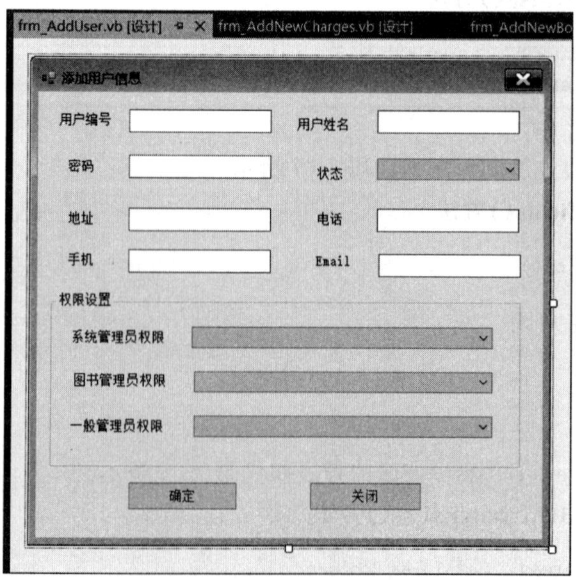

图 7-24 添加用户信息界面

该界面的设计步骤为：首先添加 Label 控件，用于显示相应的文本。依次添加多个 TextBox 控件，作为“用户编号”“用户姓名”“密码”“地址”“电话”“手机”和“E-mail”的输入框。添加一个 ComboBox 控件，作为“状态”的选择。再添加一个 GroupBox 控件，用于显示“权限设置”部分。添加三个 Label 控件，显示相应的文本。再添加三个 ComboBox 控件，分别用于“系统管理员权限”“图书馆员权限”和“一般管理员权限”的选择。最后添加两个 Button 按钮控件，分别用于显示“确定”和“关闭”按钮。

进入该界面的代码文件，首先定义全局变量如代码 7-71 所示。

代码 7-71：定义全局变量

```
Dim MyConnection As New OleDbConnection("Provider = Microsoft.Jet.OLEDB.4.0;Data Source = " &
Application.StartupPath & "\library.mdb")
Dim MyCommand As OleDbCommand
Dim MyReader As OleDbDataReader
```

编写该窗体的 Form_Load 事件程序如代码 7-72 所示。

代码 7-72：窗体的 Form_Load 事件

```
Private Sub FrmAddUser_Load(ByVal sender As System.Object, ByVal e As System.EventArgs)
Handles MyBase.Load
    ComboAdmin.SelectedIndex = 0
    ComboLib.SelectedIndex = 0
    ComboGeneral.SelectedIndex = 0
    ComboStatus.SelectedIndex = 0
End Sub
```

编写“确定”按钮的单击事件程序如代码 7-73 所示。

代码 7-73：“确定”按钮的单击事件

```
Private Sub BtOK_Click(ByVal sender As System.Object, ByVal e As System.EventArgs) Handles
BtOK.Click
    If Trim(TxtUserID.Text) = "" Then
        displayMsg("输入的用户编号不能为空!")
        Exit Sub
    End If
    If Trim(TxtName.Text) = "" Then
        displayMsg("输入的用户姓名不能为空!")
        Exit Sub
    End If
    If Trim(TxtPassword.Text) = "" Then
        displayMsg("输入的密码不能为空!")
        Exit Sub
    End If
    If checkIfAlreadyExists() = True Then
        displayMsg("用户编号已经存在,请重新输入!")
        Exit Sub
    Else
        addUser()
        displayMsg("用户信息已被成功添加到数据库!")
    End If
End Sub
```

代码 7-73 中调用了 displayMsg()、checkIfAlreadyExists()、addUser()方法。

编写 displayMsg()方法的程序如代码 7-74 所示。

代码 7-74：displayMsg()方法

```
Sub displayMsg(ByVal myMsgText As String)
    MsgBox(myMsgText, MsgBoxStyle.Information, "图书馆管理系统")
End Sub
```

编写 checkIfAlreadyExists()方法的程序如代码 7-75 所示。

代码 7-75：checkIfAlreadyExists()方法

```
Function checkIfAlreadyExists() As Boolean
    Dim temp As String
    MyConnection.Open()
    MyCommand = New OleDbCommand("SELECT * FROM SystemUsers WHERE UserID = '" & TxtUserID.
    Text & "'", MyConnection)
    MyReader = MyCommand.ExecuteReader()
    While MyReader.Read
        temp = MyReader("UserID")
    End While
    MyConnection.Close()
    MyReader.Close()
    MyCommand.dispose()
    If temp = TxtUserID.Text Then
        Return True
    Else
        If temp <> TxtUserID.Text Then
            Return False
        End If
    End If
End Function
```

编写 addUser()方法的程序如代码 7-76 所示。

代码 7-76：addUser()方法

```
Sub addUser()
    MyConnection.Open()
    MyCommand = New OleDbCommand("INSERT INTO SystemUsers VALUES('" & TxtUserID.Text & "','" &
    TxtName.Text & "','" & TxtPassword.Text & "','" & ComboStatus.Text & "','" & TxtAddress.Text
    & "','" & TxtPhone.Text & "','" & TxtCellPhone.Text & "','" & TxtEmail.Text & "','" &
    ComboAdmin.Text & "','" & ComboLib.Text & "','" & ComboGeneral.Text & "')", MyConnection)
    MyCommand.ExecuteNonQuery()
    MyConnection.Close()
    MyCommand.Dispose()
End Sub
```

7.4.8 设计备份数据库界面 frm_BackUp.vb

备份数据库界面的设计如图 7-25 所示。

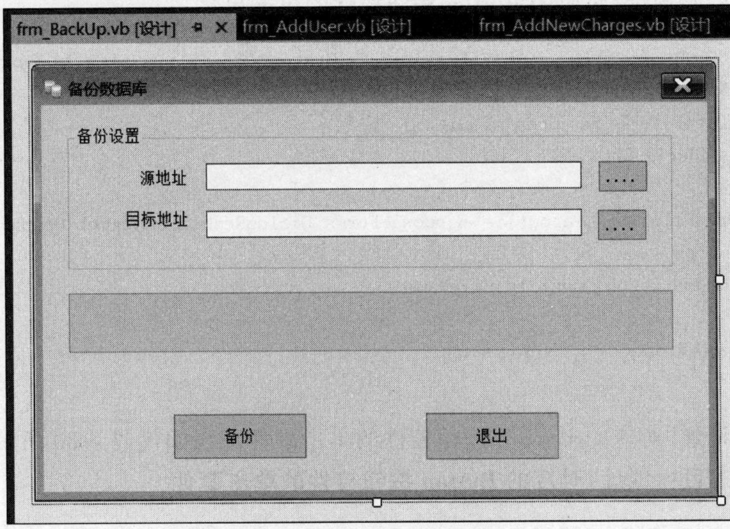

图 7-25　备份数据库界面

该界面的设计步骤为：首先添加一个 GroupBox 控件，显示“备份设置”部分。添加 Label 控件，用于显示对应的文本。添加两个 TextBox 文本框控件，分别作为“源地址”和“目标地址”的输入框。再添加两个 Button 按钮控件，作为“…”按钮。在下面添加一个 ProgressBar 进度条控件，用于显示数据库备份的进度情况。最后添加两个 Button 按钮控件，分别作为“备份”和“退出”按钮。

进入该界面的代码文件，首先定义全局变量如代码 7-77 所示。

代码 7-77：定义全局变量

```
Dim MyConnection As New OleDbConnection("Provider = Microsoft.Jet.OLEDB.4.0;Data Source = " &
Application.StartupPath & "\Library.mdb")
Dim MyCommand As OleDbCommand
Dim MyReader As OleDbDataReader
```

编写该界面的 Form_Load 事件程序如代码 7-78 所示。

代码 7-78：界面的 Form_Load 事件

```
Private Sub frm_BackUp_Load(ByVal sender As System.Object, ByVal e As System.EventArgs)
Handles MyBase.Load
    MyConnection.Open()
    MyCommand = New OleDbCommand("SELECT * FROM Backup", MyConnection)
    MyReader = MyCommand.ExecuteReader()
    While MyReader.Read
        TxtSourceAddress.Text = MyReader("Source")
        TxtDest.Text = MyReader("Dest")
    End While
    MyConnection.Close()
    MyReader.Close()
End Sub
```

编写“源地址”对应的 Button 按钮控件的单击事件程序如代码 7-79 所示。

代码 7-79："源地址"对应的 Button 按钮控件的单击事件

```
Private Sub BtnBrowser_Click(ByVal sender As System.Object, ByVal e As System.EventArgs)
Handles BtnBrowser.Click
    Dim objOpenFile As New OpenFileDialog
    Dim filePath As String
    objOpenFile.Filter = "所有文件 (*.*)|*.*"
    If objOpenFile.ShowDialog() = Windows.Forms.DialogResult.OK And objOpenFile.FileName <>
    "" Then
        filePath = objOpenFile.FileName
    End If
    TxtSourceAddress.Text = filePath
End Sub
```

编写"目标地址"对应的 Button 按钮控件的单击事件程序如代码 7-80 所示。

代码 7-80："目标地址"对应的 Button 按钮控件的单击事件

```
Private Sub Button7_Click(ByVal sender As System.Object, ByVal e As System.EventArgs) Handles
Button7.Click
    Dim objOpenFile As New OpenFileDialog
    Dim filePath As String
    objOpenFile.Filter = "所有文件 (*.*)|*.*"
    If objOpenFile.ShowDialog() = Windows.Forms.DialogResult.OK And objOpenFile.FileName <>
    "" Then
        filePath = objOpenFile.FileName
    End If
    TxtSourceAddress.Text = filePath
End Sub
```

编写"备份"按钮的单击事件程序如代码 7-81 所示。

代码 7-81："备份"按钮的单击事件

```
Private Sub BtnBackup_Click(ByVal sender As System.Object, ByVal e As System.EventArgs)
Handles BtnBackup.Click
    updatePath()
    Label3.Text = "初始化……"
    ProgressBar1.Increment(20)
    Label3.Text = "..."
    myWait(2500)
    Label3.Text = "..."
    Label3.Text = "..."
    Label3.Text = "..."
    ProgressBar1.Increment(20)
    Dim foldername As String = Date.Now.Day.ToString + "-" + Date.Now.Month.ToString +
    "-" + Date.Now.Year.ToString
    Dim filename As String = Date.Now.Hour.ToString + "-" + Date.Now.Minute.ToString +
    "-" + Date.Now.Second.ToString
    Dim direcname = TxtDest.Text + foldername
    Dim sourcepath As String = TxtSourceAddress.Text
    myWait(2500)
    Label3.Text = "创建文件夹……"
```

```
    Label3.Text = "..."
    Label3.Text = "..."
    Label3.Text = "..."
    Label3.Text = "..."
    ProgressBar1.Increment(20)
    myWait(2500)
    If Directory.Exists(direcname) = True Then
    Else
        If Directory.Exists(direcname) = False Then
            Directory.CreateDirectory(direcname)
        End If
    End If
    ProgressBar1.Increment(20)
    Label3.Text = "备份数据库……"
    Label3.Text = "..."
    Label3.Text = "..."
    Label3.Text = "..."
    Label3.Text = "..."
    File.Copy(sourcepath, direcname + "\" + filename + ".backup")
    myWait(2500)
    ProgressBar1.Increment(20)
    Label3.Text = "备份完成……"
    MsgBox("备份完成!", MsgBoxStyle.OkOnly, "图书馆管理系统")
End Sub
```

代码 7-81 中调用了 myWait()和 updatePath()方法。

编写 myWait()方法的程序如代码 7-82 所示。

代码 7-82：myWait()方法

```
Sub myWait (ByVal mySeconds As Integer)
    Dim myTime As Integer
    myTime = 0
    While myTime <= mySeconds
        myTime = myTime + 1
        Label3.Text = "..."
        Label3.Text = "..."
        Label3.Text = "..."
        Label3.Text = "..."
    End While
End Sub
```

编写 updatePath()方法的程序如代码 7-83 所示。

代码 7-83：updatePath()方法

```
Sub updatePath()
    MyConnection.Open()
    MyCommand = New OleDbCommand("UPDATE Backup SET Source = '" & TxtSourceAddress.Text & "',
    Dest = '" & TxtDest.Text & "'", MyConnection)
    Try
        MyCommand.ExecuteNonQuery()
    Catch c As Exception
```

```
            MsgBox(c.ToString)
        End Try
        MyConnection.Close()
        MyCommand.Dispose()
    End Sub
```

7.4.9 设计修改密码界面 frm_ChangePassword.vb

修改密码界面的设计如图 7-26 所示。

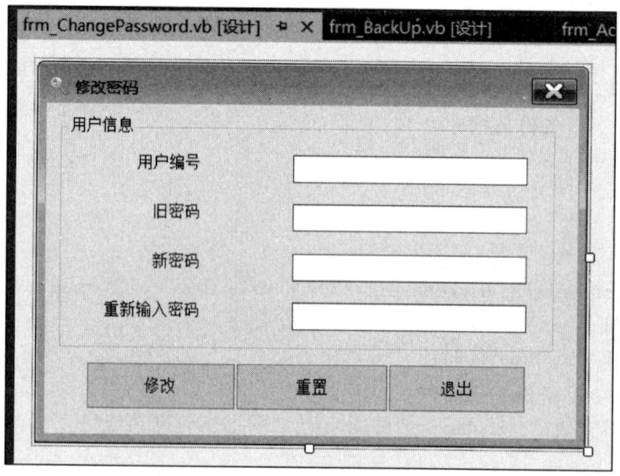

图 7-26 修改密码界面

该界面的设计步骤为：首先添加一个 GroupBox 控件，用于显示“用户信息”部分。再添加 Label 控件，用于显示对应的文本信息。依次添加四个 TextBox 控件，分别作为“用户编号”“旧密码”“新密码”“重新输入密码”的输入框。最后添加三个 Button 按钮控件，分别作为“修改”“重置”和“退出”按钮。

进入该界面的代码文件，首先定义全局变量如代码 7-84 所示。

代码 7-84：定义全局变量

```
Dim MyConnection As New OleDbConnection("Provider = Microsoft.Jet.OLEDB.4.0;Data Source = " &
Application.StartupPath & "\Library.mdb")
Dim MyCommand As OleDbCommand
Dim MyReader As OleDbDataReader
Dim tempID As String
Dim tempStatus As String
```

编写“用户编号”位置的 TextBox 文本框控件的 KeyPress 事件程序如代码 7-85 所示。

代码 7-85：“用户编号”位置的 TextBox 文本框控件的 KeyPress 事件

```
Private Sub TxtUserID_KeyPress(ByVal sender As Object, ByVal e As System.Windows.Forms.
KeyPressEventArgs) Handles TxtUserID.KeyPress
    Dim strChar As String
    strChar = e.KeyChar
    Select Case strChar
        Case ChrW(System.Windows.Forms.Keys.Enter)
```

```
            TxtOldPass.Focus()
        Case Else
            '什么也不做
    End Select
End Sub
```

编写“旧密码”位置的 TextBox 文本框控件的 KeyPress 事件程序如代码 7-86 所示。

代码 7-86：“旧密码”位置的 TextBox 文本框控件的 KeyPress 事件

```
Private Sub TextBox2_KeyPress(ByVal sender As Object, ByVal e As System.Windows.Forms.
KeyPressEventArgs) Handles TxtOldPass.KeyPress
    Dim strChar As String
    strChar = e.KeyChar
    Select Case strChar
        Case ChrW(System.Windows.Forms.Keys.Enter)
            TxtNewPass.Focus()
        Case Else
            '什么也不做
    End Select
End Sub
```

编写“新密码”位置的 TextBox 文本框控件的 KeyPress 事件程序如代码 7-87 所示。

代码 7-87：“新密码”位置的 TextBox 文本框控件的 KeyPress 事件

```
Private Sub TextBox3_KeyPress(ByVal sender As Object, ByVal e As System.Windows.Forms.
KeyPressEventArgs) Handles TxtNewPass.KeyPress
    Dim strChar As String
    strChar = e.KeyChar
    Select Case strChar
        Case ChrW(System.Windows.Forms.Keys.Enter)
            TxtAgain.Focus()
        Case Else
            '什么也不做
    End Select
End Sub
```

编写“重新输入密码”位置的 TextBox 文本框控件的 KeyPress 事件程序如代码 7-88 所示。

代码 7-88：“重新输入密码”位置的 TextBox 文本框控件的 KeyPress 事件

```
Private Sub TxtAgain_KeyPress(ByVal sender As Object, ByVal e As System.Windows.Forms.
KeyPressEventArgs) Handles TxtAgain.KeyPress
    Dim strChar As String
    strChar = e.KeyChar
    Select Case strChar
        Case ChrW(System.Windows.Forms.Keys.Enter)
        Case Else
            '什么也不做
    End Select
End Sub
```

编写“修改”按钮的单击事件程序如代码 7-89 所示。

代码 7-89："修改"按钮的单击事件

```
Private Sub BtnModify_Click(ByVal sender As System.Object, ByVal e As System.EventArgs)
Handles BtnModify.Click
    If checkpassword() = False Or checkUserID() = False Then
        displayMsg("密码与用户编号不对应或者用户编号不存在")
        TxtUserID.Focus()
    ElseIf checkConfirmPassword() = False Then
        displayMsg("两次输入的密码不一致,请重新输入")
        Exit Sub
    Else
        If checkpassword() = True And checkUserID() = True Then
            updatePassword()
            displayMsg("你的密码已被更新")
            clearfields()
        End If
    End If
End Sub
```

代码 7-89 中调用了 checkpassword()、checkUserID()、displayMsg()、checkConfirmPassword()、updatePassword()方法。

编写 checkpassword()方法的程序如代码 7-90 所示。

代码 7-90：checkpassword()方法

```
Function checkpassword() As Boolean
    Dim tempPass As String
    MyConnection.Open()
    MyCommand = New OleDbCommand("SELECT * FROM SystemUsers WHERE UserID = '" & TxtUserID.
    Text & "'", MyConnection)
    MyReader = MyCommand.ExecuteReader()
    While MyReader.Read
        tempPass = MyReader("Password")
    End While
    MyConnection.Close()
    MyReader.Close()
    MyCommand.Dispose()
    If tempPass = TxtOldPass.Text Then
        Return True
    Else
        Return False
    End If
End Function
```

编写 checkUserID()方法的程序如代码 7-91 所示。

代码 7-91：checkUserID()方法

```
Function checkUserID() As Boolean
    Dim tempID As String
    MyConnection.Open()
    MyCommand = New OleDbCommand("SELECT * FROM SystemUsers WHERE UserID = '" & TxtUserID.
    Text & "'", MyConnection)
    MyReader = MyCommand.ExecuteReader()
```

```
    While MyReader.Read
        tempID = MyReader("UserID")
    End While
    MyConnection.Close()
    MyReader.Close()
    MyCommand.Dispose()
    If tempID = TxtUserID.Text Then
        Return True
    Else
        Return False
    End If
End Function
```

编写 displayMsg()方法的程序如代码 7-92 所示。

代码 7-92：displayMsg()方法

```
Function displayMsg(ByVal myMsgText As String)
    MsgBox(myMsgText, MsgBoxStyle.Information, "图书馆管理系统")
End Function
```

编写 checkConfirmPassword()方法的程序如代码 7-93 所示。

代码 7-93：checkConfirmPassword()方法

```
Function checkConfirmPassword() As Boolean
    If TxtNewPass.Text = TxtAgain.Text Then
        Return True
    Else
        If TxtNewPass.Text <> TxtAgain.Text Then
            Return False
        End If
    End If
End Function
```

编写 updatePassword()方法的程序如代码 7-94 所示。

代码 7-94：updatePassword()方法

```
Sub updatePassword()
    Dim temp1 As String = TxtNewPass.Text
    Dim temp2 As String = TxtUserID.Text
    MyConnection.Open()
    Try
        MyCommand = New OleDbCommand("UPDATE SystemUsers SET [Password] = '" & temp1 & "'
        WHERE UserID = '" & temp2 & "'", MyConnection)
        MyCommand.ExecuteNonQuery()
    Catch c As Exception
        MsgBox(c.ToString)
    End Try
    MyConnection.Close()
    MyCommand.Dispose()
End Sub
```

编写“重置”按钮的单击事件程序如代码 7-95 所示。

代码 7-95："重置"按钮的单击事件

```
Private Sub Button2_Click(ByVal sender As System.Object, ByVal e As System.EventArgs) Handles
Button2.Click
    clearfields()
End Sub
```

这段代码中调用了 clearfields()方法，编写该方法的程序如代码 7-96 所示。

代码 7-96：clearfields()方法

```
Function clearfields()
    TxtUserID.Text = ""
    TxtNewPass.Text = ""
    TxtOldPass.Text = ""
    TxtAgain.Text = ""
End Function
```

7.4.10 设计删除书籍信息界面 frm_DelBook.vb

删除书籍信息界面的设计如图 7-27 所示。

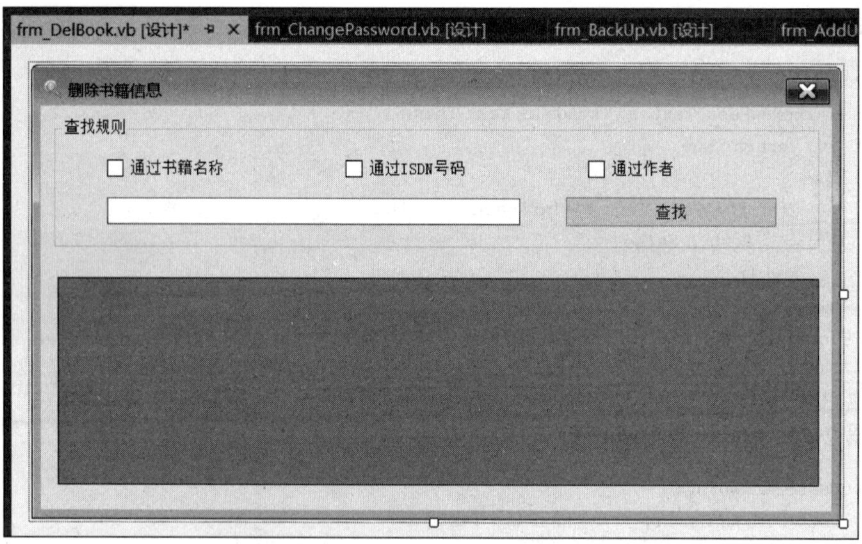

图 7-27 删除书籍信息界面

该界面的设计步骤为：首先添加一个 GroupBox 控件，用于显示"查找规则"部分。再添加三个 CheckBox 控件，分别用于显示"通过书籍名称""通过 ISBN 号码"和"通过作者"复选框。然后添加一个 TextBox 文本框控件和一个 Button 按钮控件。在下面添加一个 DataGridView 控件，用于绑定数据。

进入该界面的代码文件，首先定义全局变量如代码 7-97 所示。

代码 7-97：定义全局变量

```
Dim MyConnection As New OleDbConnection("Provider = Microsoft.Jet.OLEDB.4.0;Data Source = " &
Application.StartupPath & "\Library.mdb")
Dim MyCommand As OleDbCommand
```

```
Dim MyReader As OleDbDataReader
Dim dbset As New DataSet
Friend WithEvents BtnSearch As System.Windows.Forms.Button
Friend WithEvents DGResult As System.Windows.Forms.DataGridView
Dim dataA As OleDbDataAdapter
```

编写该界面的 Form_Load 事件程序如代码 7-98 所示。

代码 7-98：界面的 Form_Load 事件

```
Private Sub frm_FindBook_Load(ByVal sender As System.Object, ByVal e As System.EventArgs)
Handles MyBase.Load
    DGResult.BorderStyle = BorderStyle.FixedSingle
    TxtCondition.Focus()
End Sub
```

编写"通过书籍名称"CheckBox 复选框按钮控件的 CheckedChanged 事件程序如代码 7-99 所示。

代码 7-99："通过书籍名称"CheckBox 复选框按钮控件的 CheckedChanged 事件

```
Private Sub ChkBookName_CheckedChanged(ByVal sender As System.Object, ByVal e As System.
EventArgs) Handles ChkBookName.CheckedChanged
    ChkISDN.Checked = False
    ChckAuthor.Checked = False
End Sub
```

编写"通过 ISBN 号码"CheckBox 复选框按钮控件的 CheckedChanged 事件程序如代码 7-100 所示。

代码 7-100："通过 ISBN 号码"CheckBox 复选框按钮控件的 CheckedChanged 事件

```
Private Sub CheckBox2_CheckedChanged(ByVal sender As System.Object, ByVal e As System.
EventArgs) Handles ChkISBN.CheckedChanged
    ChkBookName.Checked = False
    ChckAuthor.Checked = False
End Sub
```

编写"通过作者"CheckBox 复选框按钮控件的 CheckChanged 事件程序如代码 7-101 所示。

代码 7-101："通过作者"CheckBox 复选框按钮控件的 CheckChanged 事件

```
Private Sub CheckBox3_CheckedChanged(ByVal sender As System.Object, ByVal e As System.
EventArgs) Handles ChckAuthor.CheckedChanged
    ChkISBN.Checked = False
    ChkBookName.Checked = False
End Sub
```

编写 TextBox 文本框控件的 KeyPress 事件程序如代码 7-102 所示。

代码 7-102：TextBox 文本框控件的 KeyPress 事件

```
Private Sub TxtCondition_KeyPress(ByVal sender As Object, ByVal e As System.Windows.Forms.
KeyPressEventArgs) Handles TxtCondition.KeyPress
    Dim strChar As Object
```

```
        strChar = e.KeyChar
        Select Case strChar
            Case ChrW(System.Windows.Forms.Keys.Enter)
                If checkTextbox(TxtCondition) = False Then
                  MsgBox("请输入搜索条件", MsgBoxStyle.Information, "图书馆管理系统")
                Else
                    If checkTextbox(TxtCondition) = True Then
                        BtnSearch.Focus()
                    End If
                End If
            Case Else
                '什么也不做
        End Select
    End Sub
```

编写"查找"按钮的单击事件程序如代码 7-103 所示。

代码 7-103："查找"按钮的单击事件

```
Private Sub BtnSearch_Click(ByVal sender As System.Object, ByVal e As System.EventArgs)
Handles BtnSearch.Click
    If ChkBookName.Checked = True Then
        findByName()
    Else
        If ChckAuthor.Checked = True Then
            findByAuthorName()
        Else
            If ChkISBN.Checked = True Then
                findByISBN()
            Else
            End If
        End If
    End If
End Sub
```

代码 7-103 中调用了 findByName()、findByAuthorName()、findByISBN()方法。

编写 findByName()方法的程序如代码 7-104 所示。

代码 7-104：findByName()方法

```
Sub findByName()
    dbset.Clear()
    MyConnection.Open()
    MyCommand = New OleDbCommand(" Select * from BookDetails WHERE BookName LIKE '" &
    TxtCondition.Text & "%'", MyConnection)
    dataA = New OleDbDataAdapter(MyCommand)
    dataA.Fill(dbset, "BookDetails")
    DGResult.ReadOnly = True
    DGResult.DataSource = dbset.Tables("BookDetails")
    MyReader = MyCommand.ExecuteReader()
    While MyReader.Read
    End While
    MyConnection.Close()
```

```
        MyReader.Close()
        MyCommand.Dispose()
    End Sub
```

编写 findByAuthorName()方法的程序如代码 7-105 所示。

代码 7-105：findByAuthorName()方法

```
Sub findByAuthorName()
    dbset.Clear()
    MyConnection.Open()
    MyCommand = New OleDbCommand ( " Select * from BookDetails WHERE AuthorName LIKE '" &
    TxtCondition.Text & " % '", MyConnection)
    dataA = New OleDbDataAdapter(MyCommand)
    dataA.Fill(dbset, "BookDetails")
    DGResult.DataSource = dbset.Tables("BookDetails")
    MyReader = MyCommand.ExecuteReader()
    While MyReader.Read
    End While
    MyConnection.Close()
    MyReader.Close()
    MyCommand.Dispose()
End Sub
```

编写 findByISBN()方法的程序如代码 7-106 所示。

代码 7-106：findByISBN()方法

```
Sub findByISBN ()
    dbset.Clear()
    MyConnection.Open()
    MyCommand = New OleDbCommand("Select * from BookDetails WHERE ISBN = '" & TxtCondition.
    Text & "'", MyConnection)
    dataA = New OleDbDataAdapter(MyCommand)
    dataA.Fill(dbset, "BookDetails")
    DGResult.ReadOnly = True
    DGResult.DataSource = dbset.Tables("BookDetails")
    MyReader = MyCommand.ExecuteReader()
    While MyReader.Read
    End While
    MyConnection.Close()
    MyReader.Close()
    MyCommand.Dispose()
End Sub
```

编写 DataGridView 控件的 CellContentDoubleClick 事件程序如代码 7-107 所示。

代码 7-107：DataGridView 控件的 CellContentDoubleClick 事件

```
Private Sub DGResult_CellContentDoubleClick ( ByVal sender As Object, ByVal e As System.
Windows.Forms.DataGridViewCellEventArgs) Handles DGResult.CellContentDoubleClick
   If DGResult.SelectedCells.Count <> - 1 Then
       Dim DR As DialogResult
       DR = MsgBox("请确认是否删除 " & DGResult.Rows(e.RowIndex).Cells(1).Value & " 这条
       记录", MsgBoxStyle.YesNo, "信息框")
```

```
            If DR = Windows.Forms.DialogResult.Yes Then
                MyConnection.Open()
                MyCommand = New OleDbCommand("DELETE FROM BookDetails WHERE SN = '" & DGResult.
                Rows(e.RowIndex).Cells(0).Value & "'", MyConnection)
                MyCommand.ExecuteNonQuery()
                MyConnection.Close()
                MyReader.Close()
                MyCommand.Dispose()
            Else
                Exit Sub
            End If
            BtnSearch_Click(sender, e)
        End If
    End Sub
```

7.4.11 设计编辑书籍信息界面 frm_EditBookDetails.vb

编辑书籍信息界面的设计如图 7-28 所示。

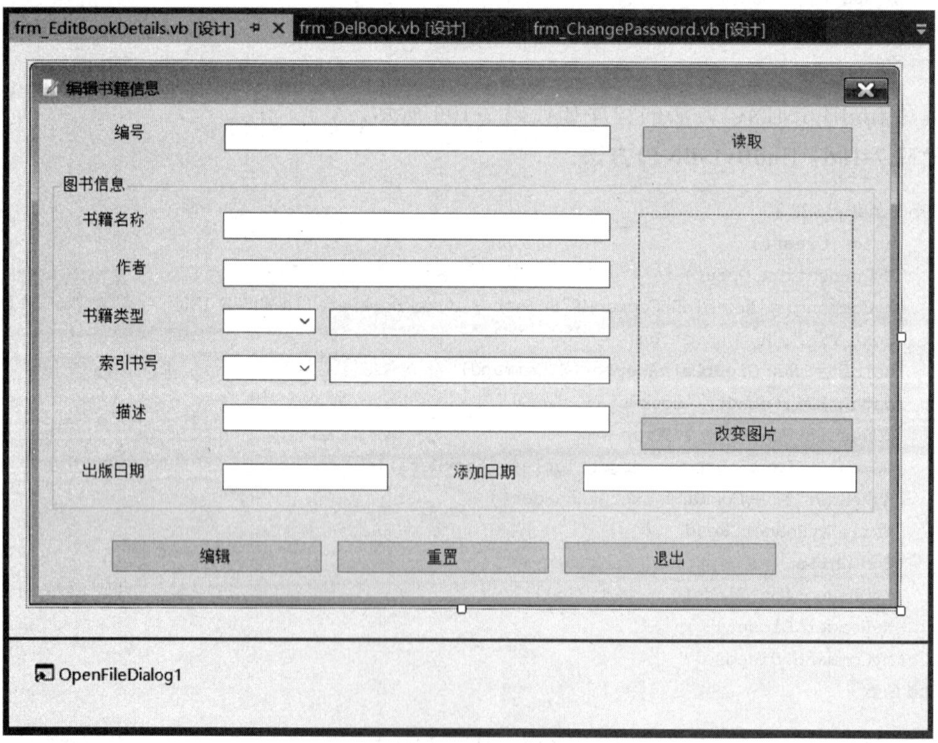

图 7-28 编辑书籍信息界面

该界面的设计步骤为：首先添加一个 Label 控件，用于显示文本“编号”。再添加一个 TextBox 文本框控件和一个 Button 按钮控件。添加一个 GroupBox 控件，用于显示“图书信息”部分。然后添加 Label 控件，用于显示相应的文本。再添加五个 TextBox 控件，分别用于显示“书籍名称”“作者”“描述”“出版日期”和“添加日期”。再添加两个 ComboBox 控件，用于“书籍类型”和“索引书号”的选择。在右边添加一个 PictureBox 控件和一个 Button

按钮控件。在下面添加三个 Button 按钮控件,分别作为“编辑”“重置”和“退出”按钮。最后添加一个 OpenFileDialog 控件,用于在单击“改变图片”按钮时浏览文件。

进入该界面的代码文件,首先定义全局变量如代码 7-108 所示。

代码 7-108:定义全局变量

```
Dim picPath As String = "C:\pictures\nopic.jpg"
Dim bookPicture As System.Drawing.Bitmap
Dim MyConnection As New OleDbConnection("Provider = Microsoft.Jet.OLEDB.4.0;Data Source = " &
Application.StartupPath & "\Library.mdb")
Dim MyCommand As OleDbCommand
Dim MyReader As OleDbDataReader
Dim bookcode1 As String
Friend WithEvents BtnRead As System.Windows.Forms.Button
Dim booktype1 As String
```

编写该界面的 Form_Load 事件程序如代码 7-109 所示。

代码 7-109:界面的 Form_Load 事件

```
Private Sub frm_EditBookDetails_Load(ByVal sender As System.Object, ByVal e As System.
EventArgs) Handles MyBase.Load
    loadBookCode()
    loadBookType()
End Sub
```

代码 7-109 中调用了 loadBookCode()方法和 loadBookType()方法。

编写 loadBookCode()方法的程序如代码 7-110 所示。

代码 7-110:loadBookCode()方法

```
Function loadBookCode()
    MyConnection.Open()
    MyCommand = New OleDbCommand("SELECT * FROM BookCode", MyConnection)
    MyReader = MyCommand.ExecuteReader()
    While MyReader.Read
        ComboBookCode.Items.Add(MyReader("Code"))
    End While
    MyConnection.Close()
    MyReader.Close()
    MyCommand.Dispose()
End Function
```

编写 loadBookType()方法的程序如代码 7-111 所示。

代码 7-111:loadBookType()方法

```
Function loadBookType()
    MyConnection.Open()
    MyCommand = New OleDbCommand("SELECT * FROM BookType", MyConnection)
    MyReader = MyCommand.ExecuteReader()
    While MyReader.Read
        ComboBookType.Items.Add(MyReader("Type"))
    End While
    MyConnection.Close()
```

```
        MyReader.Close()
        MyCommand.Dispose()
    End Function
```

编写"编号"TextBox 文本框控件的 KeyPress 事件程序如代码 7-112 所示。

代码 7-112："编号"TextBox 文本框控件的 KeyPress 事件

```
Private Sub TxtSN_KeyPress(ByVal sender As Object, ByVal e As System.Windows.Forms.
KeyPressEventArgs) Handles TxtSN.KeyPress
    Dim strChar As String
    strChar = e.KeyChar
    Select Case strChar
        Case ChrW(System.Windows.Forms.Keys.Enter)
        Case Else
            '什么也不做
    End Select
End Sub
```

编写"读取"按钮的单击事件程序如代码 7-113 所示。

代码 7-113："读取"按钮的单击事件

```
Private Sub BtnRead_Click(ByVal sender As System.Object, ByVal e As System.EventArgs) Handles
BtnRead.Click
    If TxtSN.Text = "" Then
    Else
        If TxtSN.Text <> "" Then
            setPicture()
            loadBookDetails()
            TxtBookName.Focus()
        End If
    End If
End Sub
```

代码 7-113 中调用了 setPicture()、loadBookDetails()方法。

编写 setPicture()方法的程序如代码 7-114 所示。

代码 7-114：setPicture()方法

```
Sub setPicture()
    Try
        bookPicture = System.Drawing.Bitmap.FromFile(getPicPath())
    Catch c As Exception
        MsgBox("错误：" + c.ToString, MsgBoxStyle.Exclamation, "图书馆管理系统")
    End Try
    PictureBox1.Image = bookPicture
End Sub
```

编写 loadBookDetails()方法的程序如代码 7-115 所示。

代码 7-115：loadBookDetails()方法

```
Function loadBookDetails()
    MyConnection.Open()
    MyCommand = New OleDbCommand("SELECT * FROM BookDetails WHERE SN = '" & TxtSN.Text & "'",
```

```
MyConnection)
    MyReader = MyCommand.ExecuteReader()
    While MyReader.Read
        TxtBookName.Text = MyReader("BookName")
        TxtBookAuthor.Text = MyReader("AuthorName")
        TxtBookDes.Text = MyReader("BookDes")
        TxtPublishdate.Text = MyReader("Publishdate")
        TxtAdditionDate.Text = MyReader("Libdate")
        bookcode1 = MyReader("BookCode")
        booktype1 = MyReader("BookType")
    End While
    MyConnection.Close()
    MyReader.Close()
    MyCommand.Dispose()
    loadCodeDes()
    loadTypeDes()
End Function
```

编写“书籍名称”位置的 TextBox 文本框控件的 KeyPress 事件程序如代码 7-116 所示。

代码 7-116：“书籍名称”位置的 TextBox 文本框控件的 KeyPress 事件

```
Private Sub TxtBookName_KeyPress(ByVal sender As Object, ByVal e As System.Windows.Forms.
KeyPressEventArgs) Handles TxtBookName.KeyPress
    Dim strChar As String
    strChar = e.KeyChar
    Select Case strChar
        Case ChrW(System.Windows.Forms.Keys.Enter)
            If TxtBookName.Text = "" Then
            Else
                If TxtBookName.Text <> "" Then
                    TxtBookAuthor.Focus()
                End If
            End If
        Case Else
            'nothing
    End Select
End Sub
```

编写“作者”位置的 TextBox 文本框控件的 KeyPress 事件程序如代码 7-117 所示。

代码 7-117：“作者”位置的 TextBox 文本框控件的 KeyPress 事件

```
Private Sub TextBox3_KeyPress(ByVal sender As Object, ByVal e As System.Windows.Forms.
KeyPressEventArgs) Handles TxtBookAuthor.KeyPress
    Dim strChar As String
    strChar = e.KeyChar
    Select Case strChar
        Case ChrW(System.Windows.Forms.Keys.Enter)
            If TxtBookAuthor.Text = "" Then
            Else
                If TxtBookAuthor.Text <> "" Then
                    ComboBookType.Focus()
```

```
                End If
            End If
        Case Else
            'nothing
    End Select
End Sub
```

编写“书籍类型”位置的 ComboBox 控件的 SelectedIndexChanged 事件程序如代码 7-118 所示。

代码 7-118:“书籍类型”位置的 ComboBox 控件的 SelectedIndexChanged 事件

```
Private Sub ComboBookType_SelectedIndexChanged(ByVal sender As System.Object, ByVal e As
System.EventArgs) Handles ComboBookType.SelectedIndexChanged
    MyConnection.Open()
    MyCommand = New OleDbCommand("SELECT * FROM BookType WHERE Type = '" & ComboBookType.
    Text & "'", MyConnection)
    MyReader = MyCommand.ExecuteReader()
    While MyReader.Read
        TxtBookCode.Text = MyReader("Desc")
    End While
    MyConnection.Close()
    MyReader.Close()
    MyCommand.Dispose()
End Sub
```

编写“索引书号”位置的 ComboBox 控件的 SelectedIndexChanged 事件程序如代码 7-119 所示。

代码 7-119:“索引书号”位置的 ComboBox 控件的 SelectedIndexChanged 事件

```
Private Sub ComboBox2_SelectedIndexChanged(ByVal sender As System.Object, ByVal e As System.
EventArgs) Handles ComboBookCode.SelectedIndexChanged
    MyConnection.Open()
    MyCommand = New OleDbCommand("SELECT * FROM BookCode WHERE Code = '" & ComboBookCode.
    Text & "'", MyConnection)
    MyReader = MyCommand.ExecuteReader()
    While MyReader.Read
        TxtBookType.Text = MyReader("Desc1")
    End While
    MyConnection.Close()
    MyReader.Close()
    MyCommand.Dispose()
End Sub
```

编写“描述”位置的 TextBox 文本框控件的 KeyPress 事件程序如代码 7-120 所示。

代码 7-120:“描述”位置的 TextBox 文本框控件的 KeyPress 事件

```
Private Sub TextBox6_KeyPress(ByVal sender As Object, ByVal e As System.Windows.Forms.
KeyPressEventArgs) Handles TxtBookDes.KeyPress
    Dim strChar As String
    strChar = e.KeyChar
    Select Case strChar
```

```
        Case ChrW(System.Windows.Forms.Keys.Enter)
            If TxtBookDes.Text = "" Then
            Else
                If TxtBookDes.Text <> "" Then
                    TxtPublishdate.Focus()
                End If
            End If
        Case Else
            'nothing
    End Select
End Sub
```

编写“出版日期”位置的 TextBox 文本框控件的 KeyPress 事件程序如代码 7-121 所示。

代码 7-121：“出版日期”位置的 TextBox 文本框控件的 KeyPress 事件

```
Private Sub TextBox7_KeyPress(ByVal sender As Object, ByVal e As System.Windows.Forms.
KeyPressEventArgs) Handles TxtPublishdate.KeyPress
    Dim strChar As String
    strChar = e.KeyChar
    Select Case strChar
        Case ChrW(System.Windows.Forms.Keys.Enter)
            If TxtPublishdate.Text = "" Then
            Else
                If TxtPublishdate.Text <> "" Then
                    TxtAdditionDate.Focus()
                End If
            End If
        Case Else
            'nothing
    End Select
End Sub
```

编写“添加日期”位置的 TextBox 文本框控件的 KeyPress 事件程序如代码 7-122 所示。

代码 7-122：“添加日期”位置的 TextBox 文本框控件的 KeyPress 事件

```
Private Sub TextBox8_KeyPress(ByVal sender As Object, ByVal e As System.Windows.Forms.
KeyPressEventArgs) Handles TxtAdditionDate.KeyPress
    Dim strChar As String
    Dim temp As String
    strChar = e.KeyChar
    Select Case strChar
        Case ChrW(System.Windows.Forms.Keys.Enter)
            If TxtAdditionDate.Text = "" Then
            Else
                If TxtAdditionDate.Text <> "" Then
                    BtnEdit.Focus()
                End If
            End If
        Case Else
            'nothing
    End Select
End Sub
```

编写“改变图片”按钮的单击事件程序如代码 7-123 所示。

代码 7-123：“改变图片”按钮的单击事件

```
Private Sub BtnChange_Click(ByVal sender As System.Object, ByVal e As System.EventArgs)
Handles BtnChange.Click
    MsgBox("图片的尺寸大于 " + PictureBox1.Width.ToString + " X" + PictureBox1.Height.
    ToString, MsgBoxStyle.Information, "图书馆管理系统")
    OpenFileDialog1.Filter = "Picture Files|*.jpg|*.bmp|*.gif"
    OpenFileDialog1.ShowDialog()
End Sub
```

编写 OpenFileDialog 控件的 FileOk 事件程序如代码 7-124 所示。

代码 7-124：OpenFileDialog 控件的 FileOk 事件

```
Private Sub OpenFileDialog1_FileOk(ByVal sender As System.Object, ByVal e As System.
ComponentModel.CancelEventArgs) Handles OpenFileDialog1.FileOk
    Dim width As Integer = 100
    Dim height As Integer = 100
    bookPicture = System.Drawing.Bitmap.FromFile(OpenFileDialog1.FileName)
    picPath = OpenFileDialog1.FileName.ToString
    PictureBox1.Image = bookPicture
End Sub
```

编写“编辑”按钮的单击事件程序如代码 7-125 所示。

代码 7-125：“编辑”按钮的单击事件

```
Private Sub BtnEdit_Click(ByVal sender As System.Object, ByVal e As System.EventArgs) Handles
BtnEdit.Click
    updateBook()
    display_MsgBox("书籍信息已被更新!")
    clearfields()
End Sub
```

代码 7-125 中调用了 updateBook()、display_MsgBox()和 clearfields()方法。

编写 updateBook()方法的程序如代码 7-126 所示。

代码 7-126：updateBook()方法

```
Function updateBook()
    MyConnection.Open()
    Try
        MyCommand = New OleDbCommand("UPDATE BookDetails SET BookName = '" & TxtBookName.
        Text & "',AuthorName = '" & TxtBookAuthor.Text & "',BookType = '" & ComboBookType.
        Text & "',BookCode = '" & ComboBookCode.Text & "', BookDes = '" & TxtBookDes.Text & "',
        PublishDate = '" & TxtPublishdate.Text & "', LibDate = '" & TxtAdditionDate.Text & "',
        Picture = '" & picPath & "'WHERE SN = '" & TxtSN.Text & "'", MyConnection)
        MyCommand.ExecuteNonQuery()
    Catch c As Exception
        MsgBox(c.ToString)
    End Try
    MyConnection.Close()
    MyCommand.Dispose()
End Function
```

编写 display_MsgBox()方法的程序如代码 7-127 所示。

代码 7-127：display_ MsgBox()方法

```
Function loadBookDetails()
    MyConnection.Open()
    MyCommand = New OleDbCommand("SELECT * FROM BookDetails WHERE SN = '" & TxtSN.Text & "'",
    MyConnection)
    MyReader = MyCommand.ExecuteReader()
    While MyReader.Read
        TxtBookName.Text = MyReader("BookName")
        TxtBookAuthor.Text = MyReader("AuthorName")
        TxtBookDes.Text = MyReader("BookDes")
        TxtPublishdate.Text = MyReader("Publishdate")
        TxtAdditionDate.Text = MyReader("Libdate")
        bookcode1 = MyReader("BookCode")
        booktype1 = MyReader("BookType")
    End While
    MyConnection.Close()
    MyReader.Close()
    MyCommand.Dispose()
    loadCodeDes()
    loadTypeDes()
End Function
```

编写 clearfields()方法的程序如代码 7-128 所示。

代码 7-128：clearfields()方法

```
Function clearfields()
    TxtSN.Text = ""
    TxtBookName.Text = ""
    TxtBookAuthor.Text = ""
    TxtBookCode.Text = ""
    TxtBookType.Text = ""
    TxtBookDes.Text = ""
    TxtPublishdate.Text = ""
    TxtAdditionDate.Text = ""
    ComboBookType.Text = ""
    ComboBookCode.Text = ""
End Function
```

7.4.12　设计借阅书籍界面 frm_IssueReturnBook.vb

借阅书籍界面的设计如图 7-29 所示。

该界面的设计步骤为：首先添加一个 GroupBox 控件，用于显示“书籍信息”部分。然后在 GroupBox 控件中添加 Label 控件，用于显示相应的文本。添加五个 TextBox 文本框控件，分别作为“书籍编号”“ISBN”“书籍名称”“作者名称”和“状态”的显示或输入框。再添加一个 GroupBox 控件，用于显示“读者信息”部分。然后添加 Label 控件，用于显示相应的文本。添加五个 TextBox 文本框控件，分别用于“读者编号”“读者姓名”“地址”“最大借书量”和“已借书”的显示或输入框。再添加一个 GroupBox 控件，用于显示“借阅信息”部分。

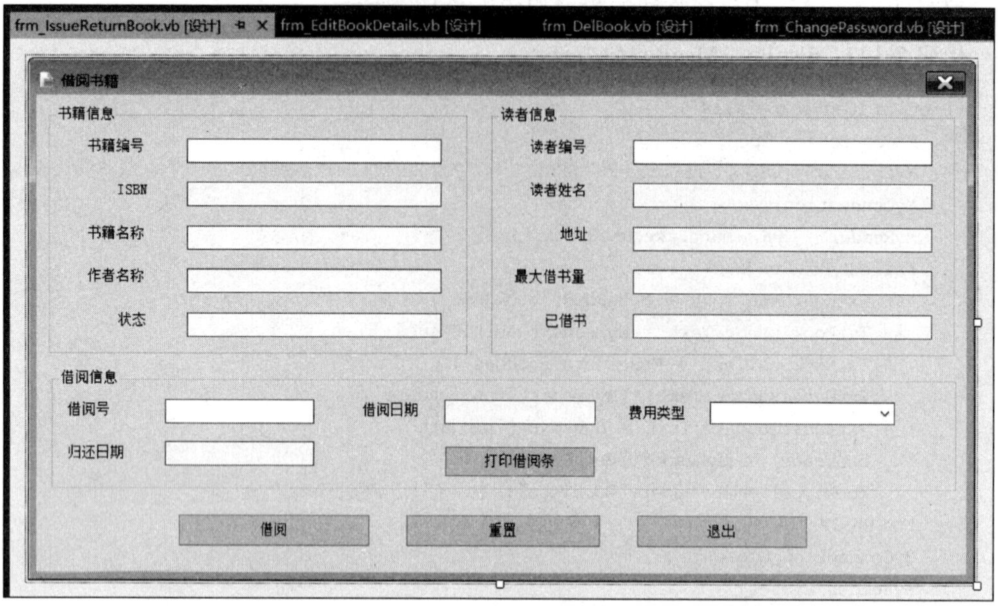

图 7-29 借阅书籍界面

添加多个 Label 控件,用于显示相应的文本。然后添加三个 TextBox 文本框控件,分别用于“借阅号”“借阅日期”“归还日期”的显示或输入框。然后添加一个 ComboBox 控件,作为“费用类型”的选择。再添加一个 Button 按钮控件,作为“打印借阅条”按钮。最后添加三个 Button 按钮控件,分别作为“借阅”“重置”和“退出”按钮。

进入该界面的代码文件,首先定义全局变量如代码 7-129 所示。

代码 7-129:定义全局变量

```
Dim myFrm
Dim MyConnection As New OleDbConnection("Provider = Microsoft.Jet.OLEDB.4.0;Data Source = " &
Application.StartupPath & "\Library.mdb")
Dim MyCommand
Dim e As Exception
Dim MyCommand2
Dim MyReader As OleDbDataReader
Dim MyReader2 As OleDbDataReader
Dim dbset As New DataSet
Dim dataA
Dim myduedate As String
```

编写“书籍编号”位置的 TextBox 文本框控件的 KeyPress 事件程序如代码 7-130 所示。

代码 7-130:“书籍编号”位置的 TextBox 文本框控件的 KeyPress 事件

```
Private Sub TxtSN_KeyPress(ByVal sender As Object, ByVal e As System.Windows.Forms.
KeyPressEventArgs) Handles TxtSN.KeyPress
    Dim strChar As Object
    strChar = e.KeyChar
    Select Case strChar
        Case ChrW(System.Windows.Forms.Keys.Enter)
```

```
            If checkIfBookAlreadyExists() = False Then
                MsgBox("书籍编号不存在,请重新输入", MsgBoxStyle.Information, "图书馆管理
                系统")
            Else
                If checkIfBookAlreadyExists() = True Then
                    loadBookDetails()
                    TxtReaderNo.Focus()
                End If
            End If
        Case Else
            '什么也不做
    End Select
End Sub
```

代码 7-130 中调用了 loadBookDetails()、checkIfBookAlreadyExists()方法。

编写 loadBookDetails()方法的程序如代码 7-131 所示。

代码 7-131：loadBookDetails()方法

```
Sub loadBookDetails()
    MyConnection.Open()
    MyCommand = New OleDbCommand("SELECT * FROM BookDetails WHERE SN = '" & TxtSN.Text & "'",
    MyConnection)
    Try
        MyReader = MyCommand.ExecuteReader()
        While MyReader.Read
            TxtISBN.Text = MyReader("ISBN")
            TxtBookName.Text = MyReader("BookName")
            TxtAuthorName.Text = MyReader("AuthorName")
            TxtStatus.Text = MyReader("BookStatus")
        End While
    Catch c As Exception
        MsgBox("错误信息:" + c.ToString, MsgBoxStyle.Critical, "图书馆管理系统")
    End Try
    MyConnection.Close()
    MyReader.Close()
    MyCommand.dispose()
End Sub
```

编写 checkIfBookAlreadyExists()方法的程序如代码 7-132 所示。

代码 7-132：checkIfBookAlreadyExists()方法

```
Function checkIfBookAlreadyExists() As Boolean
    MyConnection.Open()
    MyCommand = New OleDbCommand("SELECT * FROM BookDetails WHERE SN ='" & TxtSN.Text & "'",
    MyConnection)
    Dim TempString As String
    Try
        MyReader = MyCommand.ExecuteReader()
        While MyReader.Read
            TempString = MyReader("SN")
        End While
        MyConnection.Close()
```

```
            MyReader.Close()
            MyCommand.dispose()
        Catch c As Exception
            MsgBox("错误信息:" + c.ToString, MsgBoxStyle.Critical, "图书馆管理系统")
        End Try
        If TxtSN.Text = TempString Then
            Return True
        Else
            If TxtSN.Text <> TempString Then
                Return False
            End If
        End If
    End Function
```

编写"读者编号"位置的 TextBox 文本框控件的单击事件程序如代码 7-133 所示。

代码 7-133:"读者编号"位置的 TextBox 文本框控件的单击事件

```
Private Sub TxtReaderNo_KeyPress(ByVal sender As Object, ByVal e As System.Windows.Forms.
KeyPressEventArgs) Handles TxtReaderNo.KeyPress
    Dim strChar As Object
    strChar = e.KeyChar
    Select Case strChar
        Case ChrW(System.Windows.Forms.Keys.Enter)
            If checkIfReaderAlreadyExists() = False Then
            MsgBox("请输入有效的读者编号!", MsgBoxStyle.Information, "图书馆管理系统")
            Else
                If checkIfReaderAlreadyExists() = True Then
                    loadReaderDetails()
                    TxtIssueNo.Focus()
                End If
            End If
        Case Else
            '什么也不做
    End Select
End Sub
```

代码 7-133 中调用了 loadReaderDetails()、checkIfReaderAlreadyExists()方法。

编写 loadReaderDetails()方法的程序如代码 7-134 所示。

代码 7-134:loadReaderDetails()方法

```
Sub loadReaderDetails()
    MyConnection.Open()
    MyCommand = New OleDbCommand(" SELECT * FROM ReaderDetails WHERE ReaderNo = '" &
    TxtReaderNo.Text & "'", MyConnection)
    Try
        MyReader = MyCommand.ExecuteReader()
        While MyReader.Read
            TxtReaderName.Text = MyReader("ReaderName").ToString
            TxtAddress.Text = MyReader("Address").ToString
            TxtTag.Text = MyReader("IssueTag").ToString
            TxtIssuedTag.Text = MyReader("IssueTagUsed").ToString
```

```
            End While
        Catch c As Exception
            MsgBox( "Error Message: Exception Thrown Please Enter a Valid Reader Number" + c.
            ToString, MsgBoxStyle.Critical, "图书馆管理系统")
        End Try
        MyConnection.Close()
        MyReader.Close()
        MyCommand.dispose()
    End Sub
```

编写 checkIfReaderAlreadyExists()方法的程序如代码 7-135 所示。

代码 7-135：checkIfReaderAlreadyExists()方法

```
Function checkIfReaderAlreadyExists() As Boolean
    MyConnection.Open()
    MyCommand = New OleDbCommand ( " SELECT * FROM ReaderDetails WHERE ReaderNo = '" &
    TxtReaderNo.Text & "'", MyConnection)
    Try
        MyReader = MyCommand.ExecuteReader()
        While MyReader.Read
            TextBox15.Text = MyReader("ReaderNo")
        End While
        MyConnection.Close()
        MyReader.Close()
        MyCommand.dispose()
    Catch c As Exception
    MsgBox("Error Message:" + c.ToString, MsgBoxStyle.Critical, "图书馆管理系统")
    End Try
    If TxtReaderNo.Text = TextBox15.Text Then
        Return True
    Else
        If TxtReaderNo.Text <> TextBox15.Text Then
            Return False
        End If
    End If
End Function
```

编写“借阅号”位置的 TextBox 文本框控件的 KeyPress 事件程序如代码 7-136 所示。

代码 7-136：“借阅号”位置的 TextBox 文本框控件的 KeyPress 事件

```
Private Sub TxtIssueNo_KeyPress (ByVal sender As Object, ByVal e As System.Windows.Forms.
KeyPressEventArgs) Handles TxtIssueNo.KeyPress
    Dim strchar As String
    strchar = e.KeyChar
    Select Case strchar
        Case ChrW(System.Windows.Forms.Keys.Enter)
            TxtIssueDate.Text = System.DateTime.Now.ToShortDateString
            ComboChargeType.Focus()
        Case Else
    End Select
End Sub
```

编写“费用类型”位置的 TextBox 文本框控件的 KeyPress 事件程序如代码 7-137 所示。

代码 7-137：“费用类型”位置的 TextBox 文本框控件的 KeyPress 事件

```
Private Sub KeyPress_KeyPress(ByVal sender As Object, ByVal e As System.Windows.Forms.
KeyPressEventArgs) Handles ComboChargeType.KeyPress
    Dim strChar As String
    strChar = e.KeyChar
    Select Case strChar
        Case ChrW(System.Windows.Forms.Keys.Enter)
            TxtReturnDate.Text = getDueDate(ComboChargeType.SelectedItem)
            BtnIssue.Focus()
        Case Else
    End Select
End Sub
```

编写“打印借阅条”按钮的单击事件程序如代码 7-138 所示。

代码 7-138：“打印借阅条”按钮的单击事件

```
Private Sub BtnPrintReceipt_Click(ByVal sender As System.Object, ByVal e As System.EventArgs)
Handles BtnPrintReceipt.Click
    Dim frm As New frm_ReceiptViewer
    frm.Show()
End Sub
```

编写“借阅”按钮的单击事件程序如代码 7-139 所示。

代码 7-139：“借阅”按钮的单击事件

```
Private Sub BtnIssue_Click(ByVal sender As System.Object, ByVal e As System.EventArgs) Handles
BtnIssue.Click
    If checkStatus() = False Then
 MsgBox("该书已被借阅，请重新选择!", MsgBoxStyle.Information, "图书馆管理系统")
    Else
        If checkIssueTag() = False Then
            MsgBox("已超过最大借书量!", MsgBoxStyle.Information, "图书馆管理系统")
        Else
            If checkStatus() = True And checkIssueTag() = True Then
                Try
                    issueBook()
                    updateReaderIssueTag()
                    updateBookStatus()
                    MsgBox("成功借阅", MsgBoxStyle.Information, "图书馆管理系统")
                Catch c As Exception
                    MsgBox(c.ToString)
                End Try
            End If
        End If
    End If
End Sub
```

代码 7-139 中调用了 checkStatus()、checkIssueTag()、issueBook()、updateReaderIssueTag()、updateBookStatus()方法。

编写 checkStatus()方法的程序如代码 7-140 所示。

代码 7-140：checkStatus()方法

```
Function checkStatus () As Boolean
    Dim oStatus As String
    MyConnection.Open()
    MyCommand = New OleDbCommand("SELECT * FROM BookDetails WHERE SN = '" & TxtSN.Text & "'",
    MyConnection)
    MyReader = MyCommand.ExecuteReader()
    While MyReader.Read
        oStatus = MyReader("BookStatus")
    End While
    MyConnection.Close()
    MyReader.Close()
    MyCommand.dispose()
    If oStatus = "正常" Then
        Return True
    Else
        If oStatus = "被借" Then
            Return False
        End If
    End If
End Function
```

编写 checkIssueTag()方法的程序如代码 7-141 所示。

代码 7-141：checkIssueTag()方法

```
Function checkIssueTag() As Boolean
    Dim oTag As String
    MyConnection.Open()
    MyCommand = New OleDbCommand ( " SELECT * FROM ReaderDetails WHERE ReaderNo = ' " &
    TxtReaderNo.Text & "'", MyConnection)
    MyReader = MyCommand.ExecuteReader()
    While MyReader.Read
        oTag = MyReader("IssueTagUsed")
    End While
    MyConnection.Close()
    MyReader.Close()
    MyCommand.dispose()
    If oTag = "3" Then
        Return False
    Else
        If oTag <> "3" Then
            Return True
        End If
    End If
End Function
```

编写 issueBook()方法的程序如代码 7-142 所示。

代码 7-142：issueBook()方法

```
Sub issueBook()
    MyConnection.Open()
```

```
        MyCommand = New OleDbCommand("INSERT INTO IssueBook VALUES('" & TxtIssueNo.Text & "','" &
        TxtSN.Text & "', '" & TxtBookName.Text & "','" & TxtAuthorName.Text & "','" & TxtReaderNo.
        Text & "','" & TxtReaderName.Text & "','" & TxtIssueDate.Text & "','" & TxtReturnDate.Text
        & "','" & ComboChargeType.Text & "')", MyConnection)
        MyCommand.ExecuteNonQuery()
        MyConnection.Close()
        MyCommand.dispose()
    End Sub
```

编写 updateReaderIssueTag()方法的程序如代码 7-143 所示。

代码 7-143：updateReaderIssueTag()方法

```
Sub updateReaderIssueTag()
    Dim CurrentIssueTag As String
    Dim CurrentIssueTagUsed As String
    Dim itag As Integer
    Dim itagused As Integer
    CurrentIssueTag = getCurrentReaderIssueTag()
    CurrentIssueTagUsed = getCurrentReaderTagUsed()
    itag = CInt(CurrentIssueTag)
    itagused = CInt(CurrentIssueTagUsed)
    itag = itag - 1
    itagused = itagused + 1
    CurrentIssueTag = itag.ToString
    CurrentIssueTagUsed = itagused.ToString
    MyConnection.Open()
    MyCommand = New OleDbCommand("UPDATE ReaderDetails SET IssueTag = '" & CurrentIssueTag
    & "',IssueTagUsed = '" & CurrentIssueTagUsed & "'WHERE ReaderNo = '" & TxtReaderNo.Text &
    "'", MyConnection)
    Try
        MyCommand.ExecuteNonQuery()
    Catch c As Exception
        MsgBox(c.ToString)
    End Try
    MyConnection.Close()
    MyCommand.dispose()
End Sub
```

代码 7-143 中调用了 getCurrentReaderIssueTag()、getCurrentReaderTagUsed()方法。编写 getCurrentReaderIssueTag()方法的程序如代码 7-144 所示。

代码 7-144：getCurrentReaderIssueTag()方法

```
Function getCurrentReaderIssueTag() As String
    Dim myTag As String
    MyConnection.Open()
    MyCommand = New OleDbCommand ( " SELECT * FROM ReaderDetails WHERE ReaderNo = '" &
    TxtReaderNo.Text & "'", MyConnection)
    MyReader = MyCommand.ExecuteReader()
    While MyReader.Read
        myTag = MyReader("IssueTag")
    End While
```

```
    MyConnection.Close()
    MyReader.Close()
    MyCommand.dispose()
    Return myTag
End Function
```

编写 getCurrentReaderTagUsed()方法的程序如代码 7-145 所示。

代码 7-145：getCurrentReaderTagUsed()方法

```
Function getCurrentReaderTagUsed() As String
    Dim myTag As String
    MyConnection.Open()
    MyCommand = New OleDbCommand("SELECT * FROM ReaderDetails WHERE ReaderNo = '" &
    TxtReaderNo.Text & "'", MyConnection)
    MyReader = MyCommand.ExecuteReader()
    While MyReader.Read
        myTag = MyReader("IssueTagUsed")
    End While
    MyConnection.Close()
    MyReader.Close()
    MyCommand.dispose()
    Return myTag
End Function
```

编写 updateBookStatus()方法的程序如代码 7-146 所示。

代码 7-146：updateBookStatus()方法

```
Sub updateBookStatus()
    Dim myStatus As String
    myStatus = "被借"
    MyConnection.Open()
    MyCommand = New OleDbCommand("UPDATE BookDetails SET BookStatus = '" & myStatus & "' WHERE
    SN = '" & TxtSN.Text & "'", MyConnection)
    Try
        MyCommand.ExecuteNonQuery()
    Catch c As Exception
        MsgBox(c.ToString)
    End Try
    MyConnection.Close()
    MyCommand.dispose()
End Sub
```

7.4.13　设计归还书籍界面 frm_ReturnBook.vb

归还书籍界面的设计如图 7-30 所示。

该界面的设计步骤为：首先添加一个 GroupBox 控件，用于显示“归还信息”部分。然后添加 Label 控件，用于显示相应的文本。再依次添加 TextBox 文本框控件，分别用于“借阅号”“读者编号”“书籍编号”“书籍名称”“读者姓名”“书籍名称”“借阅日期”“作者姓名”“过期期限”“费用类型”的显示或作为输入文本框。最后添加三个 Button 按钮控件，分别作为

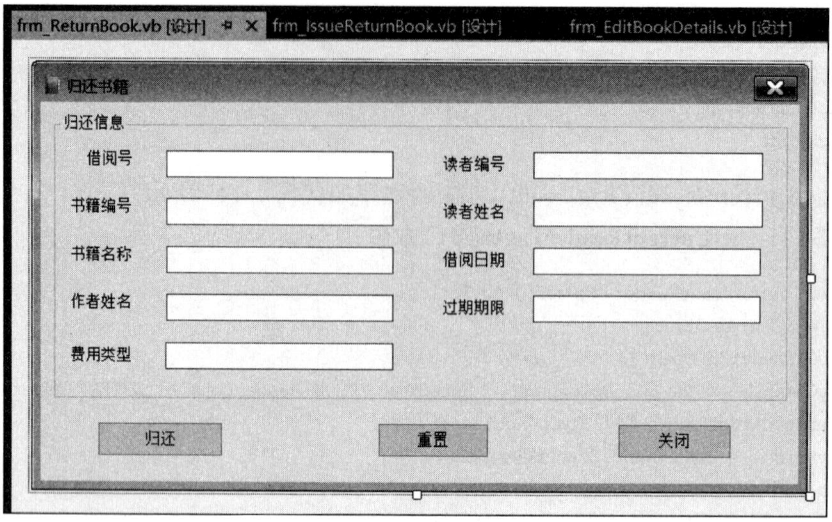

图 7-30　归还书籍界面

"归还""重置"和"关闭"按钮。

进入该界面的代码文件,首先定义全局变量如代码 7-147 所示。

代码 7-147:定义全局变量

```
Dim MyConnection As New OleDbConnection("Provider = Microsoft.Jet.OLEDB.4.0;Data Source = " &
Application.StartupPath & "\Library.mdb")
Dim MyCommand
Dim e As Exception
Dim MyCommand2
Dim MyReader As OleDbDataReader
Dim MyReader2 As OleDbDataReader
Dim dbset As New DataSet
Dim dataA
Dim currentDate As Date
```

编写"借阅号"位置的 TextBox 文本框控件的 KeyPress 事件,程序如代码 7-148 所示。

代码 7-148:"借阅号"位置的 TextBox 文本框控件的 KeyPress 事件

```
Private Sub TxtIssueNo_KeyPress(ByVal sender As Object, ByVal e As System.Windows.Forms.
KeyPressEventArgs) Handles TxtIssueNo.KeyPress
    Dim strChar As String
    strChar = e.KeyChar
    Select Case strChar
        Case ChrW(System.Windows.Forms.Keys.Enter)
            If TxtIssueNo.Text = "" Or checkIfAlreadyExists() = False Then
                MsgBox("请输入有效的借阅号", MsgBoxStyle.Information, "图书馆管理系统")
            Else
                If TxtIssueNo.Text <> "" And checkIfAlreadyExists() = True Then
                    loadIssuedBook()
                    BtnReturn.Focus()
                End If
            End If
```

```
        Case Else
    End Select
End Sub
```

代码 7-148 中调用了 loadIssuedBook()、checkIfAlreadyExists()方法。

编写 loadIssuedBook()方法的程序如代码 7-149 所示。

代码 7-149：loadIssuedBook()方法

```
Sub loadIssuedBook()
    MyConnection.Open()
    MyCommand = New OleDbCommand("SELECT * FROM IssueBook WHERE IssueNo = '" & TxtIssueNo.
    Text & "'", MyConnection)
    MyReader = MyCommand.ExecuteReader()
    While MyReader.Read
        TxtSN.Text = MyReader("SN")
        TxtBookName.Text = MyReader("BookName")
        TxtAuthorName.Text = MyReader("AuthorName")
        TxtReaderNo.Text = MyReader("ReaderNo")
        TxtReaderName.Text = MyReader("ReaderName")
        TxtIssueDate.Text = MyReader("idate")
        TxtOverDueDate.Text = MyReader("ddate")
        TxtChargeType.Text = MyReader("itype")
    End While
    MyConnection.Close()
    MyReader.Close()
    MyCommand.dispose()
End Sub
```

编写 checkIfAlreadyExists()方法的程序如代码 7-150 所示。

代码 7-150：checkIfAlreadyExists()方法

```
Function checkIfAlreadyExists() As Boolean
    MyConnection.Open()
    MyCommand = New OleDbCommand("SELECT * FROM IssueBook WHERE IssueNo = '" & TxtIssueNo.
    Text & "'", MyConnection)
    Try
        MyReader = MyCommand.ExecuteReader()
        While MyReader.Read
            TextBox10.Text = MyReader("IssueNo")
        End While
    Catch c As Exception
        MsgBox(c.ToString)
    End Try
    MyConnection.Close()
    MyReader.Close()
    MyCommand.dispose()
    If TxtIssueNo.Text = TextBox10.Text Then
        Return True
    Else
        If TxtIssueNo.Text <> TextBox10.Text Then
            Return False
```

```
        End If
    End If
End Function
```

编写“归还”按钮的单击事件，程序如代码 7-151 所示。

代码 7-151：“归还”按钮的单击事件

```
Private Sub BtnReturn_Click(ByVal sender As System.Object, ByVal e As System.EventArgs)
Handles BtnReturn.Click
    updateReaderIssueTag()
    updateBookStatus()
    MsgBox("成功归还书籍", MsgBoxStyle.Information, "图书馆管理系统")
    clearFields()
End Sub
```

代码 7-151 中调用了 updateReaderIssueTag()、updateBookStatus()和 clearFields()方法。编写 updateReaderIssueTag()方法的程序如代码 7-152 所示。

代码 7-152：updateReaderIssueTag()方法

```
Sub updateReaderIssueTag()
    Dim CurrentIssueTag As String
    Dim CurrentIssueTagUsed As String
    Dim itag As Integer
    Dim itagused As Integer
    CurrentIssueTag = getCurrentReaderIssueTag()
    CurrentIssueTagUsed = getCurrentReaderTagUsed()
    itag = CInt(CurrentIssueTag)
    itagused = CInt(CurrentIssueTagUsed)
    itag = itag + 1
    itagused = itagused - 1
    CurrentIssueTag = itag.ToString
    CurrentIssueTagUsed = itagused.ToString
    MyConnection.Open()
    MyCommand = New OleDbCommand("UPDATE ReaderDetails SET IssueTag = '" & CurrentIssueTag
    & "',IssueTagUsed = '" & CurrentIssueTagUsed & "' WHERE ReaderNo = '" & TxtReaderNo.Text
    & "'", MyConnection)
    Try
        MyCommand.ExecuteNonQuery()
    Catch c As Exception
        MsgBox(c.ToString)
    End Try
    MyConnection.Close()
    MyCommand.dispose()
End Sub
```

代码 7-152 中调用了 getCurrentReaderIssueTag()、getCurrentReaderTagUsed()方法。编写 getCurrentReaderIssueTag()方法的程序如代码 7-153 所示。

代码 7-153：getCurrentReaderIssueTag()方法

```
Function getCurrentReaderIssueTag() As String
    Dim myTag As String
```

```
    MyConnection.Open()
    MyCommand = New OleDbCommand ( " SELECT * FROM ReaderDetails WHERE ReaderNo = '" &
    TxtReaderNo.Text & "'", MyConnection)
    MyReader = MyCommand.ExecuteReader()
    While MyReader.Read
        myTag = MyReader("IssueTag")
    End While
    MyConnection.Close()
    MyReader.Close()
    MyCommand.dispose()
    Return myTag
End Function
```

编写 getCurrentReaderTagUsed()方法的程序如代码 7-154 所示。

代码 7-154：getCurrentReaderTagUsed()方法

```
Function getCurrentReaderTagUsed() As String
    Dim myTag As String
    MyConnection.Open()
    MyCommand = New OleDbCommand ( " SELECT * FROM ReaderDetails WHERE ReaderNo = '" &
    TxtReaderNo.Text & "'", MyConnection)
    MyReader = MyCommand.ExecuteReader()
    While MyReader.Read
        myTag = MyReader("IssueTagUsed")
    End While
    MyConnection.Close()
    MyReader.Close()
    MyCommand.dispose()
    Return myTag
End Function
```

编写 updateBookStatus()方法的程序如代码 7-155 所示。

代码 7-155：updateBookStatus()方法

```
Sub updateBookStatus()
    Dim myStatus As String
    myStatus = "OK"
    MyConnection.Open()
    MyCommand = New OleDbCommand("UPDATE BookDetails SET BookStatus = '" & myStatus & "' WHERE
    SN = '" & TxtSN.Text & "'", MyConnection)
    Try
        MyCommand.ExecuteNonQuery()
    Catch c As Exception
        MsgBox(c.ToString)
    End Try
    MyConnection.Close()
    MyCommand.dispose()
End Sub
```

编写 clearFields()方法的程序如代码 7-156 所示。

代码 7-156：clearFields()方法

```
Sub clearFields()
    TxtIssueNo.Text = ""
    TxtSN.Text = ""
    TxtBookName.Text = ""
    TxtAuthorName.Text = ""
    TxtReaderNo.Text = ""
    TxtReaderName.Text = ""
    TxtIssueDate.Text = ""
    TxtOverDueDate.Text = ""
    TxtChargeType.Text = ""
End Sub
```

项 目 小 结

本项目设计制作了一个图书馆管理系统，从系统的需求分析、功能模块设计到数据库设计以及基础类文件代码的编写，再到各功能模块的设计，详细介绍了一个完整的图书馆管理系统的设计流程以及编码实现方法。

项 目 拓 展

在本项目的基础上，增添项目的功能。要求：增加一个借阅超期提示功能；对于借阅没有按时归还的图书，给出主动的提示功能；列出超期的图书名称、借阅者姓名、借阅时间、应该归还时间、超期时间等信息。

项目 8 设计制作学生信息管理系统

学生信息管理系统是学校信息管理系统的一个重要组成部分。学生信息管理系统为其他系统(如学校图书管理系统、学校档案管理系统、教学管理系统、总务后勤管理系统等)提供学生的基本信息,同时它也需要如教学管理系统提供课程设置数据等。这些系统在具体应用中构成一个大系统,并相互调用对方的数据。

任务 8.1 系统总体功能设计

本项目使用 VB. NET 设计制作一个通用的学生信息管理系统。根据系统用户的不同可以划分为三个模块:管理员模块、教师模块、学生模块。

学生信息管理系统的具体功能如下:添加班级信息、添加班级课程信息、添加课程信息、添加系部信息、添加考试信息、添加学生信息、添加用户、修改班级信息、修改课程信息、修改系部信息、修改成绩、修改密码、修改学生信息、查询班级信息、删除学生信息、查询系部信息、修改权限、查询班级课程信息、查询成绩信息、查询学生信息、学生信息汇总、学生信息分类查询等功能。

任务 8.2 系统功能预览

在使用 VB. NET 开发学生信息管理系统之前,为了给读者一个直观的印象,首先给出该系统实现后的预览,分别以管理员、教师和学生的身份登录,展示该系统的使用情况。

8.2.1 用户登录界面

在进入该系统之前,首先需要通过登录界面(见图 8-1)进行用户验证。用户在此部分输入用户名、密码,并选择自己的用户权限,然后单击“登录”按钮,进行登录验证。在登录时,用户必须输入用户名和密码,否则不能登录。

8.2.2 管理员用户的操作

用户以管理员身份登录并通过身份验证后,就可以进入该系统了。系统的主界面如图 8-2 所示。

在系统主界面的最上面是一系列的菜单选项。单击“系统”菜单,会有以下菜单项,如图 8-3 所示。

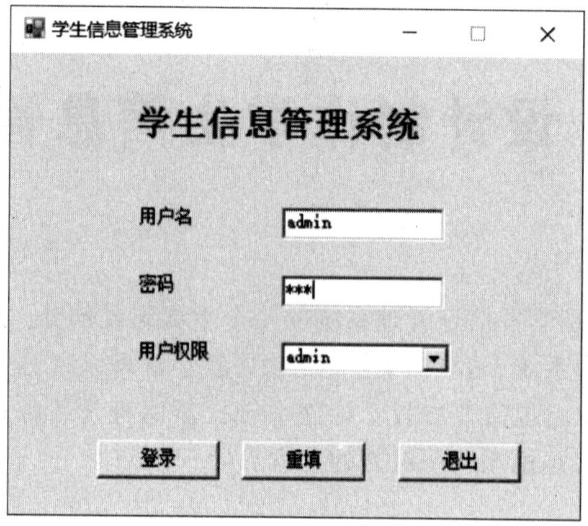

图 8-1　登录界面

图 8-2　管理主界面

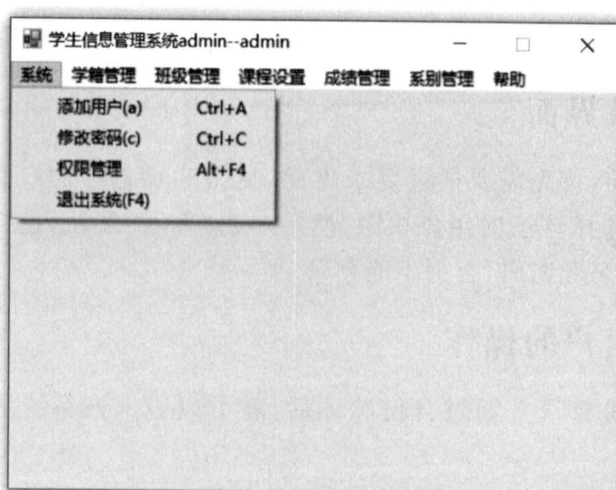

图 8-3　“系统”菜单项

选择“添加用户”菜单项，打开的界面如图 8-4 所示。输入用户名、用户密码、密码确认以及选择用户类别之后，单击“确认”按钮，就可以添加一个新的用户。单击“重填”按钮，可以将此窗体的输入控件清空。单击“关闭”按钮，将退出此窗体。

在“系统”菜单下选择“修改密码”菜单项，打开的界面如图 8-5 所示。

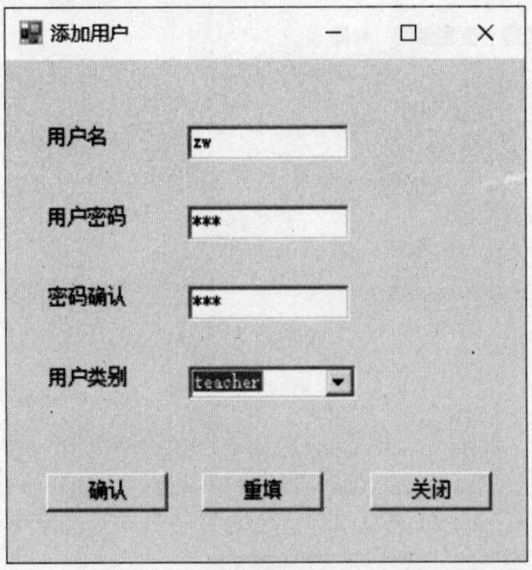

图 8-4　添加用户

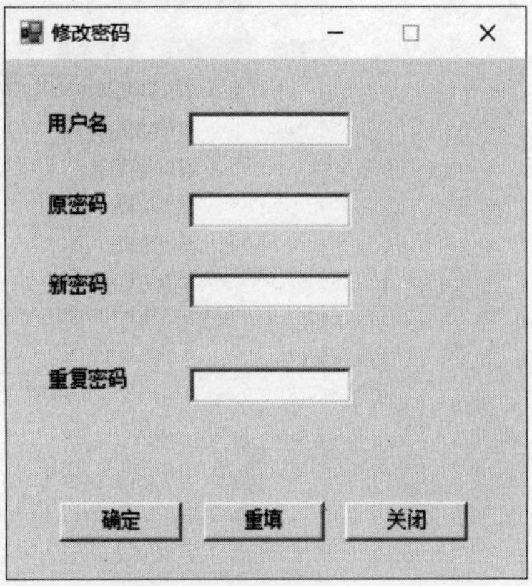

图 8-5　修改密码

输入用户名、原密码、新密码和重复密码并单击“确定”按钮，就可以修改当前用户的密码了。

在“系统”菜单下选择“权限管理”菜单项，出现的界面如图 8-6 所示。

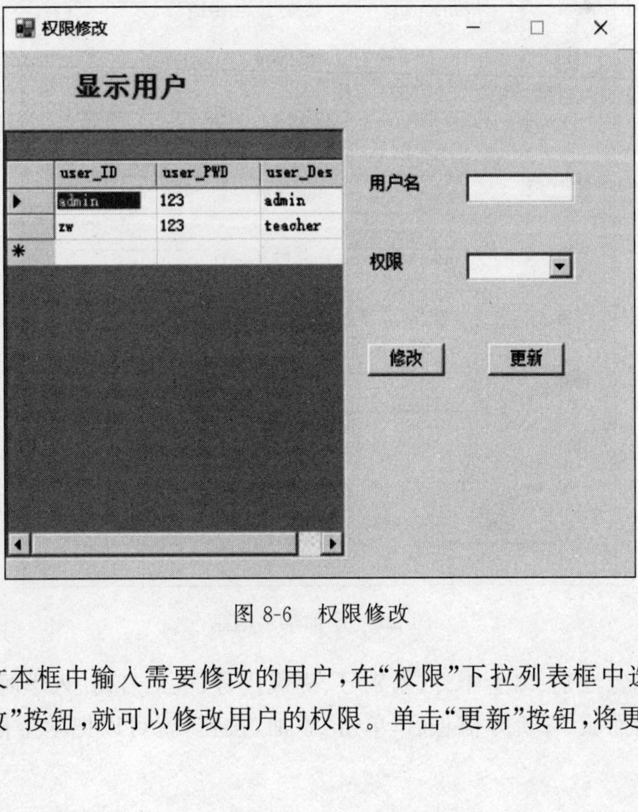

图 8-6　权限修改

在“用户名”文本框中输入需要修改的用户，在“权限”下拉列表框中选择需要修改的权限，然后单击“修改”按钮，就可以修改用户的权限。单击“更新”按钮，将更新左侧的“显示用户”部分的数据。在“系统”菜单下选择“退出系统”菜单项会退出本系统。

下面是“学籍管理”菜单所包含的菜单项,包括添加学籍、修改学籍、查询学籍、删除学籍、学籍档案和学籍分类功能,如图 8-7 所示。

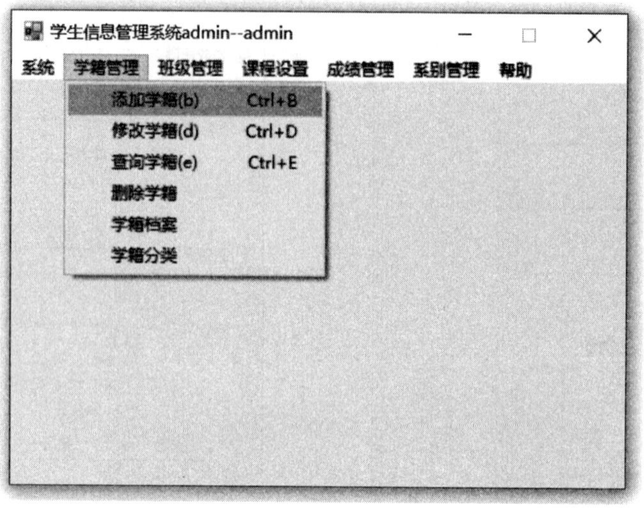

图 8-7 “学籍管理”菜单

在“学籍管理”菜单下选择“添加学籍”菜单项,将会出现如图 8-8 所示的界面。

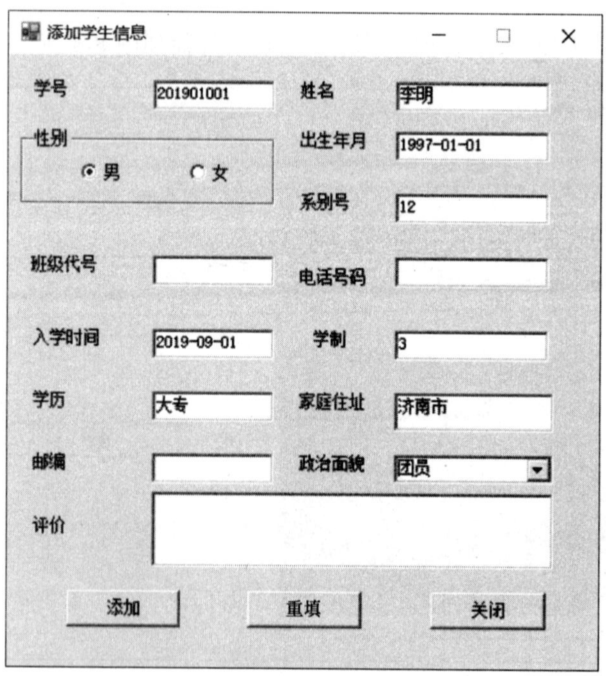

图 8-8 添加学生信息

输入学号、姓名、性别、出生年月、系别号、班级代号、电话号码、入学时间、学制、学历、家庭住址、邮编、政治面貌、评价等信息后,单击“添加”按钮,就可以把学生信息提交到数据库中。单击“重填”按钮，将本窗体中的控件清空。

在“学籍管理”菜单中选择“修改学籍”菜单项，会出现如图 8-9 所示的界面。

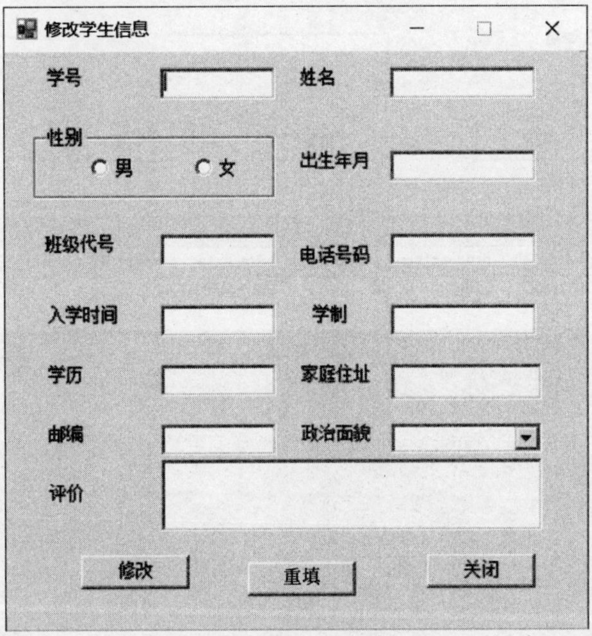

图 8-9　修改学生信息

在“学籍管理”菜单中选择“查询学籍”菜单项，会出现如图 8-10 所示的界面。

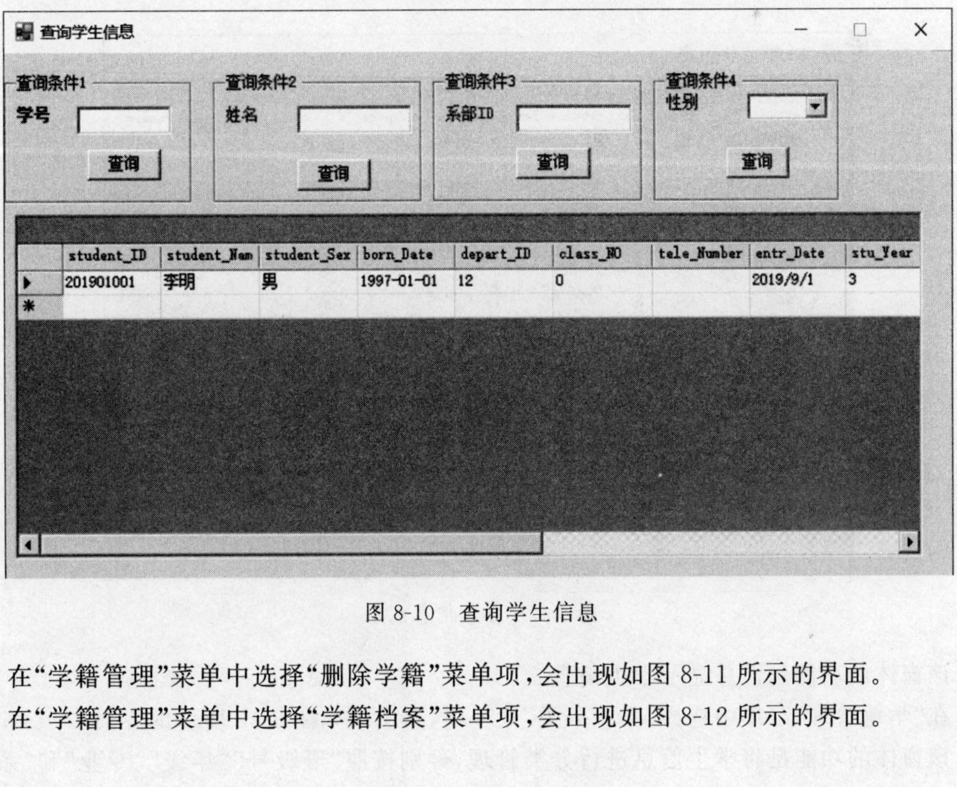

图 8-10　查询学生信息

在“学籍管理”菜单中选择“删除学籍”菜单项，会出现如图 8-11 所示的界面。

在“学籍管理”菜单中选择“学籍档案”菜单项，会出现如图 8-12 所示的界面。

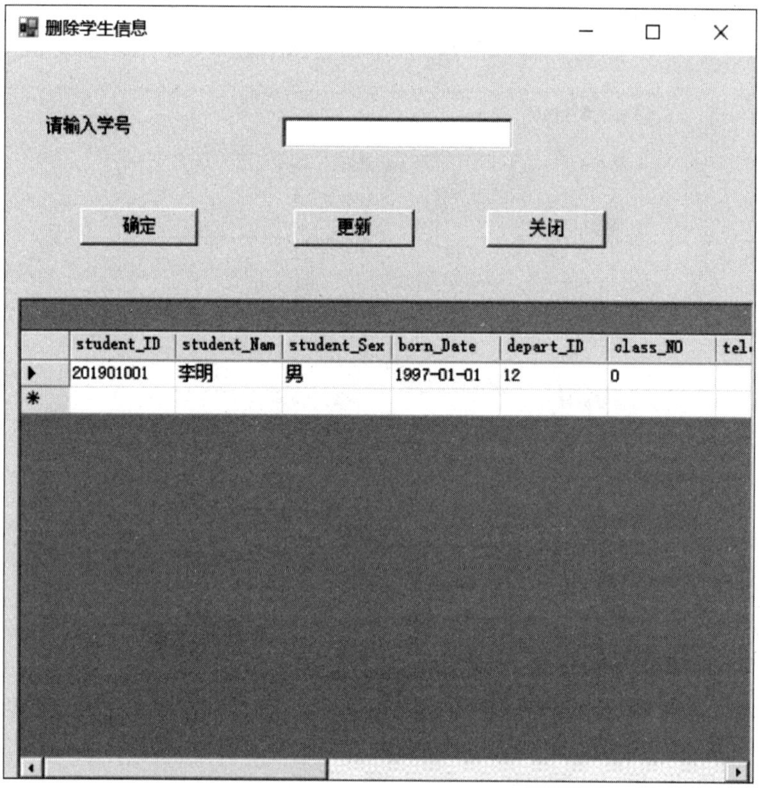

图 8-11　删除学生信息

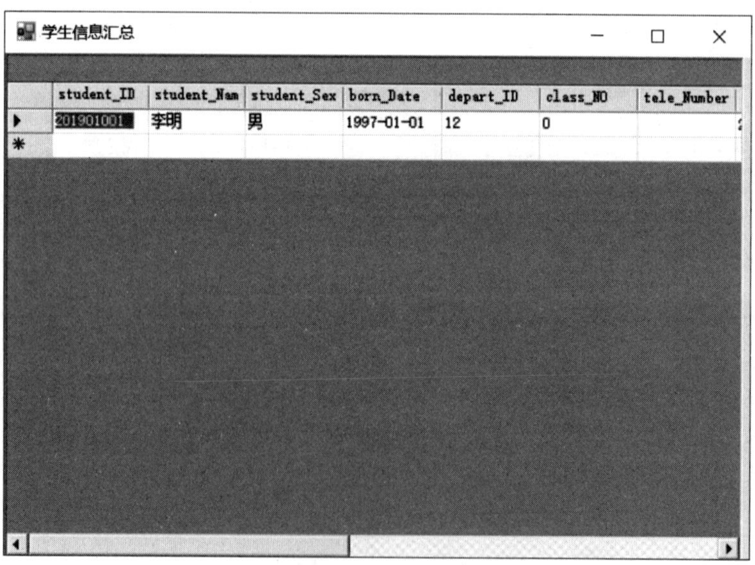

图 8-12　学生信息汇总

该窗体的功能是汇总显示学生信息。

在“学籍管理”菜单中选择“学籍分类”菜单项，会出现如图 8-13 所示的界面。

该窗体的功能是将学生信息进行分类管理，分别按照“班级号”“年级”“专业”和“系部”

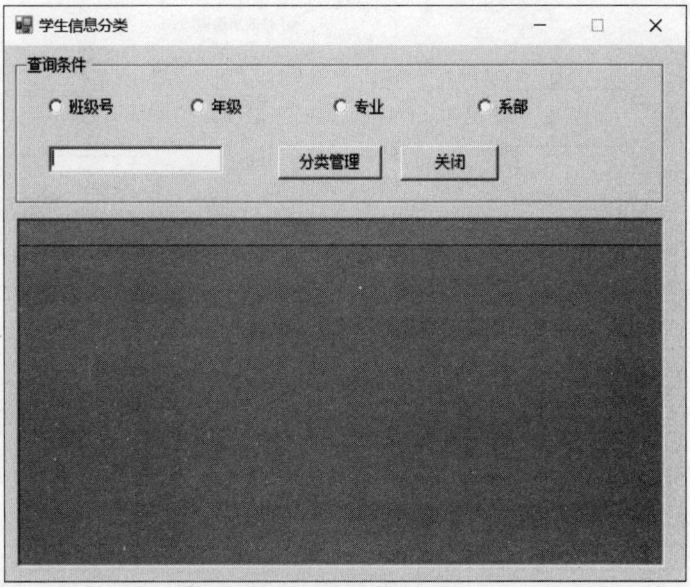

图 8-13　学生信息分类

等分类进行管理。

“班级管理”菜单包括添加班级、修改班级和班级列表，如图 8-14 所示。

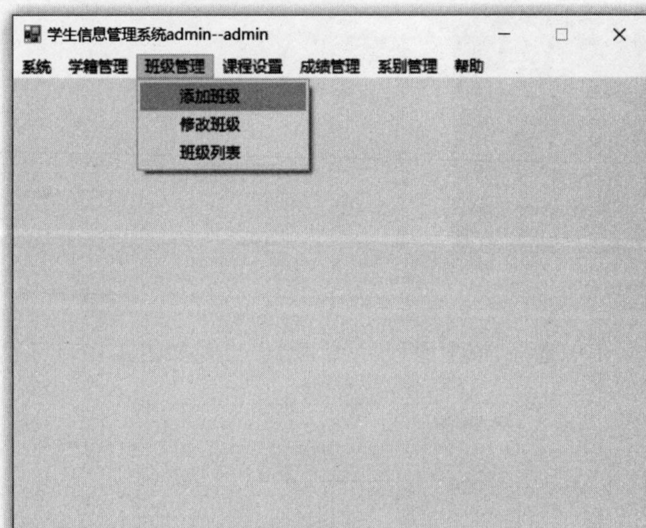

图 8-14　“班级管理”菜单

在“班级管理”菜单中选择“添加班级”菜单项，会出现如图 8-15 所示的界面。

在“班级管理”菜单中选择“修改班级”菜单项，会出现如图 8-16 所示的界面。

在“班级管理”菜单中选择“班级列表”菜单项，会出现如图 8-17 所示的界面。

“课程设置”菜单中包含如下菜单项：添加课程、修改课程、添加班级课程、班级课程查询，如图 8-18 所示。

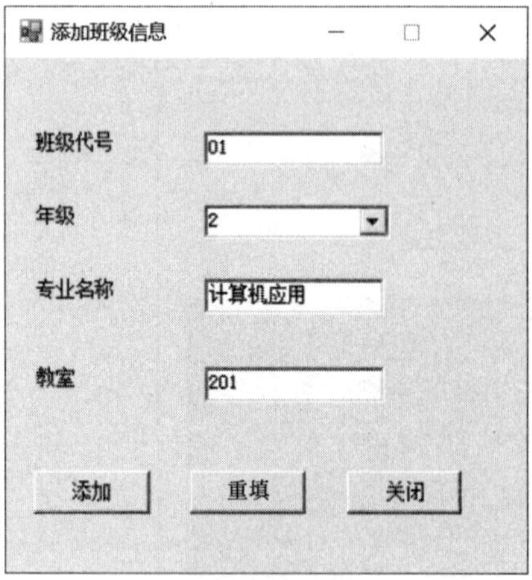

图 8-15　添加班级信息

图 8-16　修改班级信息

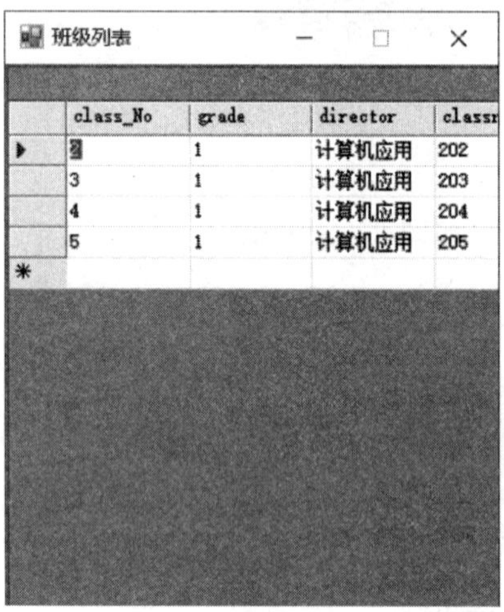

图 8-17　班级列表

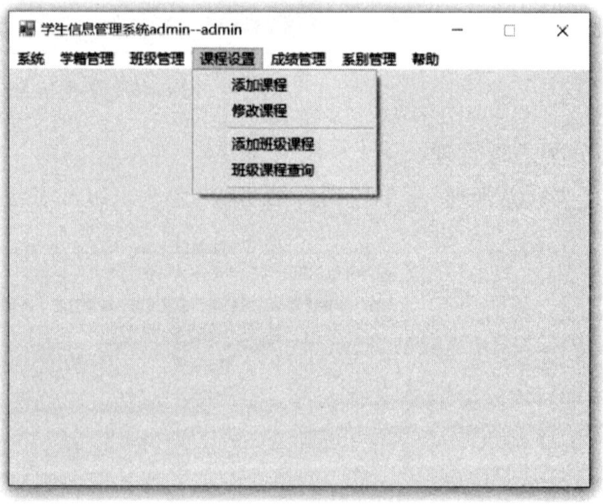

图 8-18　“课程设置”菜单

在“课程设置”菜单中选择“添加课程”菜单项，会出现如图 8-19 所示的界面。

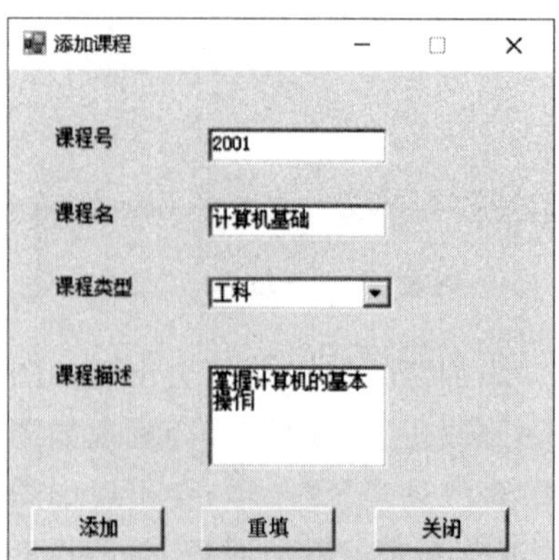

图 8-19　添加课程

在"课程设置"菜单中选择"修改课程"菜单项,会出现如图 8-20 所示的界面。

在"课程设置"菜单中选择"添加班级课程"菜单项,会出现如图 8-21 所示的界面。

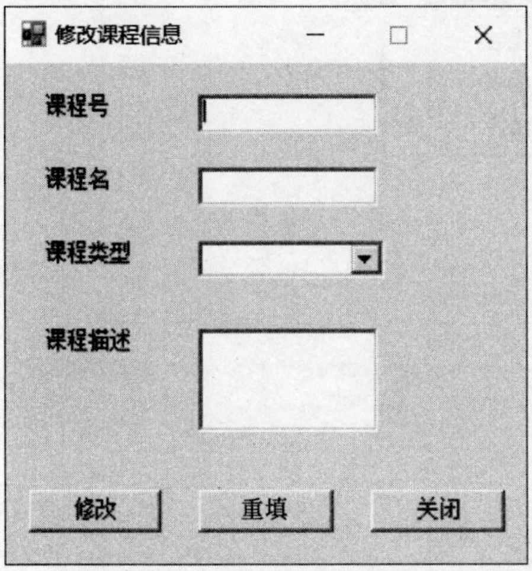

图 8-20　修改课程信息

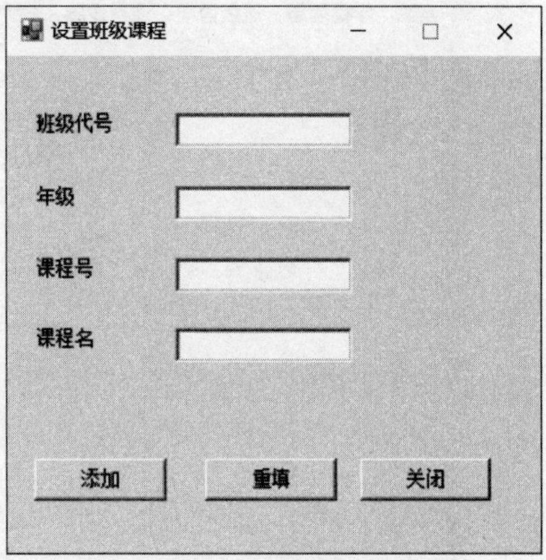

图 8-21　设置班级课程

在"课程设置"菜单中选择"班级课程查询"菜单项,会出现如图 8-22 所示的界面。

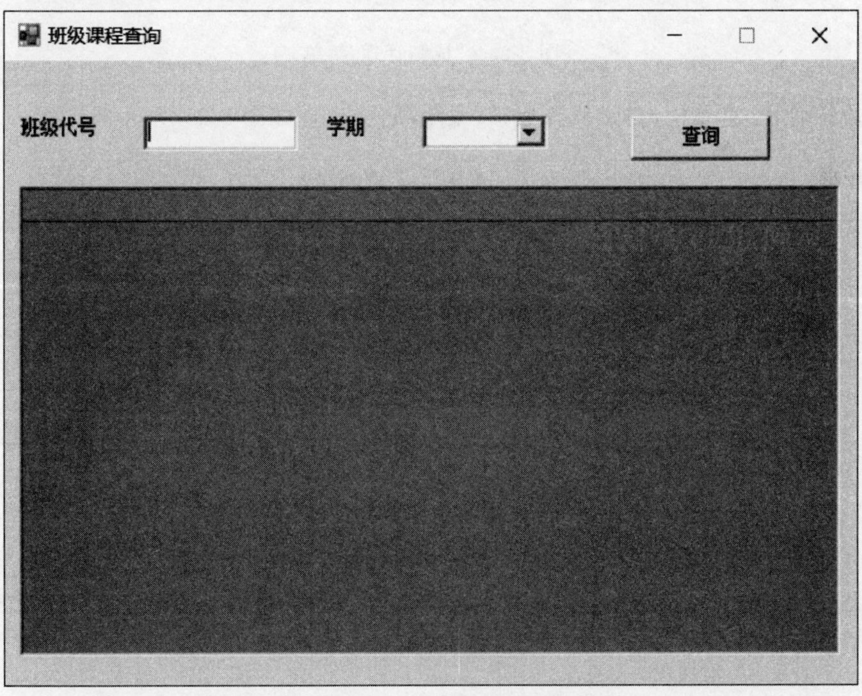

图 8-22　班级课程查询

"成绩管理"菜单包含以下菜单项：添加成绩、修改成绩、查询成绩,如图 8-23 所示。

在"成绩管理"菜单中选择"添加成绩"菜单项,会出现如图 8-24 所示的界面。

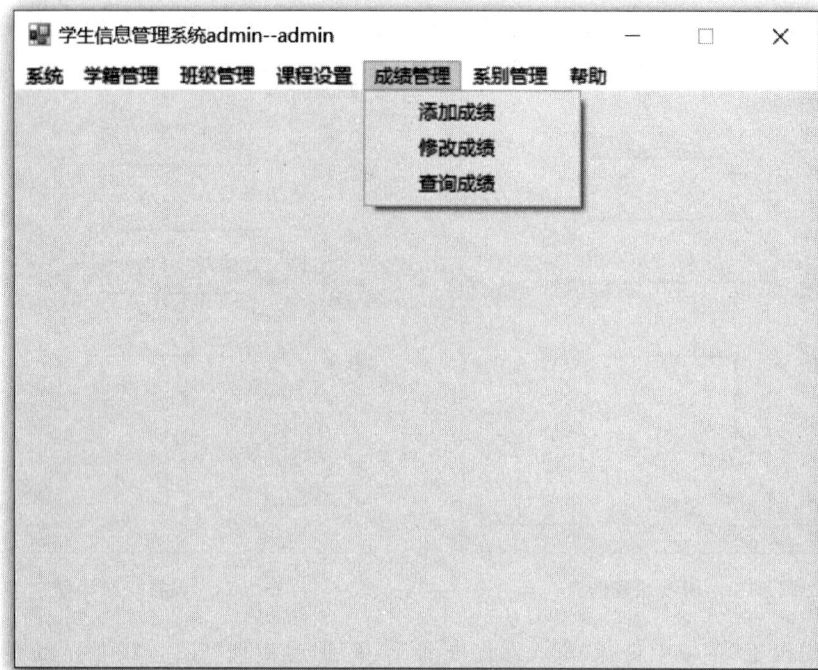

图 8-23 “成绩管理”菜单

在“成绩管理”菜单中选择“修改成绩”菜单项,会出现如图 8-25 所示的界面。

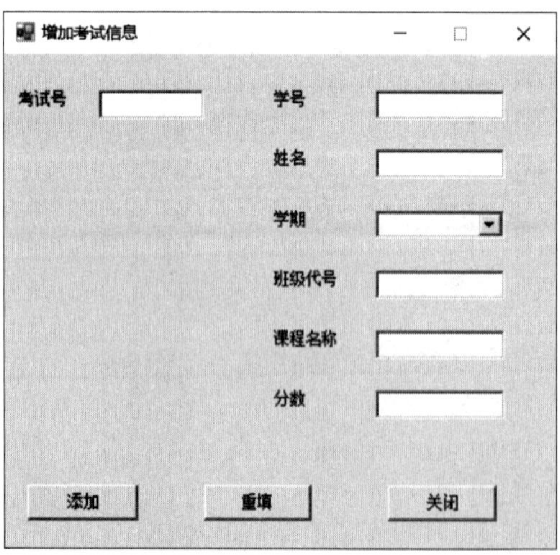

图 8-24 增加考试信息

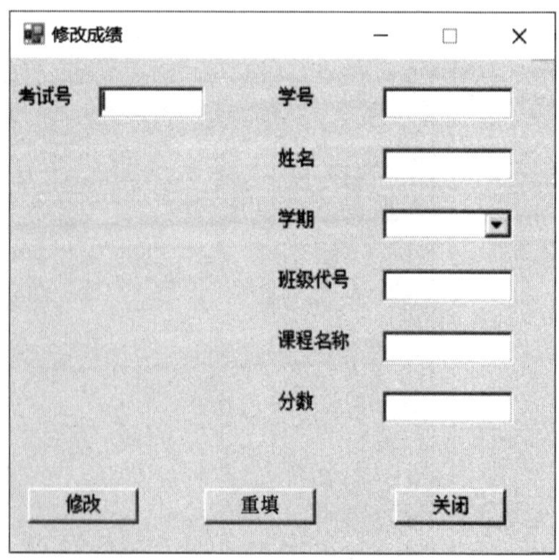

图 8-25 修改成绩

在“成绩管理”菜单中选择“查询成绩”菜单项,会出现如图 8-26 所示的界面。

“系别管理”菜单包括以下菜单项:系部信息、添加信息、修改信息,如图 8-27 所示。

选择“系别管理”菜单中的“系部信息”菜单项,会出现如图 8-28 所示的界面。

选择“系别管理”菜单中的“添加信息”菜单项,会出现如图 8-29 所示的界面。

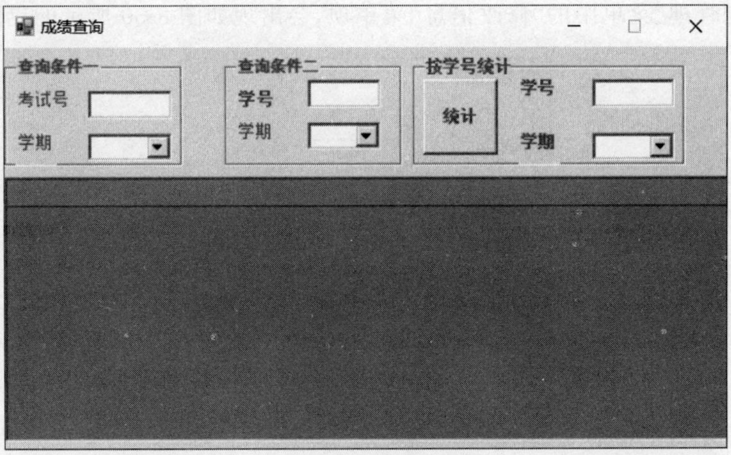

图 8-26　成绩查询

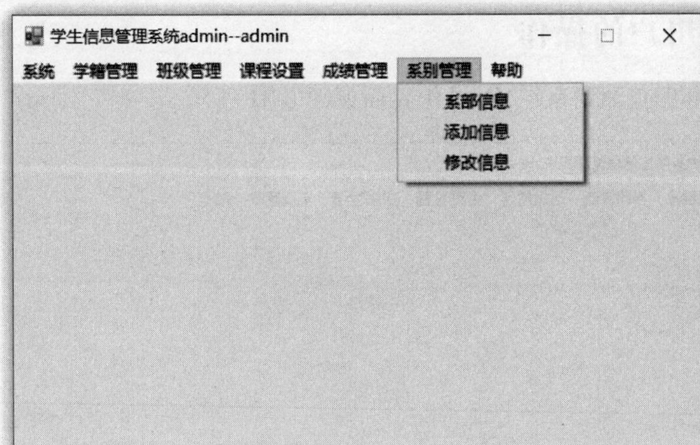

图 8-27　“系别管理”菜单

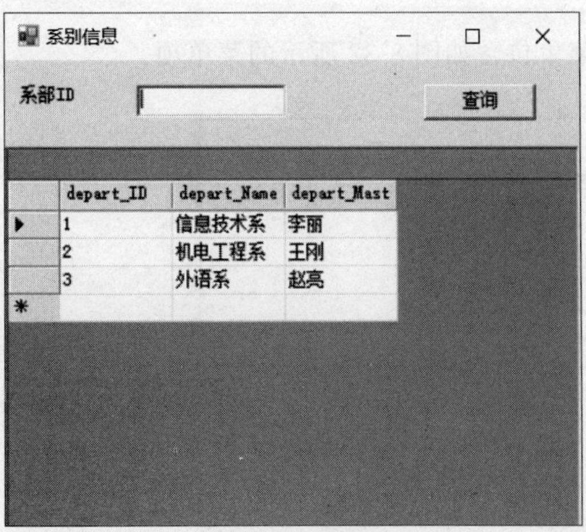

图 8-28　系部信息

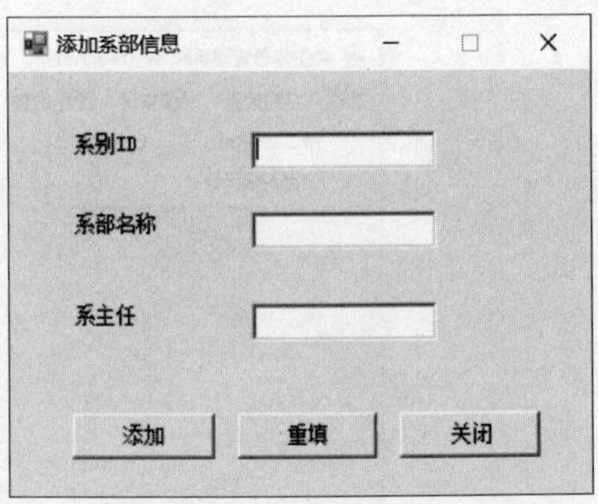

图 8-29　添加系部信息

选择"系别管理"菜单中的"修改信息"菜单项,会出现如图 8-30 所示的界面。

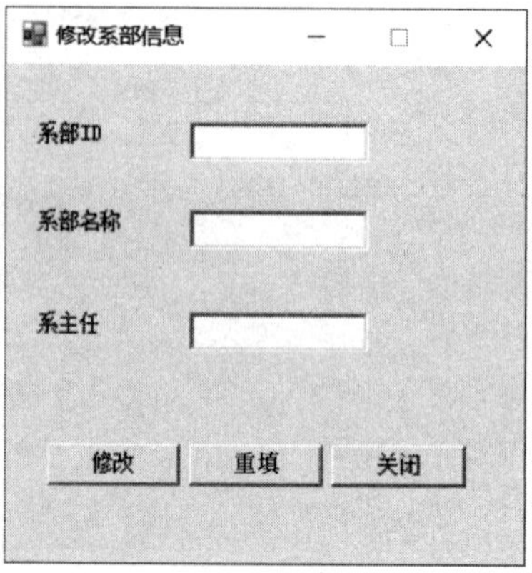

图 8-30　修改系部信息

8.2.3　教师用户的操作

用户以教师身份登录到系统后,操作界面如图 8-31 所示。

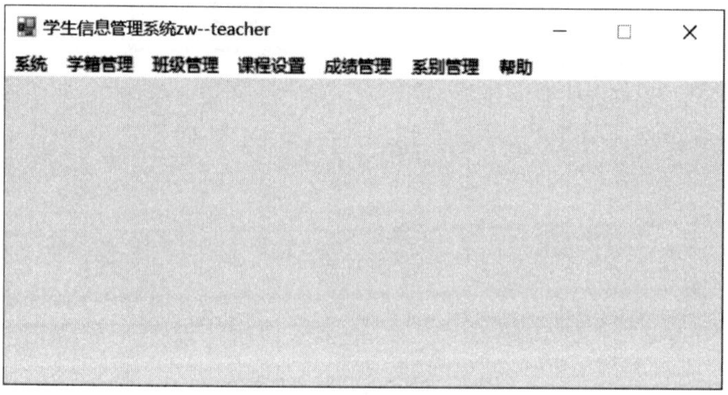

图 8-31　操作界面

在系统最上面是一系列的菜单。"系统"菜单包含如图 8-32 所示的菜单项。

图 8-32　"系统"菜单

与管理员用户相比较会发现,“系统”菜单中的操作项少了一些,只保留了“修改密码”和“退出系统”两个菜单项。

在“系统”菜单中选择“修改密码”菜单项,会出现如图 8-33 所示的界面。

在“系统”菜单中选择“退出系统”菜单项,将会退出本系统。

“学籍管理”菜单包括以下菜单项:查询学籍、学籍档案和学籍分类,如图 8-34 所示。

在“学籍管理”菜单中选择“查询学籍”菜单项,会出现如图 8-35 所示的界面。

在“学籍管理”菜单中选择“学籍档案”和“学籍分类”菜单项的界面,与管理员用户的类似。

“班级管理”菜单只包括“班级列表”一个菜单项,界面如图 8-36 所示。

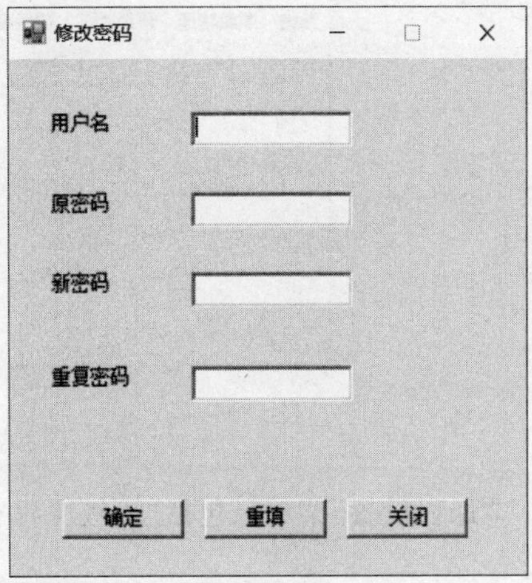

图 8-33　修改密码

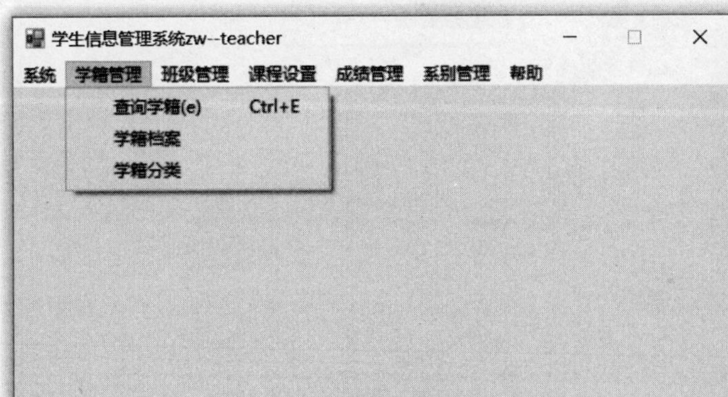

图 8-34　“学籍管理”菜单

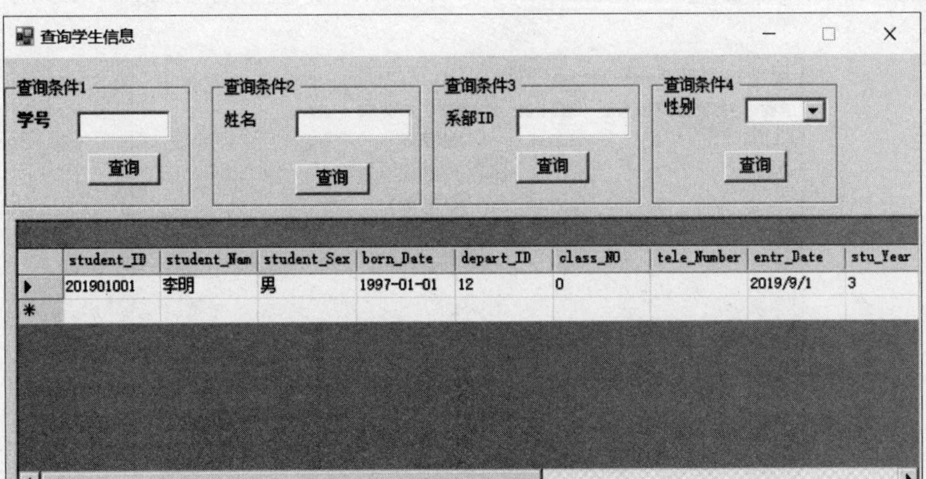

图 8-35　查询学生信息

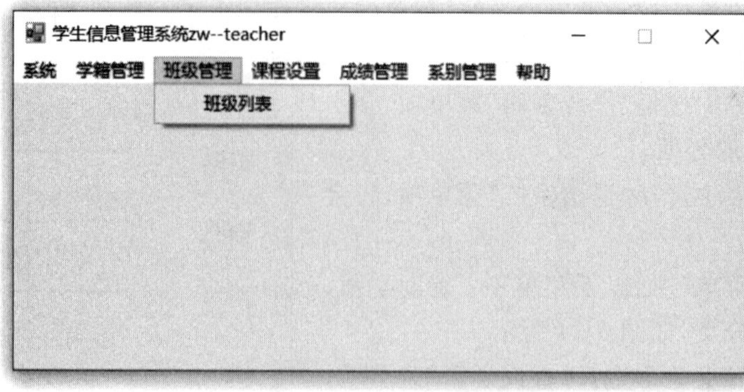

图 8-36 “班级管理”菜单

“课程设置”菜单只包括“班级课程查询”一个菜单项，界面如图 8-37 所示。

图 8-37 “课程设置”菜单

“成绩管理”菜单包含如下菜单项：添加成绩、修改成绩、查询成绩，如图 8-38 所示。

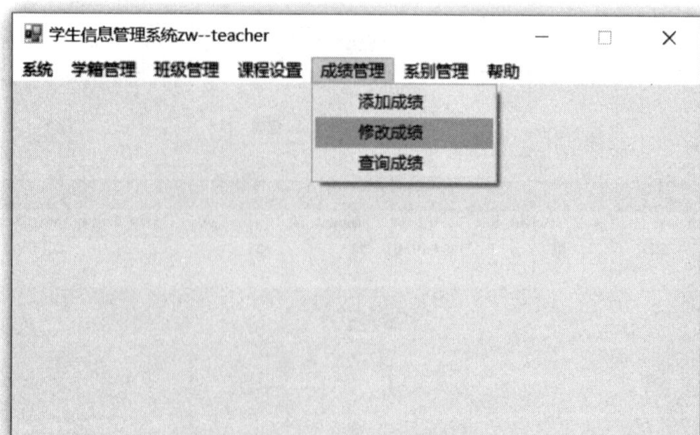

图 8-38 “成绩管理”菜单

“系别管理”菜单包括“系部信息”一个菜单项,界面如图 8-39 所示。

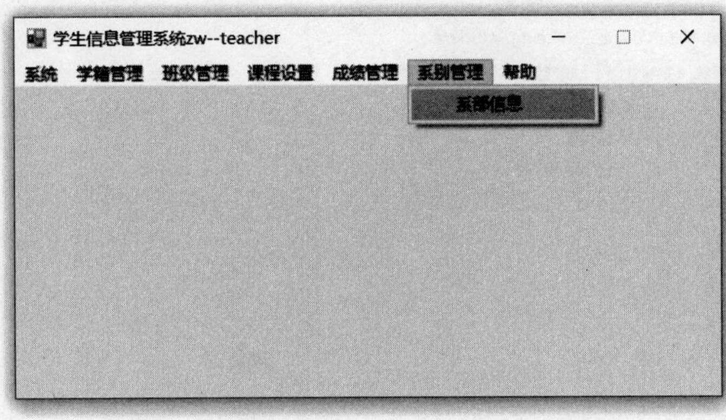

图 8-39 “系别管理”菜单

8.2.4 学生用户的操作

用户以学生身份登录并通过身份验证后,就可以进入该系统了。系统的主界面如图 8-40 所示。

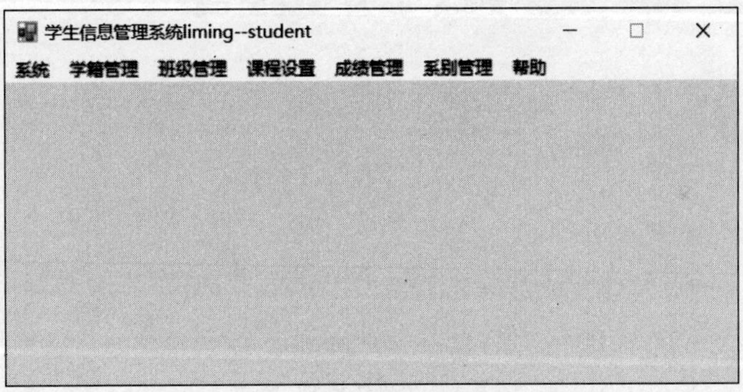

图 8-40 操作界面

“系统”菜单包含两个菜单项:修改密码和退出系统,如图 8-41 所示。

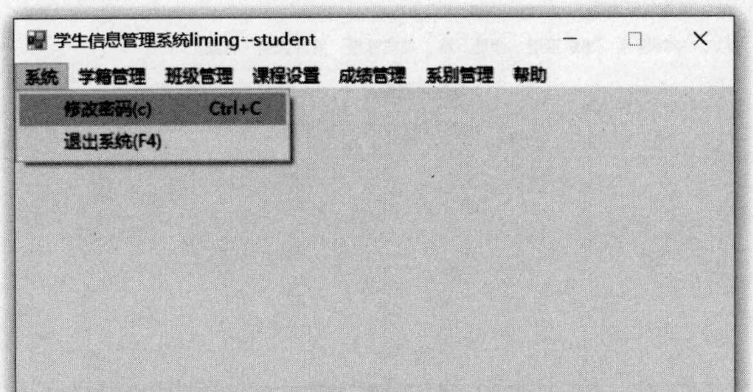

图 8-41 “系统”菜单

“学籍管理”菜单包括以下菜单项：查询学籍、学籍档案、学籍分类，如图 8-42 所示。

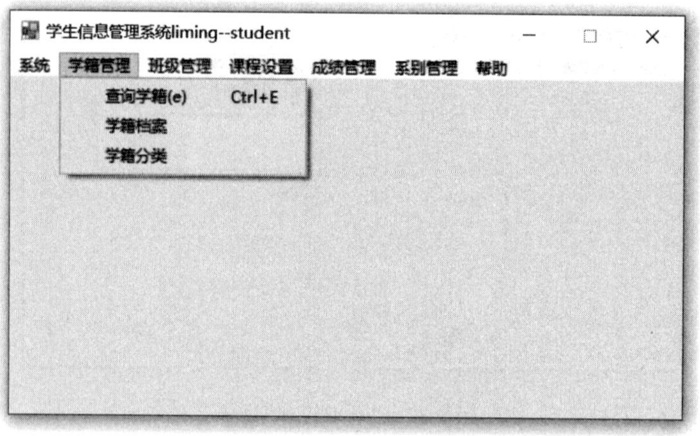

图 8-42 “学籍管理”菜单

“班级管理”菜单包括“班级列表”一个菜单项，如图 8-43 所示。

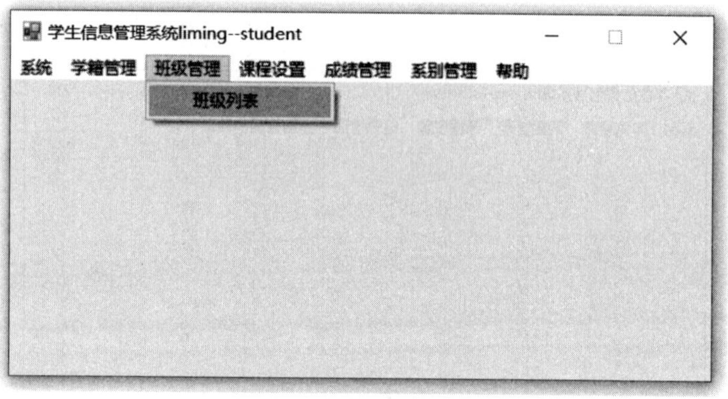

图 8-43 “班级管理”菜单

“课程设置”菜单包括“班级课程查询”一个菜单项，如图 8-44 所示。

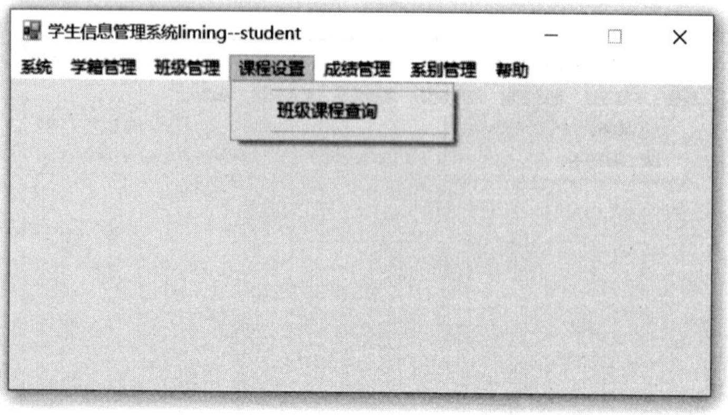

图 8-44 “课程设置”菜单

“成绩管理”菜单包括“查询成绩”一个菜单项，如图 8-45 所示。

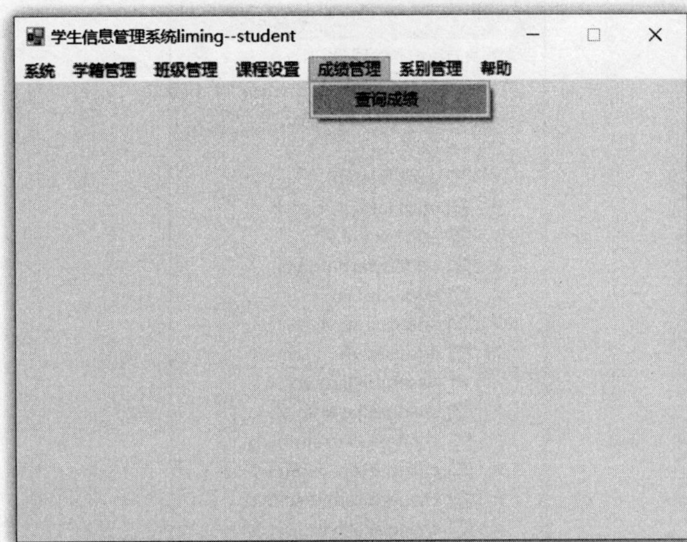

图 8-45　“成绩管理”菜单

“系别管理”菜单包括“系统信息”一个菜单项，如图 8-46 所示。

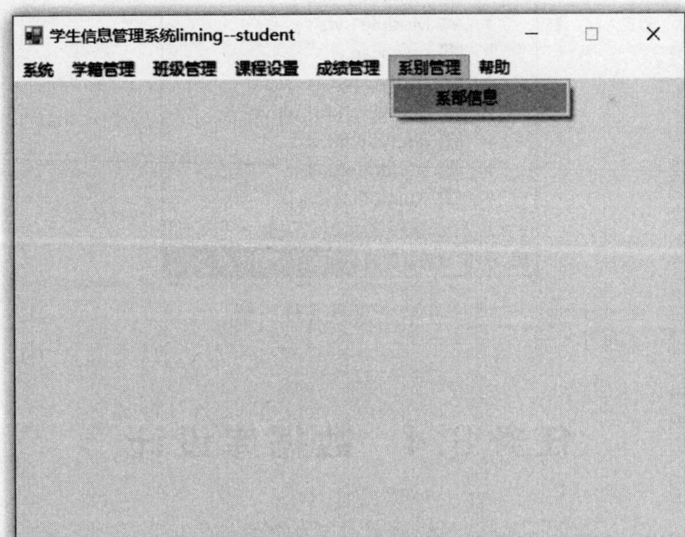

图 8-46　“系别管理”菜单

任务 8.3　项目工程文件一览

为了让读者有一个直观的印象，在实现系统之前，先预览一下整个工程实现后的文件列表，如图 8-47 所示。

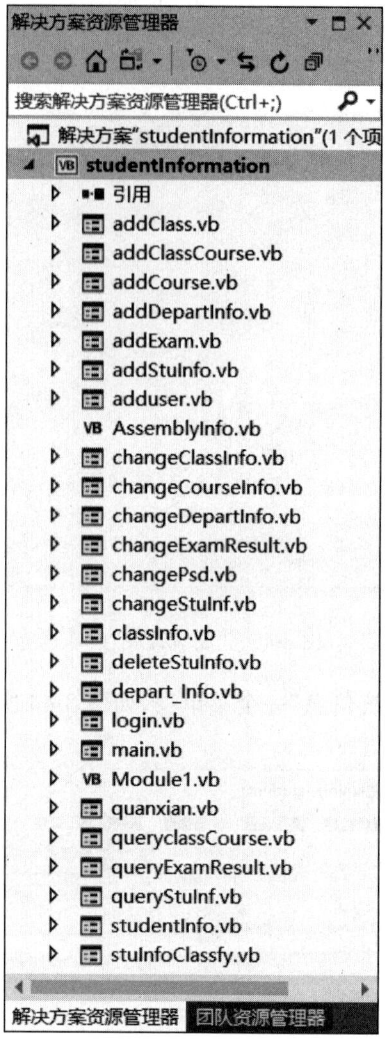

图 8-47　工程文件一览

任务 8.4　数据库设计

本系统使用的数据库管理系统是 SQL Server 2000，下面给出系统数据库的结构设计。本系统使用的数据库名称为 Student，其中包含 7 张数据表，其中 user_Info 数据表用于存放用户信息；student_Info 数据表用于存放学生信息；result_Info 数据表用于存放考试结果信息；gradecourse_Info 数据表用于存放班级课程信息；depart_Info 数据表用于存放系部信息；course_Info 数据表用于存放课程信息；class_Info 数据表用于存放班级信息。

user_Info 数据表各字段的数据类型如图 8-48 所示。

student_Info 数据表各字段的数据类型如图 8-49 所示。

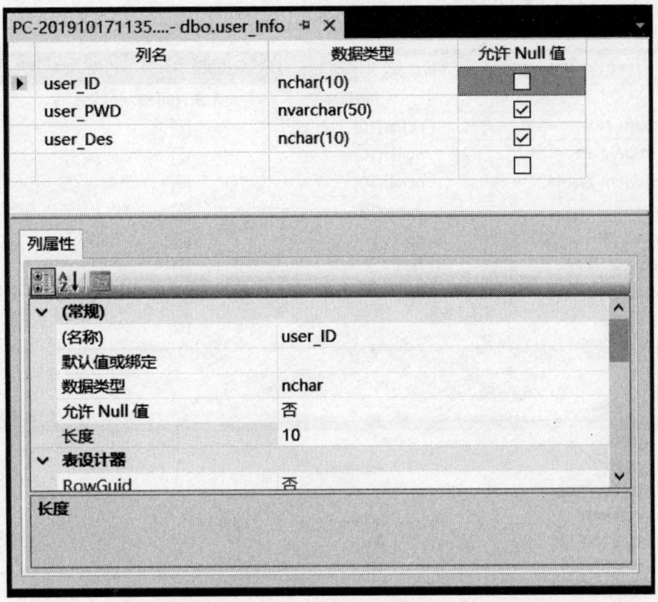

图 8-48　user_Info 数据表

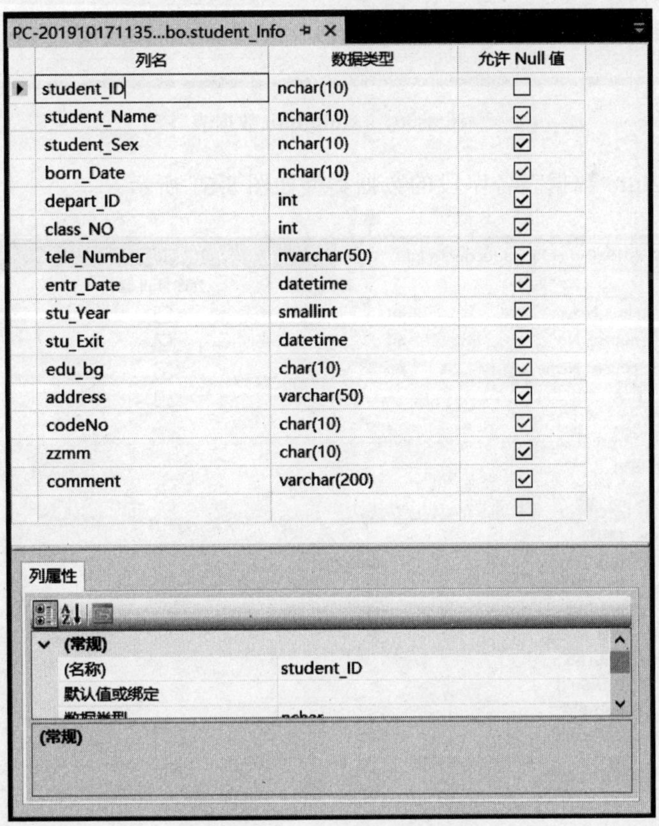

图 8-49　student_Info 数据表

result_Info 数据表各字段的数据类型如图 8-50 所示。

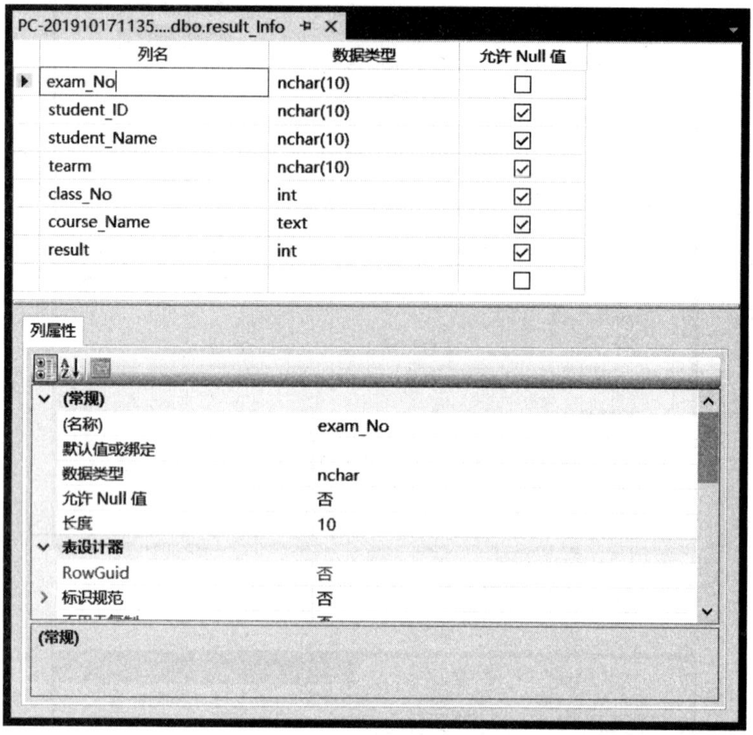

图 8-50 result_Info 数据表

gradecourse_Info 数据表各字段的数据类型如图 8-51 所示。

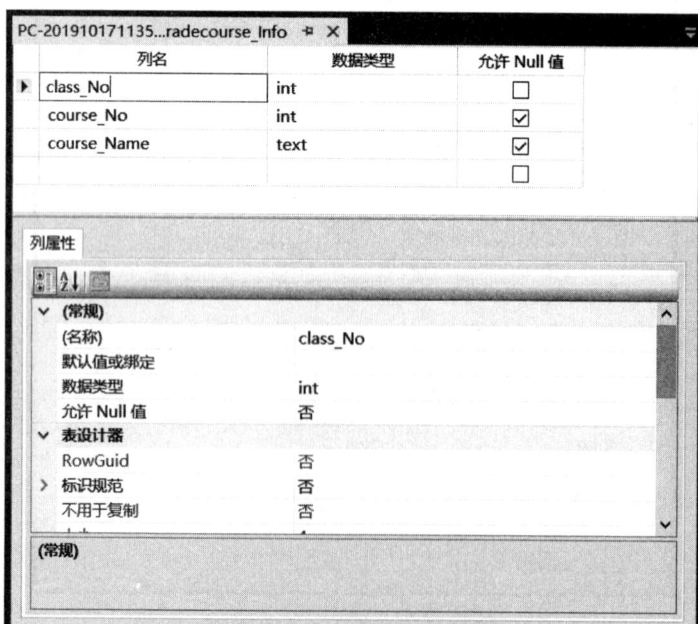

图 8-51 gradecourse_Info 数据表

depart_Info 数据表各字段的数据类型如图 8-52 所示。

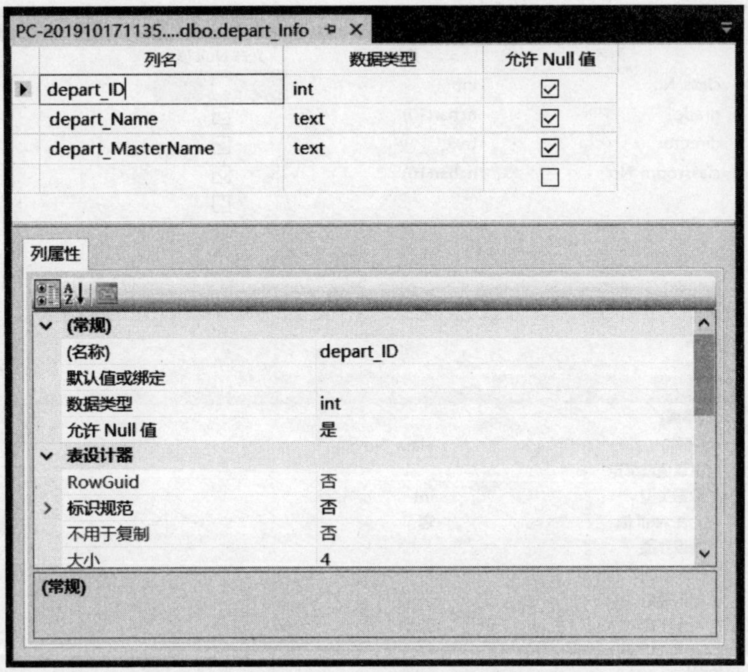

图 8-52　depart_Info 数据表

course_Info 数据表各字段的数据类型如图 8-53 所示。

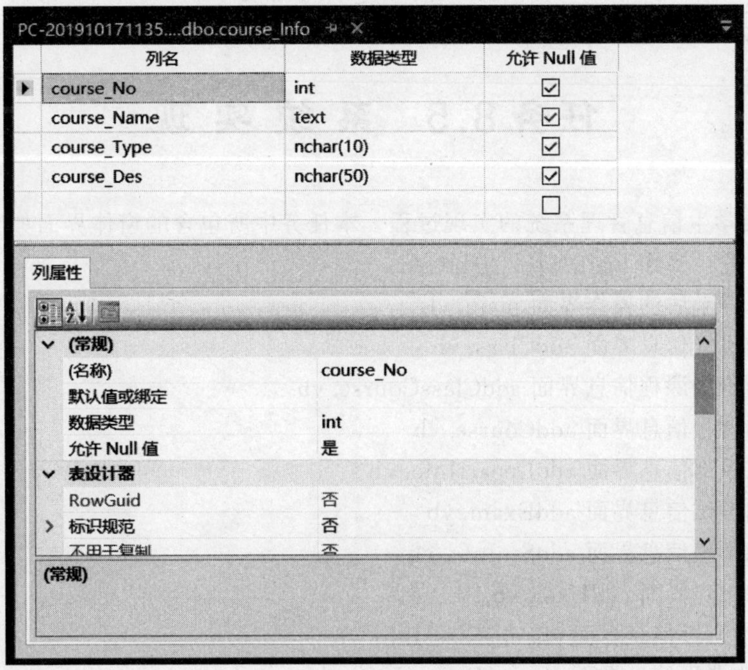

图 8-53　course_Info 数据表

class_Info 数据表各字段的数据类型如图 8-54 所示。

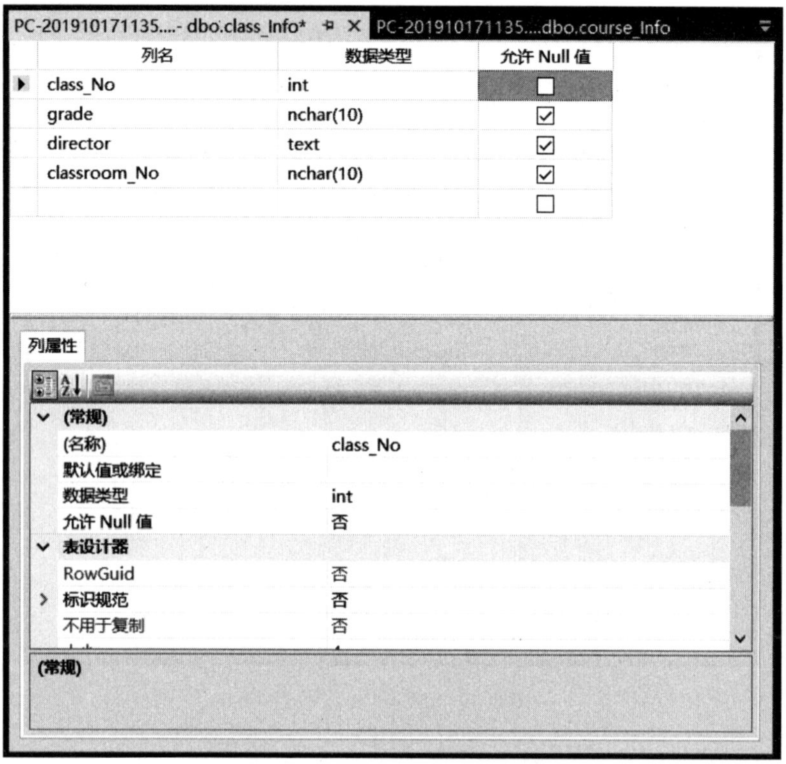

图 8-54　class_Info 数据表

任务 8.5　系统实现

下面介绍学生信息管理系统的实现过程。本任务中所包含的窗体界面如下。

(1) 用户登录界面 login. vb

(2) 用户登录后的操作界面 main. vb

(3) 添加班级信息界面 addClass. vb

(4) 添加班级课程信息界面 addClassCourse. vb

(5) 添加课程信息界面 addCourse. vb

(6) 添加系部信息界面 addDepartInfo. vb

(7) 添加考试信息界面 addExam. vb

(8) 添加学生信息界面 addStuInfo. vb

(9) 添加用户界面 addUser. vb

(10) 修改班级信息界面 changeClassInfo. vb

(11) 修改课程信息界面 changeCourseInfo. vb

(12) 修改系部信息界面 changeDepartInfo. vb

(13) 修改成绩界面 changeExamResult. vb

(14) 修改密码界面 changePsd. vb
(15) 修改学生信息界面 changeStuInf. vb
(16) 查询班级信息界面 classInfo. vb
(17) 删除学生信息界面 deleteStuInfo. vb
(18) 查询系部信息界面 depart_Info. vb
(19) 修改权限界面 quanxian. vb
(20) 查询班级课程信息界面 queryclassCourse. vb
(21) 查询成绩信息界面 queryExamResult. vb
(22) 查询学生信息界面 queryStuInf. vb
(23) 学生信息汇总界面 studentInfo. vb
(24) 学生信息分类查询界面 stuInfoClassfy. vb

8.5.1　设计用户登录 login. vb

用户登录界面 login. vb 的主要功能是系统根据用户选择的身份对用户输入的用户名和密码进行验证，如果合法，则转向相应的操作界面；如果不合法，则给出提示，要求用户重新登录。login. vb 的布局如图 8-55 所示。

图 8-55　登录界面

双击“登录”按钮，进入该按钮的单击事件，编写程序如代码 8-1 所示。

代码 8-1：“登录”按钮的单击事件

```
Private Sub Button1_Click(ByVal sender As System.Object, ByVal e As System.EventArgs) Handles
Button1.Click
    checkFormat()
End Sub
```

上面这段代码中调用了 checkFormat()方法，编写此方法的程序如代码 8-2 所示。

代码 8-2：checkFormat()方法

```
Sub checkFormat()
    If TextBox1.Text = "" Or TextBox2.Text = "" Then
        MsgBox("用户名和密码不能为空")
    ElseIf ComboBox1.Text = "" Then
        MsgBox("请选择登录用户权限")
    Else
        checkLoginName()
    End If
End Sub
```

上面这段代码中调用了 checkLoginName()方法，编写此方法的程序如代码 8-3 所示。

代码 8-3：checkLoginName()方法

```
Sub checkLoginName()
    str = "Data Source=localhost;Initial Catalog = Student;integrated Security=true"
    Dim con As New SqlConnection(str)
    con.Open()
    Dim sql As String = "select * from user_Info where user_ID='" & TextBox1.Text.ToString().
    Trim() & "' and user_PWD='" & TextBox2.Text.ToString().Trim() & " ' and user_Des='" &
    ComboBox1.Text.ToString.Trim() & "'"
    Dim cmd As New SqlCommand(sql, con)
    Dim reader As SqlDataReader
    reader = cmd.ExecuteReader
    If reader.Read() = True Then
        Me.Hide()
        frm.Label1.Text = Me.ComboBox1.Text.ToString.Trim
        frm.Text = "学生信息管理系统" & TextBox1.Text & " -- " & ComboBox1.Text
    Else
        MsgBox("登录失败,请检查你的用户名、密码以及权限是否正确")
    End If
End Sub
```

双击"重填"按钮，进入该按钮的单击事件，编写程序如代码 8-4 所示。

代码 8-4："重填"按钮的单击事件

```
Private Sub Button2_Click(ByVal sender As System.Object, ByVal e As System.EventArgs) Handles
Button2.Click
    TextBox1.Text = ""
    TextBox2.Text = ""
End Sub
```

8.5.2 设计用户登录后的操作界面 main.vb

main.vb 界面是用户登录后的主要操作界面，该界面中包含用户所能操作的内容，即使用菜单形式给出的，界面如图 8-56 所示。

首先添加一个 MainMenu 控件，添加如图 8-56 所示的菜单。单击"系统"菜单，添加该菜单的菜单项，如图 8-57 所示。

"学籍管理"菜单中添加的菜单项如图 8-58 所示。

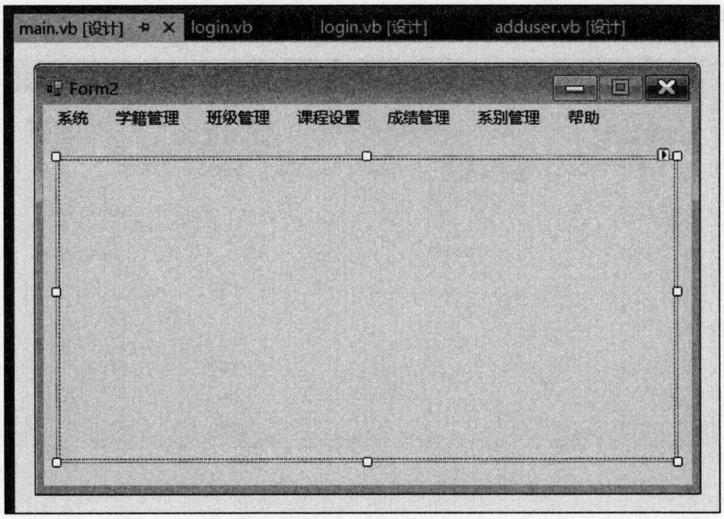

图 8-56　主界面

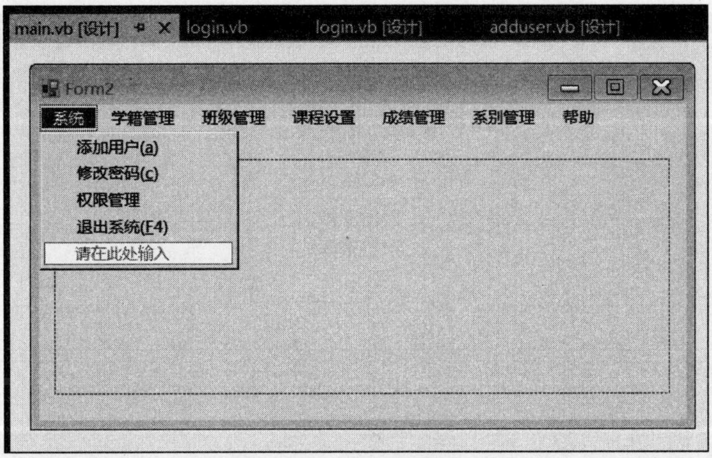

图 8-57　“系统”菜单

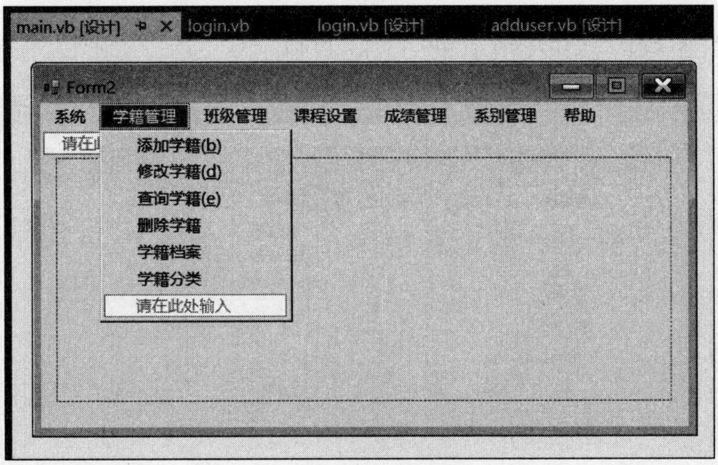

图 8-58　“学籍管理”菜单

“班级管理”菜单中添加的菜单项如图 8-59 所示。

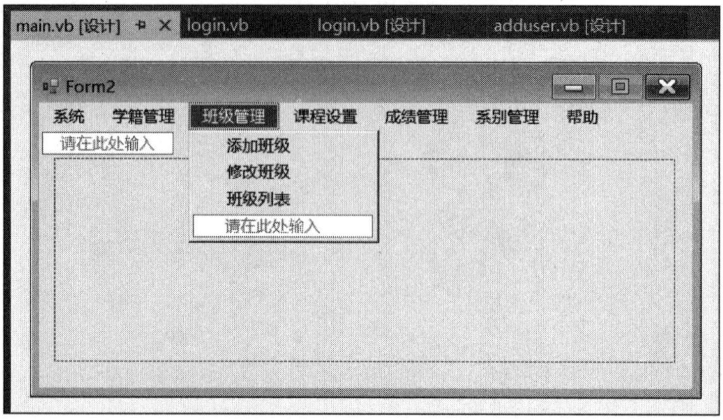

图 8-59 “班级管理”菜单

“课程设置”菜单中添加的菜单项如图 8-60 所示。

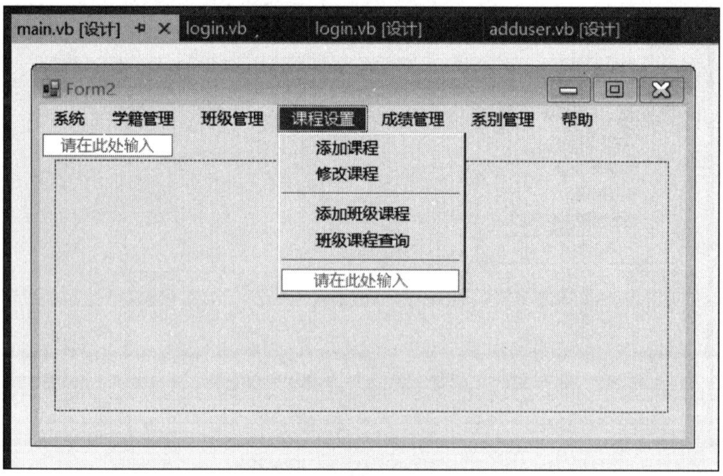

图 8-60 “课程设置”菜单

“成绩管理”菜单中添加的菜单项如图 8-61 所示。

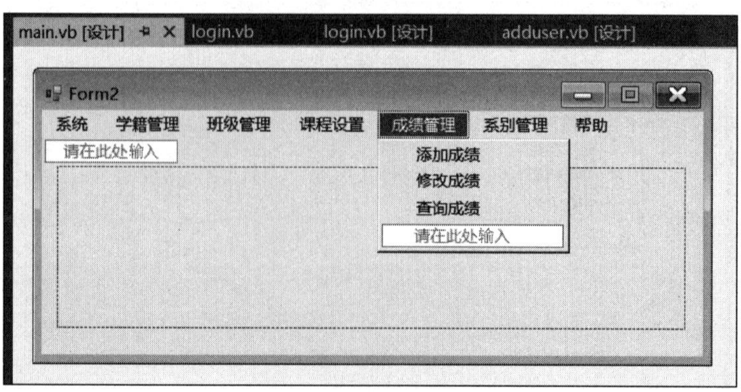

图 8-61 “成绩管理”菜单

“系别管理”菜单中添加的菜单项如图 8-62 所示。

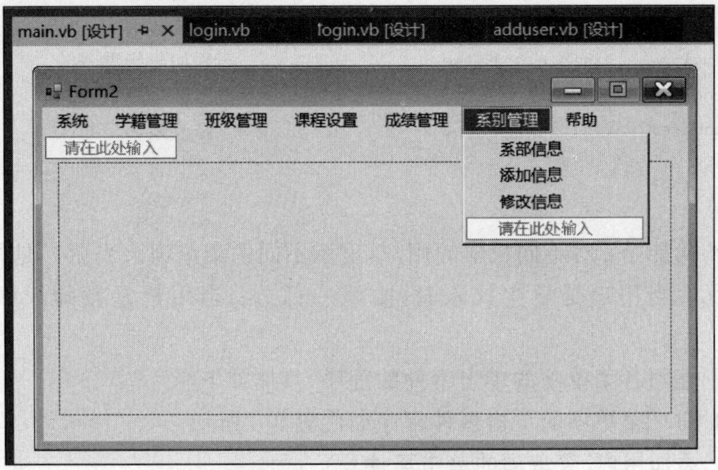

图 8-62　“系别管理”菜单

首先进入该窗体的 Form_Load 事件，编写该事件的程序如代码 8-5 所示。

代码 8-5：Form_Load 事件

```
Private Sub Form2_Load(ByVal sender As System.Object, ByVal e As System.EventArgs) Handles
MyBase.Load
    Label1.Visible = False
    Dim userQx As String
    userQx = Label1.Text.ToString.Trim
    If userQx = "admin" Then
    ElseIf userQx = "student" Then                    '用户是 student
        MenuItem16.Visible = False                    '添加学籍
        MenuItem11.Visible = False                    '修改课程
        MenuItem10.Visible = False                    '添加课程
        MenuItem17.Visible = False                    '修改学籍
        MenuItem21.Visible = False                    '权限管理
        MenuItem19.Visible = False                    '删除学籍
        adduser.Visible = False                       '添加用户
        MenuItem14.Visible = False                    '添加班级
        MenuItem15.Visible = False                    '修改班级
        MenuItem13.Visible = False                    '添加班级课程
        MenuItem7.Visible = False                     '添加成绩
        MenuItem8.Visible = False                     '修改成绩
        MenuItem23.Visible = False                    '添加系部信息
        MenuItem26.Visible = False                    '修改系部信息
    Else                                              'teacher
        MenuItem16.Visible = False                    '添加学籍
        MenuItem11.Visible = False                    '修改课程
        MenuItem10.Visible = False                    '添加课程
        MenuItem17.Visible = False                    '修改学籍
        MenuItem21.Visible = False                    '权限管理
        MenuItem19.Visible = False                    '删除学籍
```

```
            adduser.Visible = False                     '添加用户
            MenuItem14.Visible = False                  '添加班级
            MenuItem15.Visible = False                  '修改班级
            MenuItem13.Visible = False                  '添加班级课程
            MenuItem23.Visible = False                  '添加系部信息
            MenuItem26.Visible = False                  '修改系部信息
        End If
    End Sub
```

上述代码的功能是：对不同权限的用户，显示不同的菜单项。当用户是管理员权限时，菜单项全部显示；当用户是学生权限时，隐藏一部分；当用户是教师权限时，隐藏另一部分。

接下来分别编写各菜单项的单击事件的程序，具体如下。

编写“添加用户”菜单项的单击事件程序如代码 8-6 所示。

代码 8-6：“添加用户”菜单项的单击事件

```
Private Sub adduser_Click(ByVal sender As System.Object, ByVal e As System.EventArgs) Handles
adduser.Click
    Dim frm3 As New form3                               '添加用户
    frm3.Show()
End Sub
```

编写“修改密码”菜单项的单击事件程序如代码 8-7 所示。

代码 8-7：“修改密码”菜单项的单击事件

```
Private Sub MenuItem20_Click(ByVal sender As System.Object, ByVal e As System.EventArgs)
Handles MenuItem20.Click
    Dim frm5 As New Form5                               '修改密码
    frm5.Show()
End Sub
```

编写“权限管理”菜单项的单击事件程序如代码 8-8 所示。

代码 8-8：“权限管理”菜单项的单击事件

```
Private Sub MenuItem21_Click(ByVal sender As System.Object, ByVal e As System.EventArgs)
Handles MenuItem21.Click
    Dim frm21 As New Form21
    frm21.Show()
End Sub
```

编写“退出系统”菜单项的单击事件程序如代码 8-9 所示。

代码 8-9：“退出系统”菜单项的单击事件

```
Private Sub MenuItem30_Click(ByVal sender As System.Object, ByVal e As System.EventArgs)
Handles MenuItem30.Click
    Me.Close()                                          '退出系统
    Application.Exit()
End Sub
```

编写“添加学籍”菜单项的单击事件程序如代码 8-10 所示。

代码 8-10："添加学籍"菜单项的单击事件

```
Private Sub MenuItem16_Click(ByVal sender As System.Object, ByVal e As System.EventArgs)
Handles MenuItem16.Click
    Dim frm6 As New Form6                                    '添加学籍
    frm6.Show()
End Sub
```

编写"修改学籍"菜单项的单击事件程序如代码 8-11 所示。

代码 8-11："修改学籍"菜单项的单击事件

```
Private Sub MenuItem17_Click(ByVal sender As System.Object, ByVal e As System.EventArgs)
Handles MenuItem17.Click
    Dim frm7 As New Form7                                    '修改学籍
    frm7.Show()
End Sub
```

编写"查询学籍"菜单项的单击事件程序如代码 8-12 所示。

代码 8-12："查询学籍"菜单项的单击事件

```
Private Sub MenuItem18_Click(ByVal sender As System.Object, ByVal e As System.EventArgs)
Handles MenuItem18.Click
    Dim frm4 As New Form4                                    '查询学籍
    frm4.Show()
End Sub
```

编写"删除学籍"菜单项的单击事件程序如代码 8-13 所示。

代码 8-13："删除学籍"菜单项的单击事件

```
Private Sub adduser_Click_1(ByVal sender As System.Object, ByVal e As System.EventArgs)
Handles MenuItem19.Click
    Dim frm8 As New Form8                                    '删除学籍
    frm8.Show()
End Sub
```

编写"学籍档案"菜单项的单击事件程序如代码 8-14 所示。

代码 8-14："学籍档案"菜单项的单击事件

```
Private Sub MenuItem31_Click(ByVal sender As System.Object, ByVal e As System.EventArgs)
Handles MenuItem31.Click
    Dim frm22 As New Form22
    frm22.Show()
End Sub
```

编写"学籍分类"菜单项的单击事件程序如代码 8-15 所示。

代码 8-15："学籍分类"菜单项的单击事件

```
Private Sub MenuItem33_Click(ByVal sender As System.Object, ByVal e As System.EventArgs)
Handles MenuItem33.Click
    Dim frm24 As New Form24
    frm24.Show()
End Sub
```

编写“添加班级”菜单项的单击事件程序如代码 8-16 所示。

代码 8-16：“添加班级”菜单项的单击事件

```
Private Sub MenuItem14_Click(ByVal sender As System.Object, ByVal e As System.EventArgs)
Handles MenuItem14.Click
    Dim frm9 As New Form9                          '添加班级
    frm9.Show()
End Sub
```

编写“修改班级”菜单项的单击事件程序如代码 8-17 所示。

代码 8-17：“修改班级”菜单项的单击事件

```
Private Sub MenuItem15_Click(ByVal sender As System.Object, ByVal e As System.EventArgs)
Handles MenuItem15.Click
    Dim frm10 As New Form10                        '修改班级
    frm10.Show()
End Sub
```

编写“班级列表”菜单项的单击事件程序如代码 8-18 所示。

代码 8-18：“班级列表”菜单项的单击事件

```
Private Sub MenuItem32_Click(ByVal sender As System.Object, ByVal e As System.EventArgs)
Handles MenuItem32.Click
    Dim frm23 As New Form23
    frm23.Show()
End Sub
```

编写“添加课程”菜单项的单击事件程序如代码 8-19 所示。

代码 8-19：“添加课程”菜单项的单击事件

```
Private Sub MenuItem10_Click(ByVal sender As System.Object, ByVal e As System.EventArgs)
Handles MenuItem10.Click
    Dim frm11 As New Form11                        '添加课程
    frm11.Show()
End Sub
```

编写“修改课程”菜单项的单击事件程序如代码 8-20 所示。

代码 8-20：“修改课程”菜单项的单击事件

```
Private Sub MenuItem11_Click(ByVal sender As System.Object, ByVal e As System.EventArgs)
Handles MenuItem11.Click
    Dim frm12 As New Form12                        '修改课程
    frm12.Show()
End Sub
```

编写“添加班级课程”菜单项的单击事件程序如代码 8-21 所示。

代码 8-21：“添加班级课程”菜单项的单击事件

```
Private Sub MenuItem13_Clic k(ByVal sender As System.Object, ByVal e As System.EventArgs)
Handles MenuItem13.Click
    Dim frm13 As New Form13                        '添加班级课程
```

```
    frm13.Show()
End Sub
```

编写“班级课程查询”菜单项的单击事件程序如代码 8-22 所示。

代码 8-22：“班级课程查询”菜单项的单击事件

```
Private Sub MenuItem24_Click(ByVal sender As System.Object, ByVal e As System.EventArgs)
Handles MenuItem24.Click
    Dim frm14 As New Form14                                  '班级课程查询
    frm14.Show()
End Sub
```

编写“添加成绩”菜单项的单击事件程序如代码 8-23 所示。

代码 8-23：“添加成绩”菜单项的单击事件

```
Private Sub MenuItem7_Click(ByVal sender As System.Object, ByVal e As System.EventArgs)
Handles MenuItem7.Click
    Dim frm15 As New Form15                                  '添加成绩
    frm15.Show()
End Sub
```

编写“修改成绩”菜单项的单击事件程序如代码 8-24 所示。

代码 8-24：“修改成绩”菜单项的单击事件

```
Private Sub MenuItem8_Click(ByVal sender As System.Object, ByVal e As System.EventArgs)
Handles MenuItem8.Click
    Dim frm16 As New Form16                                  '修改成绩
    frm16.Show()
End Sub
```

编写“查询成绩”菜单项的单击事件程序如代码 8-25 所示。

代码 8-25：“查询成绩”菜单项的单击事件

```
Private Sub MenuItem9_Click(ByVal sender As System.Object, ByVal e As System.EventArgs)
Handles MenuItem9.Click
    Dim frm17 As New Form17                                  '查询成绩
    frm17.Show()
End Sub
```

编写“系部信息”菜单项的单击事件程序如代码 8-26 所示。

代码 8-26：“系部信息”菜单项的单击事件

```
Private Sub MenuItem22_Click(ByVal sender As System.Object, ByVal e As System.EventArgs)
Handles MenuItem22.Click
    Dim frm18 As New Form18                                  '系部信息
    frm18.Show()
End Sub
```

编写“添加信息”菜单项的单击事件程序如代码 8-27 所示。

代码 8-27：“添加信息”菜单项的单击事件

```
Private Sub MenuItem23_Click(ByVal sender As System.Object, ByVal e As System.EventArgs)
Handles MenuItem23.Click
```

```
    Dim frm19 As New Form19                              '添加信息
    frm19.Show()
End Sub
```

编写"修改信息"菜单项的单击事件程序如代码 8-28 所示。

代码 8-28："修改信息"菜单项的单击事件

```
Private Sub MenuItem26_Click(ByVal sender As System.Object, ByVal e As System.EventArgs)
Handles MenuItem26.Click
    Dim frm20 As New Form20                              '修改信息
    frm20.Show()
End Sub
```

8.5.3 设计添加班级信息界面 addClass.vb

添加班级信息界面的设计如图 8-63 所示。

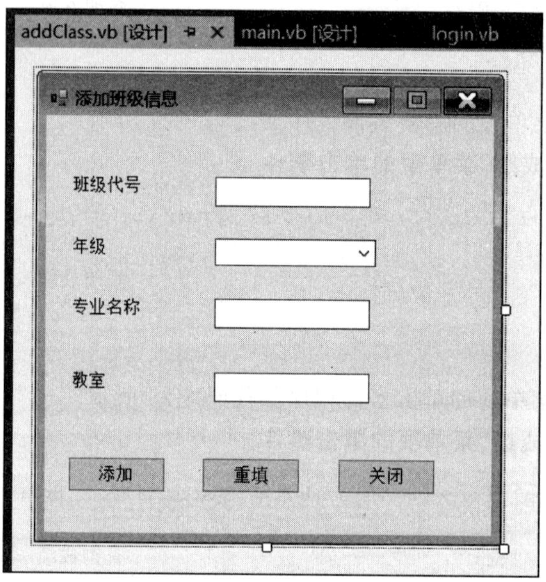

图 8-63 添加班级信息界面

双击"添加"按钮，编写该按钮的单击事件程序如代码 8-29 所示。

代码 8-29："添加"按钮的单击事件

```
Private Sub Button1_Click(ByVal sender As System.Object, ByVal e As System.EventArgs) Handles
Button1.Click
    If TextBox1.Text = "" Then
        MsgBox("班级代号不能为空!")
    Else
        singleYanzheng()
    End If
End Sub
```

以上这段代码中调用了 singleYanzheng()方法，编写该方法的程序如代码 8-30 所示。

代码 8-30：singleYanzheng()方法

```
Sub singleYanzheng()
    Dim str As String
    str = "Data Source = localhost;Initial Catalog = Student;integrated Security = true"
    Dim con As New SqlConnection(str)
    con.Open()
    Dim sql As String = " select * from class_Info where class_No = '" & TextBox1.Text.
ToString().Trim() & "'"
    Dim cmd As New SqlCommand(sql, con)
    Dim reader As SqlDataReader
    reader = cmd.ExecuteReader
    If reader.Read() = True Then
        MsgBox("该班级已存在")
    Else
        addClass()
        MsgBox("success!")
        clear()
    End If
End Sub
```

代码 8-30 中调用了 addClass()方法，编写该方法的程序如代码 8-31 所示。

代码 8-31：addClass()方法

```
Sub addClass()
    Dim str As String
    str = "Data Source = localhost;Initial Catalog = Student;integrated Security = true"
    Dim con As New SqlConnection(str)
    con.Open()
    Dim sql As String = " insert into class_Info(class_No, grade, director, classroom_No)
    values('" & TextBox1.Text.ToString().Trim() & "','" & ComboBox1.Text.ToString.Trim & " ',
    '" & TextBox2.Text.ToString().Trim() & " ','" & TextBox3.Text.ToString().Trim() & "')"
    Dim cmd As New SqlCommand(sql, con)
    Try
        cmd.ExecuteNonQuery()                          '执行添加数据的操作
    Catch e As Exception
        Console.WriteLine(e.Message)                   '无法执行时提示出错信息
    End Try
    Console.WriteLine("Record Added")
End Sub
```

双击"重填"按钮，编写该按钮的单击事件程序如代码 8-32 所示。

代码 8-32："重填"按钮的单击事件

```
Private Sub Button2_Click(ByVal sender As System.Object, ByVal e As System.EventArgs) Handles
Button2.Click
    clear()
End Sub
```

这段代码中调用了 clear()方法，编写该方法的程序如代码 8-33 所示。

代码 8-33：clear()方法

```
Sub clear()
    TextBox1.Text = ""
    TextBox2.Text = ""
    TextBox3.Text = ""
    ComboBox1.Text = ""
End Sub
```

8.5.4 设计添加班级课程信息界面 addClassCourse.vb

该界面的功能是将班级课程信息添加到数据库里，设计界面如图 8-64 所示。

图 8-64 添加班级课程信息界面

双击“添加”按钮，编写该按钮的单击事件程序如代码 8-34 所示。

代码 8-34：“添加”按钮的单击事件

```
Private Sub Button1_Click(ByVal sender As System.Object, ByVal e As System.EventArgs) Handles
Button1.Click
    If TextBox1.Text = "" Or TextBox2.Text = "" Or TextBox3.Text = "" Or TextBox4.Text = "" Then
        MsgBox("不能为空")
    Else
        singleYanzheng()
    End If
End Sub
```

以上这段代码中调用了 singleYanzheng()方法，编写该方法的程序如代码 8-35 所示。

代码 8-35：singleYanzheng()方法

```
Sub singleYanzheng()
    Dim str As String
    str = "Data Source = localhost;Initial Catalog = Student;integrated Security = true"
    Dim con As New SqlConnection(str)
    con.Open()
```

```
    Dim sql As String = "select * from gradecourse_Info where class_No = '" & TextBox1.Text.
    ToString().Trim() & "' and grade = '" & TextBox2.Text.ToString.Trim() & "' and course_No =
    '" & TextBox3.Text.ToString.Trim() & "' and course_Name = '" & TextBox4.Text.ToString.Trim() & "'"
    Dim cmd As New SqlCommand(sql, con)
    Dim reader As SqlDataReader
    reader = cmd.ExecuteReader
    If reader.Read() = True Then
        MsgBox("已添加该课程到这个班级")
        clear()
    Else
        addGradeCourse()
        MsgBox("success")
        clear()
    End If
End Sub
```

以上这段代码中调用了 addGradeCourse()方法,编写该方法的程序如代码 8-36 所示。

代码 8-36：addGradeCourse()方法

```
Sub addGradeCourse()
    Dim str As String
      str = "Data Source = localhost;Initial Catalog = Student;integrated Security = true"
    Dim con As New SqlConnection(str)
    con.Open()
    Dim sql As String = "insert into gradecourse_Info(class_No,grade,course_No,course_Name)
    values('" & TextBox1.Text.ToString().Trim() & "','" & TextBox2.Text.ToString().Trim() & " ',
    '" & TextBox3.Text.ToString().Trim() & " ','" & TextBox4.Text.ToString().Trim() & "') "
    Dim cmd As New SqlCommand(sql, con)
    Try
        cmd.ExecuteNonQuery()                              '执行添加数据的操作
    Catch e As Exception
        Console.WriteLine(e.Message)                       '无法执行时提示出错信息
    End Try
    Console.WriteLine("Record Added")
End Sub
```

双击“重填”按钮,编写该按钮的单击事件程序如代码 8-37 所示。

代码 8-37：“重填”按钮的单击事件

```
Private Sub Button2_Click(ByVal sender As System.Object, ByVal e As System.EventArgs) Handles
Button2.Click
    clear()
End Sub
```

这段代码中调用了 clear()方法,编写该方法的程序如代码 8-38 所示。

代码 8-38：clear()方法

```
Sub clear()
    TextBox1.Text = ""
    TextBox2.Text = ""
```

```
        TextBox3.Text = ""
        TextBox4.Text = ""
    End Sub
```

8.5.5 设计添加课程信息界面 addCourse.vb

添加课程信息界面的功能是将课程信息添加到数据库中,设计界面如图 8-65 所示。

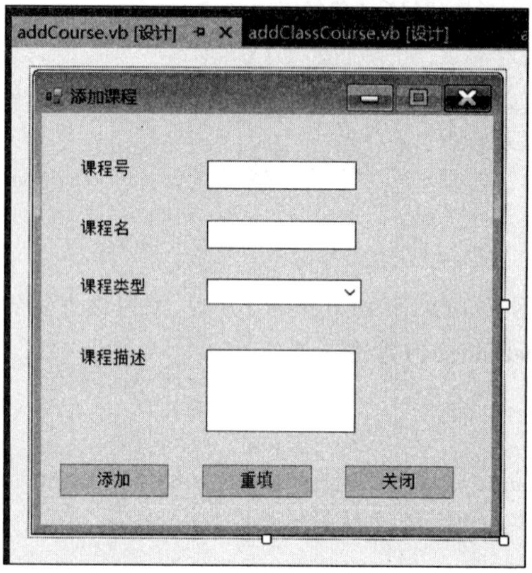

图 8-65 添加课程信息界面

双击"添加"按钮,编写该按钮的单击事件程序如代码 8-39 所示。

代码 8-39:"添加"按钮的单击事件

```
Private Sub Button1_Click(ByVal sender As System.Object, ByVal e As System.EventArgs) Handles
Button1.Click
    If TextBox1.Text = "" Then
        MsgBox("课程号不能为空")
    Else
        singleYanzheng()
    End If
End Sub
```

以上这段代码中调用了 singleYanzheng()方法,编写该方法的程序如代码 8-40 所示。

代码 8-40:singleYanzheng()方法

```
Sub singleYanzheng()
    Dim str As String
    str = "Data Source = localhost;Initial Catalog = Student;integrated Security = true"
    Dim con As New SqlConnection(str)
    con.Open()
    Dim sql As String = "select * from course_Info where course_No = '" & TextBox1.Text.
    ToString().Trim() & "'"
    Dim cmd As New SqlCommand(sql, con)
```

```
    Dim reader As SqlDataReader
    reader = cmd.ExecuteReader
    If reader.Read() = True Then
        MsgBox("该课程号已经存在")
    Else
        addCourse()
        MsgBox("已添加上")
        clear()
    End If
End Sub
```

以上这段代码中调用了 addCourse()方法,编写该方法的程序如代码 8-41 所示。

代码 8-41：addCourse()方法

```
Sub addCourse()
    Dim str As String
    str = "Data Source=localhost;Initial Catalog = Student;integrated Security=true"
    Dim con As New SqlConnection(str)
    con.Open()
    Dim sql As String = "insert into course_Info(course_No,course_Name,course_Type,course_
    Des) values('" & TextBox1.Text.ToString().Trim() & "','" & TextBox2.Text.ToString().Trim()
    & "','" & ComboBox1.Text.ToString().Trim() & "','" & TextBox3.Text.ToString().Trim() & "')"
    Dim cmd As New SqlCommand(sql, con)
    Try
        cmd.ExecuteNonQuery()                                  '执行插入动作的操作
    Catch e As Exception
        Console.WriteLine(e.Message)                           '无法执行时提示出错信息
    End Try
    Console.WriteLine("Record Added")
End Sub
```

双击"重填"按钮,编写该按钮的单击事件程序如代码 8-42 所示。

代码 8-42："重填"按钮的单击事件

```
Private Sub Button2_Click(ByVal sender As System.Object, ByVal e As System.EventArgs) Handles
Button2.Click
    clear()
End Sub
```

以上这段代码中调用了 clear()方法,编写该方法程序如代码 8-43 所示。

代码 8-43：clear()方法

```
Sub clear()
    TextBox1.Text = ""
    TextBox2.Text = ""
    TextBox3.Text = ""
    ComboBox1.Text = ""
End Sub
```

8.5.6 设计添加系部信息界面 addDepartInfo.vb

添加系部信息界面的功能是将系部信息添加到数据库中,设计界面如图 8-66 所示。

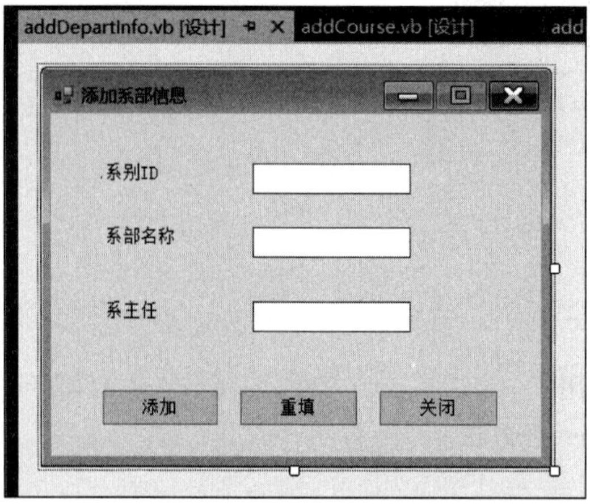

图 8-66　添加系部信息界面

双击“添加”按钮,编写该按钮的单击事件程序如代码 8-44 所示。

代码 8-44:“添加”按钮的单击事件

```
Private Sub Button1_Click(ByVal sender As System.Object, ByVal e As System.EventArgs) Handles
Button1.Click
    If TextBox1.Text = "" Or TextBox2.Text = "" Or TextBox3.Text = "" Then
        MsgBox("请填写完整")
    Else
        singleYanzheng()
    End If
End Sub
```

以上这段代码中调用了 singleYanzheng()方法,编写该方法的程序如代码 8-45 所示。

代码 8-45:singleYanzheng()方法

```
Sub singleYanzheng()
    Dim str As String
    str = "Data Source = localhost;Initial Catalog = Student;integrated Security = true"
    Dim con As New SqlConnection(str)
    con.Open()
    Dim sql As String = "select * from depart_Info where depart_ID = '" & TextBox1.Text.
    ToString().Trim() & "'"
    Dim cmd As New SqlCommand(sql, con)
    Dim reader As SqlDataReader
    reader = cmd.ExecuteReader
    If reader.Read() = True Then
        MsgBox("该部门号已存在")
    Else
        addDepartInfo()
        MsgBox("success")
        clear()
    End If
End Sub
```

以上这段代码中调用了 addDepartInfo()方法,编写该方法的程序如代码 8-46 所示。

代码 8-46：addDepartInfo()方法

```
Sub addDepartInfo()
    Dim str As String
    str = "Data Source = localhost;Initial Catalog = Student;integrated Security = true"
    Dim con As New SqlConnection(str)
    con.Open()
    Dim sql As String = "insert into depart_Info(depart_ID,depart_Name,depart_MasterName)
    values('" & TextBox1.Text.ToString().Trim() & "','" & TextBox2.Text.ToString().Trim()
    & "','" & TextBox3.Text.ToString().Trim() & "') "
    Dim cmd As New SqlCommand(sql, con)
    Try
        cmd.ExecuteNonQuery()                           '执行添加数据的操作
    Catch e As Exception
        Console.WriteLine(e.Message)                    '无法执行时提示出错信息
    End Try
    Console.WriteLine("Record Added")
End Sub
```

双击“重填”按钮，编写该按钮的单击事件，程序如代码 8-47 所示。

代码 8-47：“重填”按钮的单击事件

```
Private Sub Button2_Click(ByVal sender As System.Object, ByVal e As System.EventArgs) Handles
Button2.Click
    clear()
End Sub
```

以上这段代码中调用了 clear()方法，编写该方法的程序如代码 8-48 所示。

代码 8-48：clear()方法

```
Sub clear()
    TextBox1.Text = ""
    TextBox2.Text = ""
    TextBox3.Text = ""
End Sub
```

8.5.7　设计添加考试信息界面 addExam.vb

添加考试信息界面的功能是将考试信息添加到数据库中，设计界面如图 8-67 所示。

双击“添加”按钮，编写该按钮的单击事件程序如代码 8-49 所示。

代码 8-49：“添加”按钮的单击事件

```
Private Sub Button1_Click(ByVal sender As System.Object, ByVal e As System.EventArgs) Handles
Button1.Click
    If TextBox1.Text = "" Then
        MsgBox("考试号不能为空")
    Else
        singleYanzheng()
    End If
End Sub
```

图 8-67　添加考试信息界面

以上这段代码中调用了 singleYanzheng()方法，编写该方法的程序如代码 8-50 所示。

代码 8-50：singleYanzheng()方法

```
Sub singleYanzheng()
    Dim str As String
    str = "Data Source=localhost;Initial Catalog = Student;integrated Security=true"
    Dim con As New SqlConnection(str)
    con.Open()
    Dim sql As String = "select * from result_Info where exam_No = '" & TextBox1.Text.
    ToString().Trim() & "'"
    Dim cmd As New SqlCommand(sql, con)
    Dim reader As SqlDataReader
    reader = cmd.ExecuteReader
    If reader.Read() = True Then
        MsgBox("该考试号已存在")
    Else
        addExam()
        MsgBox("success!")
        clear()
    End If
End Sub
```

以上这段代码中调用了 addExam()方法，编写该方法的程序如代码 8-51 所示。

代码 8-51：addExam()方法

```
Sub addExam()
    Dim str As String
    str = "Data Source=localhost;Initial Catalog = Student;integrated Security=true"
    Dim con As New SqlConnection(str)
    con.Open()
```

```
    Dim sql As String = "insert into result_Info(exam_No,student_ID,student_Name,tearm,
    class_No,course_Name,result) values('" & TextBox1.Text.ToString().Trim() & "','" &
    TextBox2.Text.ToString().Trim() & "','" & TextBox3.Text.ToString().Trim() & "','" &
    ComboBox1.Text.ToString().Trim() & "','" & TextBox5.Text.ToString().Trim() & "','" &
    TextBox6.Text.ToString().Trim() & "','" & TextBox7.Text.ToString().Trim() & "')"
    Dim cmd As New SqlCommand(sql, con)
    Try
        cmd.ExecuteNonQuery()                          '执行插入动作的操作
    Catch e As Exception
        Console.WriteLine(e.Message)                   '无法执行时提示出错信息
    End Try
    Console.WriteLine("Record Added")
End Sub
```

双击“重填”按钮,编写该按钮的单击事件程序如代码 8-52 所示。

代码 8-52:“重填”按钮的单击事件

```
Private Sub Button2_Click(ByVal sender As System.Object, ByVal e As System.EventArgs) Handles
Button2.Click
    clear()
End Sub
```

以上这段代码中调用了 clear()方法,编写该方法的程序如代码 8-53 所示。

代码 8-53:clear()方法

```
Sub clear()
    TextBox1.Text = ""
    TextBox2.Text = ""
    TextBox3.Text = ""
    ComboBox1.Text = ""
    TextBox5.Text = ""
    TextBox6.Text = ""
    TextBox7.Text = ""
End Sub
```

8.5.8 设计添加学生信息界面 addStuInfo.vb

添加学生信息界面的功能是将学生信息添加到数据库中,设计界面如图 8-68 所示。

双击“添加”按钮,编写该按钮的单击事件程序如代码 8-54 所示。

代码 8-54:“添加”按钮的单击事件

```
Private Sub Button1_Click(ByVal sender As System.Object, ByVal e As System.EventArgs) Handles
Button1.Click
    If TextBox1.Text = "" Then
        MsgBox("学号不能为空")
    ElseIf TextBox6.Text = "" Then
        MsgBox("入学时间不能为空")
    ElseIf TextBox7.Text = "" Then
```

```
        MsgBox("学制不能为空")
    Else
        singleYanzheng()
    End If
End Sub
```

图 8-68　添加学生信息界面

以上这段代码中调用了 singleYanzheng()方法，编写该方法的程序如代码 8-55 所示。

代码 8-55：singleYanzheng()方法

```
Sub singleYanzheng()
    Dim str As String
    str = "Data Source = localhost;Initial Catalog = Student;integrated Security = true"
    Dim con As New SqlConnection(str)
    con.Open()
    Dim sql As String = "select * from student_Info where student_ID = '" & TextBox1.Text.
    ToString().Trim() & "'"
    Dim cmd As New SqlCommand(sql, con)
    Dim reader As SqlDataReader
    reader = cmd.ExecuteReader
    If reader.Read() = True Then
        MsgBox("该学号已存在")
    Else
        addStuInf()
        MsgBox("success")
        clear()
    End If
End Sub
```

以上这段代码中调用了 addStuInf()方法，编写该方法的程序如代码 8-56 所示。

代码 8-56：addStuInf()方法

```
Sub addStuInf()
    Dim str As String
    Dim sex As String
    If RadioButton1.Checked Then
        sex = "男"
    ElseIf RadioButton2.Checked Then
        sex = "女"
    Else
        sex = ""
    End If
    str = "Data Source = localhost;Initial Catalog = Student;integrated Security = true"
    Dim con As New SqlConnection(str)
    con.Open()
    Dim sql As String = "insert into
    student_Info(student_ID,student_Name,student_Sex,born_Date,depart_ID,class_NO,tele_Nu
    mber,entr_Date,stu_Year,edu_bg,address,codeNo,zzmm,comment) values('" &
    TextBox1.Text.ToString().Trim() & "','" & TextBox2.Text.ToString().Trim() & "','" & sex
    & "','" & TextBox3.Text.ToString.Trim() & "','" & TextBox12.Text.ToString.Trim() & "',
    '" & TextBox4.Text.ToString.Trim() & "','" & TextBox5.Text.ToString.Trim() & "','" &
    TextBox6.Text.ToString.Trim() & "','" & TextBox7.Text.ToString.Trim() & "','" &
    TextBox8.Text.ToString.Trim() & "','" & TextBox9.Text.ToString.Trim() & "','" &
    TextBox10.Text.ToString.Trim() & "','" & ComboBox1.Text.ToString.Trim() & "','" &
    TextBox11.Text.ToString.Trim() & "')"
    Dim cmd As New SqlCommand(sql, con)
    Try
        cmd.ExecuteNonQuery()                              '执行插入动作的操作
    Catch e As Exception
        Console.WriteLine(e.Message)                       '无法执行时提示出错信息
    End Try
    Console.WriteLine("Record Added")
End Sub
```

双击“重填”按钮，编写该按钮的单击事件程序如代码 8-57 所示。

代码 8-57：“重填”按钮的单击事件

```
Private Sub Button2_Click(ByVal sender As System.Object, ByVal e As System.EventArgs) Handles
Button2.Click
    clear()
End Sub
```

以上这段代码中调用了 clear()方法，编写该方法的程序如代码 8-58 所示。

代码 8-58：clear()方法

```
Sub clear()
    TextBox1.Text = ""
    TextBox2.Text = ""
    TextBox3.Text = ""
    TextBox4.Text = ""
```

```
        TextBox5.Text = ""
        TextBox6.Text = ""
        TextBox7.Text = ""
        TextBox8.Text = ""
        TextBox9.Text = ""
        TextBox10.Text = ""
        TextBox11.Text = ""
        ComboBox1.Text = ""
        RadioButton1.Checked = False
        RadioButton2.Checked = False
    End Sub
```

8.5.9　设计添加用户界面 adduser.vb

添加用户界面的功能是将用户信息添加到数据库中，设计界面如图 8-69 所示。

图 8-69　添加用户界面

双击"确认"按钮，编写该按钮的单击事件程序如代码 8-59 所示。

代码 8-59："确认"按钮的单击事件

```
Private Sub Button1_Click(ByVal sender As System.Object, ByVal e As System.EventArgs) Handles
Button1.Click
    checkFormat()
End Sub
```

以上这段代码中调用了 checkFormat()方法，编写该方法的程序如代码 8-60 所示。

代码 8-60：checkFormat()方法

```
Sub checkFormat()
    If TextBox1.Text = "" Then
        Label5.Text = "用户名不能为空"
```

```
    ElseIf TextBox1.Text.Length > 10 Then
        Label5.Text = "用户名不能大于 10"
    ElseIf TextBox2.Text = "" Or TextBox3.Text = "" Then
        '对用户名唯一的判断
        Label6.Text = "密码不能为空"
    ElseIf TextBox2.Text <> TextBox3.Text Then
        Label6.Text = "密码不一致,请重新输入!"
    ElseIf ComboBox1.Text = "" Then
        Label7.Text = "必须选择一个用户类别"
    Else
        singleYanzheng()
    End If
End Sub
```

以上这段代码中调用了 singleYanzheng()方法,编写该方法的程序如代码 8-61 所示。

代码 8-61：singleYanzheng()方法

```
Sub singleYanzheng()
    Dim str As String
    str = "Data Source = localhost;Initial Catalog = Student;integrated Security = true"
    Dim con As New SqlConnection(str)
    con.Open()
    Dim sql As String = "select * from user_Info where user_ID = '" & TextBox1.Text.ToString().
    Trim() & "'"
    Dim cmd As New SqlCommand(sql, con)
    Dim reader As SqlDataReader
    reader = cmd.ExecuteReader
    If reader.Read() = True Then
        MsgBox("该用户已存在")
    Else
        addRecord()
        MsgBox("success!")
        clear()
    End If
End Sub
```

以上这段代码中调用了 addRecord()方法,编写该方法的程序如代码 8-62 所示。

代码 8-62：addRecord()方法

```
Sub addRecord()
    Dim str As String
    str = "Data Source = localhost;Initial Catalog = Student;integrated Security = true"
    Dim con As New SqlConnection(str)
    con.Open()
    Dim sql As String = "insert into user_Info values('" & TextBox1.Text.ToString().Trim() & "',
    '" & TextBox2.Text.ToString().Trim() & " ','" & ComboBox1.Text.ToString().Trim() & "') "
    Dim cmd As New SqlCommand(sql, con)
    Try
        cmd.ExecuteNonQuery()                              '执行插入动作的操作
    Catch e As Exception
        Console.WriteLine(e.Message)                       '无法执行时提示出错信息
```

```
        End Try
        Console.WriteLine("Record Added")
    End Sub
```

双击“重填”按钮，编写该按钮的单击事件程序如代码 8-63 所示。

代码 8-63：“重填”按钮的单击事件

```
Private Sub Button2_Click(ByVal sender As System.Object, ByVal e As System.EventArgs) Handles
Button2.Click
    clear()
End Sub
```

以上这段代码中调用了 clear()方法，编写该方法的程序如代码 8-64 所示。

代码 8-64：clear()方法

```
Sub clear()
    TextBox1.Text = ""
    TextBox2.Text = ""
    TextBox3.Text = ""
    ComboBox1.Text = ""
End Sub
```

8.5.10 设计修改班级信息界面 changeClassInfo.vb

修改班级信息界面的设计如图 8-70 所示。

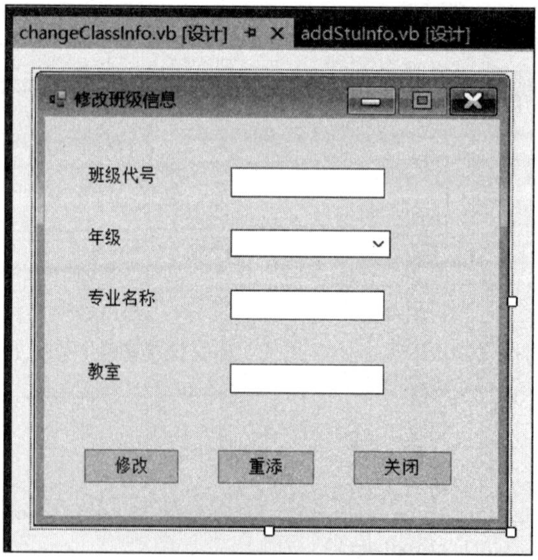

图 8-70 修改班级信息界面

该界面的设计步骤为：首先添加多个 Label 控件，用于显示对应的文本。然后依次添加三个 TextBox 文本框控件，分别用于“班级代号”“专业名称”和“教室”的显示或输入。再添加一个 ComboBox 控件，用于“年级”的显示。最后添加三个 Button 按钮控件，分别用于显示“修改”“重填”和“关闭”按钮。

进入该界面的代码文件,编写“修改”按钮的单击事件程序如代码 8-65 所示。

代码 8-65:“修改”按钮的单击事件

```
Private Sub Button1_Click(ByVal sender As System.Object, ByVal e As System.EventArgs) Handles
Button1.Click
    If TextBox1.Text = "" Then
        MsgBox("班级代号不能为空")
    Else
        changeClassInfo()
        MsgBox("success")
        TextBox1.Text = ""
        TextBox2.Text = ""
        TextBox3.Text = ""
        ComboBox1.Text = ""
    End If
End Sub
```

以上这段代码中调用了 changeClassInfo()方法,编写该方法的程序如代码 8-66 所示。

代码 8-66:changeClassInfo()方法

```
Sub changeClassInfo()
    Dim str As String
    str = "Data Source = localhost;Initial Catalog = Student;integrated Security = true"
    Dim con As New SqlConnection(str)
    con.Open()
    Dim sql As String = "select * from class_Info where class_No = '" & TextBox1.Text.
    ToString().Trim() & "'"
    Dim sql2 As String = "update class_Info set grade = '" & ComboBox1.Text.ToString().Trim()
    & "',director = '" & TextBox2.Text.ToString.Trim() & " ',classroom_No = '" & TextBox3.Text.
    ToString.Trim() & "'  where class_No = '" & TextBox1.Text.ToString().Trim() & "'"
    Dim cmd As New SqlCommand(sql, con)
    Dim cmd2 As New SqlCommand(sql2, con)
    Dim reader As SqlDataReader
    reader = cmd.ExecuteReader
    If reader.Read() = True Then
        reader.Close()
        cmd2.ExecuteNonQuery()
    Else
        MsgBox("该班级号不存在!")
    End If
End Sub
```

编写“重填”按钮的单击事件程序如代码 8-67 所示。

代码 8-67:“重填”按钮的单击事件

```
Private Sub Button2_Click(ByVal sender As System.Object, ByVal e As System.EventArgs) Handles
Button2.Click
    TextBox1.Text = ""
    TextBox2.Text = ""
    TextBox3.Text = ""
    ComboBox1.Text = ""
End Sub
```

8.5.11 设计删除学生信息界面 deleteStuInfo.vb

删除学生信息界面的设计如图 8-71 所示。

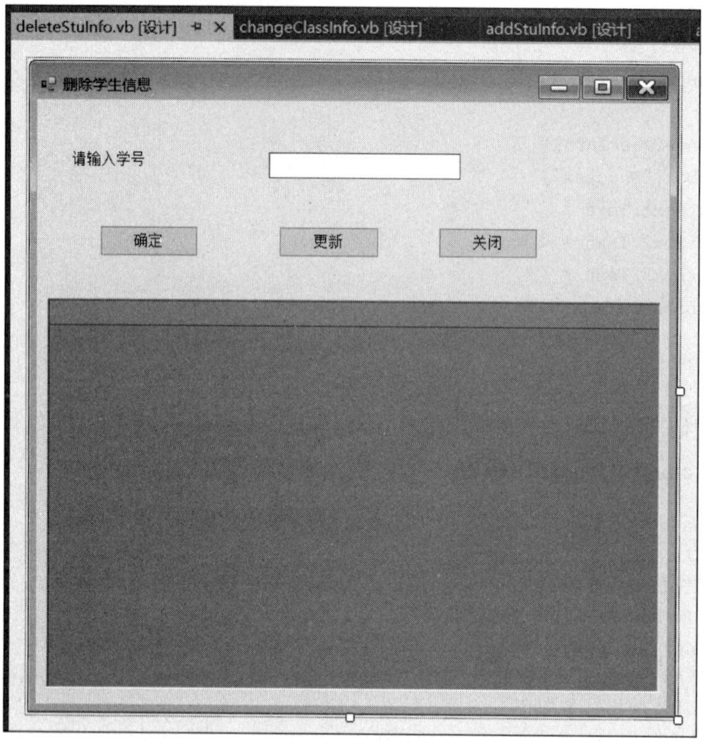

图 8-71 删除学生信息界面

该界面的设计步骤为：首先添加一个 Label 控件，显示“请输入学号”文本。然后添加一个 TextBox 文本框控件。再添加三个 Button 按钮控件，分别作为“确定”“更新”和“关闭”按钮。最后添加一个 DataGrid 控件，用于绑定数据。

进入该界面的代码文件，首先编写该窗体的 Form_Load 事件程序如代码 8-68 所示。

代码 8-68：Form_Load 事件

```
Private Sub Form8_Load(ByVal sender As System.Object, ByVal e As System.EventArgs) Handles
MyBase.Load
    Dim str As String
    Dim ds As New DataSet
    Dim da As SqlDataAdapter
    str = "Data Source = localhost;Initial Catalog = Student;integrated Security = true"
    Dim con As New SqlConnection(str)
    con.Open()
    Dim sql As String = "select * from student_Info "
    da = New SqlDataAdapter(sql, con)
    da.Fill(ds)
    DataGrid1.DataSource = ds.Tables(0)
End Sub
End Class
```

编写“确定”按钮的单击事件程序如代码 8-69 所示。

代码 8-69：“确定”按钮的单击事件

```
Private Sub Button1_Click(ByVal sender As System.Object, ByVal e As System.EventArgs) Handles
Button1.Click
    If TextBox1.Text = "" Then
        MsgBox("学号不能为空")
    Else
        deleteStuInfo()
    End If
End Sub
```

以上这段代码中调用了 deleteStuInfo()方法，编写该方法的程序如代码 8-70 所示。

代码 8-70：deleteStuInfo()方法

```
Sub deleteStuInfo()
    Dim str As String
    str = "Data Source = localhost;Initial Catalog = Student;integrated Security = true"
    Dim con As New SqlConnection(str)
    con.Open()
    Dim sql As String = "select * from student_Info where student_ID = '" & TextBox1.Text.
    ToString().Trim() & "'"
    Dim sql1 As String = "delete  from student_Info where student_ID = '" & TextBox1.Text.
    ToString().Trim() & "'"
    Dim cmd As New SqlCommand(sql, con)
    Dim cmd1 As New SqlCommand(sql1, con)
    Dim reader As SqlDataReader
    reader = cmd.ExecuteReader
    If reader.Read() = True Then
        reader.Close()
        cmd1.ExecuteNonQuery()
    Else
        MsgBox("该用户不存在!")
    End If
End Sub
```

编写“更新”按钮的单击事件程序如代码 8-71 所示。

代码 8-71：“更新”按钮的单击事件

```
Private Sub Button2_Click(ByVal sender As System.Object, ByVal e As System.EventArgs) Handles
Button2.Click
    Dim str As String
    Dim ds As New DataSet
    Dim da As SqlDataAdapter
    str = "Data Source = localhost;Initial Catalog = Student;integrated Security = true"
    Dim con As New SqlConnection(str)
    con.Open()
    Dim sql As String = "select * from student_Info "
    da = New SqlDataAdapter(sql, con)
    da.Fill(ds)
    DataGrid1.DataSource = ds.Tables(0)
End Sub
```

8.5.12 设计修改权限界面 quanxian.vb

修改权限界面的设计如图 8-72 所示。

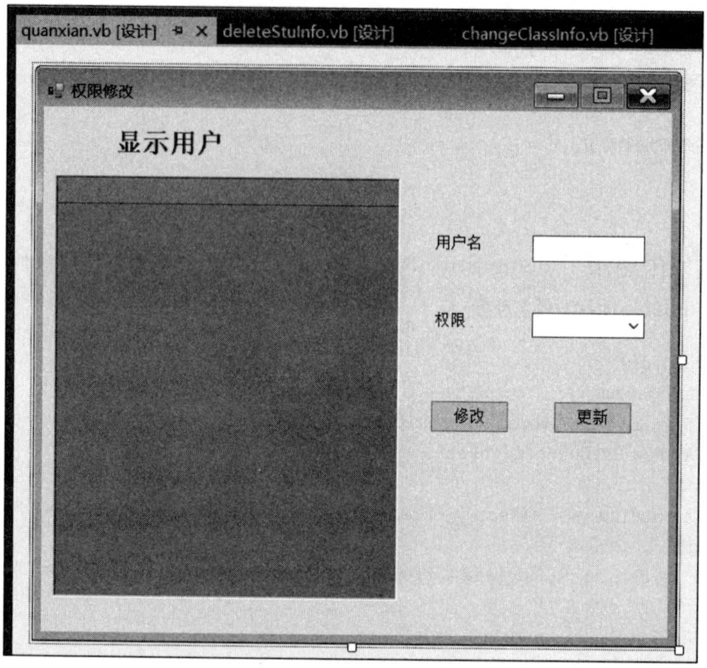

图 8-72　修改权限界面

该界面的设计步骤为：首先添加多个 Label 控件，用于显示对应的文本。然后添加一个 TextBox 文本框控件和一个 ComboBox 下拉菜单控件，再添加两个 Button 按钮控件。最后在右侧添加一个 DataGrid 控件，用于绑定数据。

进入该界面的代码文件，首先编写窗体的 Form_Load 事件程序如代码 8-72 所示。

代码 8-72：窗体的 Form_Load 事件

```
Private Sub Form21_Load(ByVal sender As Syst em.Object, ByVal e As System.EventArgs) Handles
MyBase.Load
    connetcion()
End Sub
```

以上这段代码中调用了 connection()方法，程序如代码 8-73 所示。

代码 8-73：connection()方法

```
Sub connection()
    Dim str As String
    Dim ds As New DataSet
    Dim da As SqlDataAdapter
    str = "Data Source = localhost;Initial Catalog = Student;integrated Security = true"
    Dim con As New SqlConnection(str)
    con.Open()
    Dim sql As String = "select * from user_Info "
    da = New SqlDataAdapter(sql, con)
```

```
        da.Fill(ds)
        DataGrid1.DataSource = ds.Tables(0)
    End Sub
```

编写“修改”按钮的单击事件程序如代码 8-74 所示。

代码 8-74：“修改”按钮的单击事件

```
Private Sub Button1_Click(ByVal sender As System.Object, ByVal e As System.EventArgs) Handles
Button1.Click
    If TextBox1.Text = "" Or ComboBox1.Text = "" Then
        Label4.Text = "请输入用户名和要更改的权限"
    Else
        changeQuanxian()
        Label4.Text = "修改成功,更新查看结果"
        TextBox1.Text = ""
        ComboBox1.Text = ""
    End If
End Sub
```

以上这段代码中调用了 changeQuanxian()方法，编写该方法的程序如代码 8-75 所示。

代码 8-75：changeQuanxian()方法

```
Sub changeQuanxian()
    Dim str As String
    str = "Data Source=localhost;Initial Catalog = Student;integrated Security=true"
    Dim con As New SqlConnection(str)
    con.Open()
    Dim sql As String = "select * from user_Info where user_ID='" &
    TextBox1.Text.ToString().Trim() & "'"
    Dim sql2 As String = "update user_Info set user_Des='" &
    ComboBox1.Text.ToString().Trim() & "' where user_ID='" & TextBox1.Text.ToString().Trim()
    & "'"
    Dim cmd As New SqlCommand(sql, con)
    Dim cmd2 As New SqlCommand(sql2, con)
    Dim reader As SqlDataReader
    reader = cmd.ExecuteReader
    If reader.Read() = True Then
        reader.Close()
        cmd2.ExecuteNonQuery()
    Else
        Label4.Text = "**该用户不存在**"
        'Label5.Text = "错误的用户名或密码"
    End If
End Sub
```

编写“更新”按钮的单击事件，程序如代码 8-76 所示。

代码 8-76：“更新”按钮的单击事件

```
Private Sub Button2_Click(ByVal sender As System.Object, ByVal e As System.EventArgs) Handles
Button2.Click
    connection()
End Sub
```

以上这段代码中也调用了 connection()方法。

8.5.13 设计查询班级课程信息界面 queryclassCourse. vb

查询班级课程信息界面的设计如图 8-73 所示。

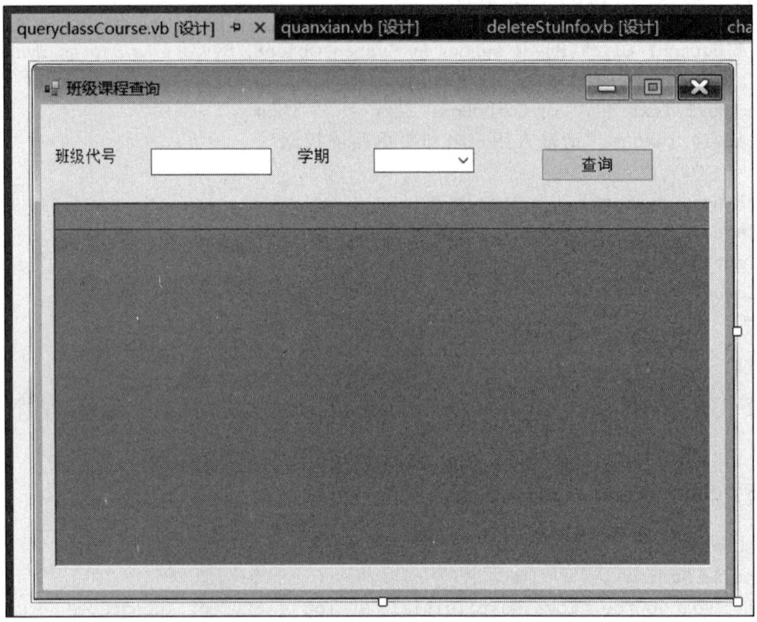

图 8-73 查询班级课程信息界面

该界面的设计步骤为：首先添加两个 Label 控件，用于显示对应的文本。再添加一个 TextBox 文本框控件和一个 ComboBox 下拉菜单控件。再添加一个 Button 按钮控件。最后添加一个 DataGrid 控件，用于绑定数据。

进入该界面的代码文件，编写"查询"按钮的单击事件程序如代码 8-77 所示。

代码 8-77："查询"按钮的单击事件

```
Private Sub Button1_Click(ByVal sender As System.Object, ByVal e As System.EventArgs) Handles
Button1.Click
    If TextBox1.Text = "" Or ComboBox1.Text = "" Then
        MsgBox("查询条件不能为空")
    Else
        queryCourseInfo()
    End If
End Sub
```

以上这段代码中调用了 queryCourseInfo()方法，编写该方法的程序如代码 8-78 所示。

代码 8-78：queryCourseInfo()方法

```
Sub queryCourseInfo()
    Dim str As String
    Dim ds As New DataSet
    Dim da As SqlDataAdapter
    str = "Data Source = localhost;Initial Catalog = Student;integrated Security = true"
```

```
        Dim con As New SqlConnection(str)
        con.Open()
        Dim sql As String = "select * from gradecourse_Info where class_No = '" & TextBox1.Text.
        ToString().Trim() & "' and grade = '" & ComboBox1.Text.ToString.Trim() & "'"
        da = New SqlDataAdapter(sql, con)
        da.Fill(ds)
        DataGrid1.DataSource = ds.Tables(0)
    End Sub
```

8.5.14　设计学生信息分类查询界面 stuInfoClassfy.vb

学生信息分类查询界面的设计如图 8-74 所示。

图 8-74　学生信息分类查询界面

该界面的设计步骤为：首先添加一个 GroupBox 控件，用作显示“查询条件”部分。然后添加四个 RadioButton 控件，用作“班级号”“年级”“专业”和“系部”单选按钮。再添加一个 TextBox 文本框控件。然后添加两个 Button 按钮控件，分别用于显示“分类管理”和“关闭”按钮。最后添加一个 DataGrid 控件，用于绑定数据。

进入该界面的代码文件，编写“分类管理”按钮的单击事件程序如代码 8-79 所示。

代码 8-79：“分类管理”按钮的单击事件

```
Private Sub Button1_Click(ByVal sender As System.Object, ByVal e As System.EventArgs) Handles
Button1.Click
    If RadioButton1.Checked Then
        classquery()
    ElseIf RadioButton2.Checked Then
        gradequery()
    ElseIf RadioButton3.Checked Then
```

```
            professinalquery()
        ElseIf RadioButton4.Checked Then
            departquery()
        End If
    End Sub
```

以上这段代码中调用了 classquery()、gradequery()、professinalquery()和 departquery()方法。

编写 classquery()方法的程序如代码 8-80 所示。

代码 8-80：classquery()方法

```
Sub classquery()
    Dim str As String
    Dim ds As New DataSet
    Dim da As SqlDataAdapter
    str = "Data Source = localhost;Initial Catalog = Student;integrated Security = true"
    Dim con As New SqlConnection(str)
    con.Open()
    Dim sql As String = "select * from student_Info where class_No = '" & TextBox1.Text.
    ToString().Trim() & "'"
    da = New SqlDataAdapter(sql, con)
    da.Fill(ds)
    DataGrid1.DataSource = ds.Tables(0)
End Sub
```

编写 gradequery()方法的程序如代码 8-81 所示。

代码 8-81：gradequery()方法

```
Sub gradequery()
    Dim str As String
    Dim ds As New DataSet
    Dim da As SqlDataAdapter
    str = "Data Source = localhost;Initial Catalog = Student;integrated Security = true"
    Dim con As New SqlConnection(str)
    con.Open()
    Dim sql As String = "select * from student_Info s,class_Info c where s.class_No = c.class_No
    and grade = '" & TextBox1.Text.ToString().Trim() & "'"
    da = New SqlDataAdapter(sql, con)
    da.Fill(ds)
    DataGrid1.DataSource = ds.Tables(0)
End Sub
```

编写 professinalquery()方法的程序如代码 8-82 所示。

代码 8-82：professinalquery()方法

```
Sub professinalquery()
    Dim str As String
    Dim ds As New DataSet
    Dim da As SqlDataAdapter
    str = "Data Source = localhost;Initial Catalog = Student;integrated Security = true"
    Dim con As New SqlConnection(str)
```

```
    con.Open()
    Dim sql As String = "select * from student_Info s,class_Info c where s.class_No = c.class_No
    and director like '" & TextBox1.Text.ToString().Trim() & "'"
    da = New SqlDataAdapter(sql, con)
    da.Fill(ds)
    DataGrid1.DataSource = ds.Tables(0)
End Sub
```

编写 departquery()方法的程序如代码 8-83 所示。

代码 8-83：departquery()方法

```
Sub departquery()
    Dim str As String
    Dim ds As New DataSet
    Dim da As SqlDataAdapter
    str = "Data Source = localhost;Initial Catalog = Student;integrated Security = true"
    Dim con As New SqlConnection(str)
    con.Open()
    Dim sql As String = "select * from student_Info s,depart_Info d where s.depart_ID = d.
    depart_ID and d.depart_Name like '" & TextBox1.Text.ToString().Trim() & "'"
    da = New SqlDataAdapter(sql, con)
    da.Fill(ds)
    DataGrid1.DataSource = ds.Tables(0)
End Sub
```

项目小结

本项目设计制作了一个学生信息管理系统，分别从系统的需求分析、功能模块设计到数据库设计、基础类文件代码的编写、各个功能模块的设计和代码编写等多个方面，详细地介绍了一个完整应用程序的编写流程。

项目拓展

在本项目的基础上增加一个功能，要求：增加一个“学生奖励/处分信息”管理功能，管理员用户能够输入“学生奖励/处分信息”，能够删除“学生奖励/处分信息”。普通用户只能查询“学生奖励/处分信息”。